ANTOLOGIA AFRO-INDÍGENA

TERRA

FELIPE CARNEVALLI
FERNANDA REGALDO
PAULA LOBATO
RENATA MARQUES
WELLINGTON CANÇADO

ORGANIZAÇÃO

PISEAGRAMA | ubu

7 SOMOS DA TERRA
ANTÔNIO BISPO DOS SANTOS

19 TORNAR-SE SELVAGEM
JERÁ GUARANI

31 RETOMADA
CACIQUE BABAU

45 ROJEROKY HINA HA ROIKE JEVY TEKOHAPE
TONICO BENITES

59 LUTAR PELA NOSSA TERRA
JOELSON FERREIRA DE OLIVEIRA

73 EM UMA RUA DE TERRA
POLIANA SOUZA E LEONARDO PÉRICLES

87 AS PLANTAS, NOSSOS ANCESTRAIS
MAKOTA KIDOIALE

103 LÍNGUA VEGETAL GUARANI
IZAQUE JOÃO

117 PLANTAR NO RASTRO DA CHUVA
HELENO BENTO DE OLIVEIRA

127 MULHERES-CABAÇAS
CREUZA PRUMKWYJ KRAHÔ

141 O REINO NAS RUAS
ISABEL CASIMIRA GASPARINO

155 AMAR NA MARÉ
ENTIDADE MARÉ

167 ANCESTRALIDADE SODOMITA, ESPIRITUALIDADE TRAVESTI
CASTIEL VITORINO BRASILEIRO

179 O TERRITÓRIO SONHA
GLICÉRIA TUPINAMBÁ

193 KUNHÃ PY'A GUASU
SANDRA BENITES

207 UMA PAUSA NO TEMPO DE OGUM
WENDERSON CARNEIRA

221 PROFECIA DE VIDA
VENTURA PROFANA

237 CIBERTERREIRO
GIL AMÂNCIO

249 FAZENDINHANDO
ESTER CARRO

263 ENSINAR SEM ENSINAR
NEI LEITE XAKRIABÁ

277 AQUELES QUE ANDAM JUNTOS
OREME IKPENG

291 MARETÓRIOS
CARLINHOS DA RESEX DE CANAVIEIRAS

307 ALDEIA-ESCOLA-FLORESTA
ISAEL MAXAKALI E SUELI MAXAKALI

319 AMANSAR O GIZ
CÉLIA XAKRIABÁ

333 NË ROPË
DAVI KOPENAWA

345 ESCUTAS-ESCRITAS (E VICE-VERSA)
FELIPE CARNEVALLI, FERNANDA REGALDO, PAULA LOBATO,
RENATA MARQUEZ, WELLINGTON CANÇADO (PISEAGRAMA)

355 SOBRE OS ENSAIOS | SOBRE OS AUTORES
SOBRE OS ARTISTAS | SOBRE A PISEAGRAMA

ANTÔNIO BISPO DOS SANTOS

O Estado brasileiro estabelece uma relação de violência e dominação com os povos quilombolas, cujas práticas são baseadas na oralidade e na vinculação dos territórios ao cultivo: a terra não pertence às pessoas, elas é que pertencem à terra.

SOMOS DA TERRA

uando provoco um debate sobre a colonização, os quilombos, os seus modos e as suas significações, não quero me posicionar como um pensador. Em vez disso, estou me posicionando como um tradutor. Minhas mais velhas e meus mais velhos me formaram pela oralidade, mas eles mesmos me colocaram na escola para aprender, pela linguagem escrita, a traduzir os contratos que fomos forçados a assumir.

Fui para a escola da linguagem escrita aos nove anos mas, desde que comecei a falar, fui formado também por mestras e mestres de ofício nas atividades da nossa comunidade. Quando fui para a escola, no final da década de 1960, os contratos orais estavam sendo quebrados na nossa comunidade para serem substituídos por contratos escritos impostos pela sociedade branca colonialista. Estudei até a oitava série, quando a comunidade avaliou que eu já poderia ser um tradutor.

Na década de 1940 houve uma grande campanha de regularização das terras pela escrita. Isso ocorreu no Piauí e também no resto do Brasil. A lei dizia que as pessoas que ocupavam a terra seriam chamadas de posseiros. Essa lei colocou um nome, coisificou essas pessoas. Não éramos posseiros, éramos pessoas... O que isso significou para nós?

A partir do momento em que a lei diz que somos posseiros, ela está cumprindo um papel muito importante para o colonialismo. O colonialismo nomina todas as pessoas que quer dominar. Às vezes fazemos a mesma coisa sem perceber: quando temos um cachorro, por exemplo, damos a ele um nome, mas não um sobrenome. Os colonialistas dão um nome, mas não dão um sobrenome porque o sobrenome é o que expressa o poder. O nome coisifica, o sobrenome empodera. Então, ao nos chamar de posseiros, nos colocaram em uma situação de dominação, obrigando-nos a cumprir os contratos que a nominação de posseiros nos impunha.

Os contratos do nosso povo eram feitos por meio da oralidade, pois a nossa relação com a terra era através do cultivo. A terra

SOMOS DA TERRA

não nos pertencia, nós é que pertencíamos à terra. Não dizíamos "aquela terra é minha" e, sim, "nós somos daquela terra". Havia entre nós a compreensão de que a terra é viva e, uma vez que ela pode produzir, ela também precisa descansar. Não começamos a titular nossas terras porque quisemos, mas porque foi uma imposição do Estado. Se pudéssemos, nossas terras ficariam como estão, em função da vida.

O poder quilombola sobre as terras é um poder baseado na palavra, na atitude, na relação – e não na escrita. Quando o Estado veio para demarcar as terras, meu avô se recusou, dizendo: "Como vamos demarcar uma coisa que já é nossa?". Assim, os brancos chegaram, compraram as terras e nós perdemos o direito sobre elas. Mesmo os mais velhos que, naquela época, haviam demarcado as suas terras, ao morrerem as perderam porque os seus herdeiros não fizeram inventários.

A maioria das terras das comunidades tradicionais no Brasil são consideradas espólios, pois ninguém fez escritura. Mas se hoje em dia nós fazemos, porque nos é imposto, há algo mais grave implicado. Para fazer o título é preciso ter um laudo antropológico – mesmo que a lei diga que ser quilombola é autodeclaratório – e um laudo agronômico. Um relatório técnico de identificação e de demarcação – é a mais sofisticada utilização da inteligência do Estado para identificar o perfil da resistência. Por que precisaríamos de um antropólogo para nos diagnosticar, ler os nossos costumes, as nossas tradições, a nossa cultura? Porque quem mais ameaça hoje o sistema são os povos e comunidades tradicionais, pois somos donos de um saber transmitido espontaneamente pela oralidade, sem cobrar nada por isso.

O nosso povo, por não saber ler, não sabia como funcionavam as escrituras, perdendo assim muitas possibilidades de viver nas suas terras. Então o nosso povo resolveu que alguém de nós deveria saber ler e escrever para enfrentar essa situação. Fui formado para isso e faço isso até hoje. Por isso digo que não sou um pensador, mas um tradutor do pensamento do meu povo.

E para o meu povo também sou um tradutor do pensamento do colonialista. Porque tudo o que se faz, se faz a partir de um pensar, não se faz por acaso. Quando estamos discutindo colonização, quilombos, seus modos e significações, nós estamos tentando compreender o que faz o colonialista pensar como pensa e como devemos pensar para não nos comportarmos como ele.

O nosso povo foi trazido de África para cá. Diferentemente dos nossos amigos indígenas, que foram atacados no seu território podendo falar suas línguas, podendo ainda cultivar suas sementes, podendo ainda dialogar com seu ambiente. Nós fomos tirados dos nossos territórios para sermos atacados no território dos indígenas. Por isso nós precisávamos e precisamos – e temos conseguido – ser muito generosos. Mesmo tendo sido trazidos para o território dos indígenas, nós não disputamos o território com eles. Nós disputamos com os colonialistas o território que eles tiraram dos indígenas, e isso nos dói. Mas precisamos fazer isso. Senão, onde vamos viver?

A surpresa para os colonialistas e a felicidade para nós é que, quando nós chegamos ao território dos indígenas, encontramos modos parecidos com os nossos. Encontramos relações com a natureza parecidas com as nossas. Houve uma grande confluência nos modos e nos pensamentos. E isso nos fortaleceu. E aí fizemos uma grande aliança cosmológica, mesmo falando línguas diferentes. Pelos nossos comportamentos, pelos nossos modos, a gente se entendeu. Isso aconteceu durante todo o período histórico colonialista e ainda acontece.

Fui orientado pelos nossos mais velhos a tentar compreender por que o povo colonialista faz isso com outro povo. Eu fui pela Bíblia, eu fui pelo que eles escreveram. E encontrei na Bíblia, no Gênesis, uma boa explicação. "O Deus Jeová disse ao homem: por que tu me desobedeceste? A terra será maldita por tua causa. Tu haverás de comer com a fadiga do suor do teu rosto. A terra te oferecerá espinhos e erva daninha. E todos os teus descendentes serão perpetuamente amaldiçoados."

Nesse momento, esse deus da Bíblia do colonialista – melhor dizendo, eurocristão monoteísta – desterritorializou um povo. Se ele amaldiçoou a terra para aquele povo, este povo não poderia nem tocar naquela terra. Se ele disse que aquela terra estava oferecendo ervas daninhas e espinhos, ele disse que aquele povo não podia comer nem dos frutos, nem das folhas, nem de nada que aquela terra oferecia. Se ele disse que aquele povo tinha que comer com a fadiga do suor do seu rosto, nesse momento ele criou o trabalho como ação de sintetização da natureza. Ao mesmo tempo ele criou também uma doença que eu chamo de cosmofobia. O medo do cosmo, o medo de deus. Esse povo eurocristão monoteísta se sente desesperado.

Nós tivemos que aprender também a conviver com esse deus. E até o aceitamos. Porque, se é deus, deve ser bom. Então, além de ter nossas deusas e nossos deuses, nós ainda temos esse deus. E foi aí que eles começaram a perder. Porque eles só têm um deus e ainda dividiram com a gente. E nós temos vários. Como eles só têm um deus, eles só olham numa direção. O olhar deles é vertical, é linear, não faz curva. Assim é o pensar e o fazer deles. Como nós temos várias divindades, conseguimos olhar e ver a nossa divindade em todos os cantos. Vemos de forma circular, pensamos e agimos de forma circular e, para nós, não existe fim, sempre demos um jeito de recomeçar.

Nosso pensamento é um pensamento que nos permite dimensionar melhor as coisas, os movimentos e os espaços. Nos espaços circulares cabe muito mais do que nos espaços retangulares. E isso nos permite conviver bem com a diversidade e nos permite sempre achar que o outro é importante, que a outra é importante. A gente sempre compreende a necessidade de existirem as outras pessoas.

O povo afro inventou a capoeira. Os eurocristãos inventaram o futebol. Tem um jogo no Mineirão e digamos que tenha 40 mil pessoas nas arquibancadas e 22 pessoas no campo. Digamos que o Cruzeiro e o Atlético estão jogando hoje e o Neymar veio assistir ao jogo. Saiu lá da Espanha para assistir ao jogo. Num determinado momento, o time para o qual o Neymar torce está perdendo, e ele pede para entrar no jogo. Pode? Como é que o Neymar, torcendo para um time, quer defender esse time e não pode entrar em campo?

Vamos para o outro lado. Tem uma roda de capoeira, e agora vem um espanhol, que nunca viu a capoeira. Tem cinquenta pessoas jogando capoeira, e esse que nunca viu a capoeira pede para entrar. Pode? A capoeira é rodando, o samba é rodando, o batuque, a gira nos terreiros de umbanda e de candomblé... Tudo para nós é rodando. Tudo para os colonizadores é linear. É um olhar limitado a uma única direção.

Os quilombos são perseguidos exatamente porque oferecem uma possibilidade de viver diferente. Não é por conta da cor da nossa pele. Nos documentos da Igreja que eu avaliei, as autorizações e as permissões para que povos fossem escravizados não dizem a cor da pele desses povos, dizem a religiosidade. A bula de 1455 do Papa Nicolau V diz que quem deve ser escravizado são os pagãos e os sarracenos. Ela não diz que é preto, nem branco, nem indígena. São os pagãos. São os povos que têm uma cosmologia. Que povos são esses? São povos que continuam comendo dos frutos das árvores. São povos que não obedeceram à orientação do deus eurocristão. São povos que não sentem obrigação de trabalhar. São povos que não precisam comer com a fadiga do suor, porque a natureza já oferta a comida.

Conceitos que achamos que se parecem muito com os conceitos de "bem viver" e de "viver bem" são o "viver de forma orgânica" e o "viver de forma sintética". Bem viver é viver de forma orgânica e viver bem é viver de forma sintética. Compreendemos que há um saber orgânico e um saber sintético. Enquanto o saber orgânico é o saber que se desenvolve desenvolvendo o ser, o saber sintético é o saber que se desenvolve desenvolvendo o ter. Somos operadores do saber orgânico e os colonialistas são operadores do saber sintético.

Quando o deus dos brancos disse que a terra estava amaldiçoada por causa de Adão e Eva e que eles comeriam com a fadiga do suor, ele disse que não poderiam desfrutar da natureza como a natureza se apresenta. Logo, eles precisariam sintetizar tudo. E assim eles saíram mundo afora sintetizando – inclusive a si próprios. Grande parte do pensamento dos brancos é sintetizado. O pensamento produzido nas academias é um pensamento sintético. É um saber voltado para a produção de coisas. O pensamento operacionalizado pela escrita é um pensamento sintético, desconectado da vida. Já o nosso pensamento, movimentado pela oralidade, é um pensamento orgânico.

O ser tem pouco valor no saber sintético, apesar de ser o criador do ter. Já o ter é a criatura que devora o seu criador. As pessoas atuam sempre em função do ter. Até a biologia está se tornando sintética. Logo vocês vão comer bife sem precisar de boi...

A nossa avaliação é que, neste exato momento, estamos vivenciando uma das maiores possibilidades de um fim desse mundo eurocristão, monoteísta, colonialista e sintético. Esse mundo está chegando ao fim. Não é à toa que estamos vivendo esse desespero, essa grande confusão. Mas, por incrível que pareça, estamos vivendo também uma nova confluência.

Trabalho com os conceitos de "confluência" e "transfluência". Confluência foi um conceito muito fácil de elaborar porque foi só observar o movimento das águas pelos rios, pela terra. Transfluência demorou um pouco mais porque tive que observar o movimento das águas pelo céu. Para entender como um rio que está no Brasil conflui com um rio que está na África eu demorei muito tempo. E percebi que ele faz isso pela chuva, pelas nuvens. Pelos rios do céu. Então, se é possível que as águas doces que estão no Brasil cheguem à África pelo céu, também pelo céu a sabedoria do nosso povo pode chegar até nós no Brasil.

É por isso que, mesmo tentando tirar nossa língua, nossos modos, não tiraram a nossa relação com o cosmo. Não tiraram a nossa sabedoria. É por isso que nós conseguimos nos reeditar de forma sábia, sem agredir os verdadeiros donos desse território que são os irmãos indígenas. Nós tivemos essa capacidade porque os nossos mais velhos que estavam em África, apesar de sermos proibidos de voltar para lá, vieram pela cosmologia. Isso é o que nós chamamos de transfluência.

Tanto os quilombolas quanto os indígenas do Brasil só passaram a ser sujeitos de direito na Constituição de 1988. Até essa Constituição, ser quilombola era ser criminoso e ser indígena era ser selvagem. A Constituição de 1988 disse que nós temos direito a regularizar as nossas terras pela escrita – o que é uma agressão, porque pela escrita nós passaríamos a ser proprietários da terra. Mas os nossos mais velhos nos ensinaram a lidar com essa agressão.

Eu tive um tio chamado Antônio Máximo, que era o operador de uma grande arte de defesa chamada Jucá. Ele me ensinou que em alguns momentos precisamos transformar as armas dos inimigos em defesa, para não transformarmos a nossa defesa em arma. Porque, se transformarmos a nossa defesa em arma, nós só vamos saber atacar. E quem só sabe atacar perde.

Se as cidades, com todas as suas armas, não vivem em paz, e nós da comunidade vivemos em paz sem as armas, logo está comprovado que não são as armas que resolvem os problemas. Por isso meu tio Antônio dizia para transformarmos as armas em defesa. Mãe Joana, também uma das minhas grandes mestras, dizia que a vasilha de dar é a mesma de receber. Logo, se eu te aponto um revólver é porque tenho medo de um revólver. E essa disputa não tem fim.

Assim, discutir a regularização das terras pela escrita não significa concordar com isto, mas significa que adotamos uma arma do inimigo para transformá-la em defesa. Porque quem vai dizer

SOMOS DA TERRA

se somos quilombolas – ou não – não é o documento da terra, é a forma como vamos nos relacionar com ela. E nesse momento nós e os indígenas confluímos. Confluímos nos territórios, porque nosso território não é apenas a terra, são todos os elementos.

O Piauí é um estado que praticamente não existe para o resto do Brasil. Quando digo que sou do Piauí, primeiramente as pessoas, às vezes, até me perguntam onde é o Piauí, como se ele não estivesse no mapa. Não está no mapa que cabe na cabeça das pessoas. Depois, diz-se que no Piauí não há indígenas, como se diz também que em Roraima não tem quilombo. No Piauí, hoje, há três povos indígenas lutando por sua autoidentificação, por seu autorreconhecimento e pela demarcação de suas terras. E quem são os parceiros desses povos? Os quilombolas. Esses territórios são contínuos.

No Piauí há uma grande aliança entre quilombolas e indígenas, tanto do ponto de vista de regularizar os seus territórios como, também, de reeditar as nossas expressões culturais, a partir de um saber orgânico. O saber orgânico é o saber que reedita, enquanto o saber sintético é o saber que recicla.

Nós não somos perdedores. Não trabalho dentro dessa lógica da "vitimologia". Eu não tenho o direito de ser vítima. Sou vencedor, meu povo venceu. Meu bisavô tinha três engenhos de rapadura, fui criado na fartura. Não tenho cicatrizes da escravidão na minha memória, mas não discordo de quem trabalha com a imagem da cicatriz da escravidão. Entretanto, eu não trabalho com essa imagem, trabalho com a imagem de quem venceu. Mesmo que queimem a escrita, não queimam a oralidade, mesmo que queimem os símbolos, não queimam os significados, mesmo que queimem os corpos, não queimam a ancestralidade. Porque as nossas imagens também são ancestrais.

Várias comunidades em todos os cantos do Brasil estão sendo atacadas da mesma forma que foram Palmares, Canudos, Caldeirões, Pau de Colher. As Forças Armadas estão na Rocinha, praticando etnocídio, assim como fizeram com Palmares, com

Canudos, com Caldeirões, com Pau de Colher. O governo de Getulio Vargas foi um dos governos mais etnocidas que já tivemos. Ele matou e queimou o povo de Caldeirões, no Ceará, em 1936. Ele matou e queimou o povo de Pau de Colher, na divisa com a Bahia, em 1942. Mas mesmo assim nós não paramos de lutar.

A nossa relação com as imagens de mundo dá-se na lógica da emancipação dos povos e das comunidades tradicionais através da contracolonização. Não é através da luta de classes, pois a luta de classes é europeia e cristã-monoteísta. Não trato povos e comunidades tradicionais como categorias marxistas: como trabalhadores, desempregados ou revolucionários. Essa linguagem não é nossa. Essa linguagem é euro-cristã-colonialista.

Alguns pensadores do Piauí escreveram muito bem sobre os quilombos, mas usaram a perspectiva do marxismo e isso me incomodou. Penso na nossa caminhada desde dentro do navio negreiro. Saiu o primeiro navio negreiro, eis o primeiro quilombo. O primeiro aquilombamento foi ali dentro, com as pessoas reagindo, jogando-se no mar, batendo e morrendo. Aí começou o quilombo. E Marx nem existia naquele tempo! O que Marx tem a ver com isso? Aquilo que Marx disse Palmares já tinha feito duzentos anos antes. Acho que Marx tem o seu papel lá na Europa. Como dizemos lá no sertão, "cada quem no seu cada qual".

O MST, por exemplo, é uma coisa maravilhosa, uma das maiores invenções que já se fez, mas é uma organização colonialista. Basta você percorrer a maioria dos estados brasileiros para verificar que o coordenador do MST no estado é geralmente um homem branco e do sul. Como? Eu não acredito que os outros estados não tivessem condições para produzir o próprio coordenador. Você chega lá no Piauí e o coordenador do MST está tomando chimarrão! Ora, lá a gente toma é cajuína! É claro que é importante a contribuição do MST. Porém, do ponto de vista político, o MST é mono, linear, vertical. Queriam ser o único movimento capaz de representar o campo. Nós não queremos ser "o único".

SOMOS DA TERRA

Desde o início da colonização, de 1500 a 1888, o povo africano era tido e tratado como escravo, e o que ele pensava e falava não entrou no pensamento brasileiro. De 1888 a 1988, nossas expressões culturais, a capoeira, o samba, continuaram a ser tidas como crime. Até 1988 o povo quilombola e seu pensamento continuavam fora do pensamento brasileiro. Isso é o colonialismo. Colonizar é subjugar, humilhar, destruir ou escravizar trajetórias de um povo que tem uma matriz cultural, uma matriz original diferente da sua.

E o que é contracolonizar? É reeditar as nossas trajetórias a partir das nossas matrizes. E quem é capaz de fazer isso? Nós mesmos! Só pode reeditar a trajetória do povo quilombola quem pensa na circularidade e através da cosmovisão politeísta. Não é o Boaventura de Sousa Santos, apesar de ele estar desempenhando um bom papel nesse processo. Uma vez que, pelo menos, ele diz que é preciso desmanchar o que o povo dele, o povo colonialista, fez. Isso já é de uma generosidade enorme. Pelo menos ele não está dizendo que é preciso sofisticar e fazer mais.

Mas nós também estamos discutindo a contracolonização. Para nós, quilombolas e indígenas, essa é a pauta. Contracolonizar. No dia em que as universidades aprenderem que elas não sabem, no dia em que as universidades toparem aprender as línguas indígenas – em vez de ensinar –, no dia em que as universidades toparem aprender a arquitetura indígena e toparem aprender para que servem as plantas da caatinga, no dia em que eles se dispuserem a aprender conosco como aprendemos um dia com eles, aí teremos uma confluência. Uma confluência entre os saberes. Um processo de equilíbrio entre as civilizações diversas deste lugar. Uma contracolonização. ■

JERÁ GUARANI

Se a perigosa situação do planeta Terra hoje foi causada por pessoas consideradas civilizadas, é preciso aprender, dentre tantas outras coisas, sobre autonomia e soberania alimentar com os Guarani Mbya.

TORNAR-SE SELVAGEM

Posso não parecer muito simpática com o que vou dizer. Em outras ocasiões, certamente, não seria assim, pois gostamos muito de dar risada, o povo Guarani Mbya é muito alegre! E eu sempre me esforço para ser quem sou de fato – feliz, apesar dos pesares – mesmo quando falo de assuntos problemáticos e ruins.

Mas, neste momento da história, diante do medo dos mais velhos e do lamento das pessoas na aldeia, por ser indígena Guarani Mbya e por ter aprendido tudo o que aprendi, quando penso no planeta Terra – não nele apenas, mas em nós nele –, eu realmente gostaria de acreditar em vidas passadas. Às vezes, desejo ter vivido em outra era para não sentir e não ver tantas coisas incompreensíveis. Eu poderia perfeitamente ter vivido no tempo dos dinossauros e ter sido comida por um. Mastigada por um dinossauro. Acho que seria uma situação bem melhor do que a que temos hoje.

Uma das coisas que digo para os mais velhos e para vocês não indígenas, ou *juruá*, em momentos de encontro, é que seria importante fazer antropologia na cultura de vocês. Tirar o Guarani da aldeia para ele ficar na casa de vocês e observar vocês todos os dias. Sentir, refletir, tentar entender, fazer relatórios e, finalmente, produzir uma tese de capa dura, bem bonita, com muitas páginas, fotografias, gráficos e referências a outros estudos para concluir e dizer aos *juruá* que se tornem selvagens, que se tornem pessoas não civilizadas – pois todas as coisas ruins que estão acontecendo no planeta Terra vêm de pessoas civilizadas, pessoas que não são, teoricamente, selvagens.

Se fizéssemos um estudo antropológico na cultura de vocês, teríamos qualificações e um respaldo maior para conseguir convencer muitas pessoas a se tornarem selvagens, a se tornarem pessoas não tão intelectuais, não tão importantes. Vocês passariam a correr o risco diário de serem assassinados, de terem suas casas e suas famílias queimadas, seus filhotes queimados. Mas, de modo geral, vocês seriam melhores.

Não fiquem assustados: tenho amigos *juruá* muito queridos e contamos com muitos parceiros *juruá* que lutam conosco. Muitos já morreram e outros ainda vão morrer. Tornar-se selvagem não é algo que pode acontecer de um dia para outro; implicaria momentos de muita dedicação e de muito trabalho por parte de vocês, não indígenas.

Apesar de vários estudos e evidências produzidos pelo mundo civilizatório, as pessoas não param de fazer coisas erradas. Facilmente conseguimos perceber muitas coisas ruins e entender que não estamos nada bem. Eu sei um pouco sobre São Paulo por meio dos estudos dos próprios *juruá* e de alguns relatos dos mais velhos. Sei que aqui existiam braços de água. Mas o *juruá* veio e colocou cimento em cima deles. Canalizou os rios lindos que poderiam estar aí, hoje, para os *juruá* beberem, tomarem banho, nadarem. Mas os *juruá* querem cimentar tudo, cobrir tudo, e agora não têm água. A água foi destruída. E acho que vamos enfrentar situações ainda piores daqui em adiante.

É muito revoltante quando a sociedade *juruá* fica perplexa e indignada ao ouvir falar que o povo indígena no Brasil comete infanticídio; ou que os caciques no Brasil têm duas ou três mulheres, e outras coisas do tipo. Mas o povo dos *juruá*, por sua vez, faz coisas absolutamente incompreensíveis e maldosas contra seres que não podem se defender, como, por exemplo, o contrabando do marfim, que vem de um bicho tão lindo, tão gigante, que é o elefante. O elefante, às vezes, é deixado no chão, agonizando, sangrando, porque teve uma parte do seu corpo tirada para esse mundo maluco do consumo, do acúmulo de riqueza. Será que, se eu fizesse antropologia, eu conseguiria explicar para o meu povo por que o *juruá* faz isso? Mas, enfim, não podemos perder a esperança. Temos que lutar – estamos lutando há quinhentos anos.

Quando eu tinha seis ou sete anos era muito difícil chegar à minha aldeia. Nasci há quase 40 anos em uma aldeia de 26 hectares e lá vivi toda a minha infância, comendo milho de *juruá*, esse milho amarelo que já continha veneno, porque não havia mais milho guarani. Aprendemos a comer a comida do *juruá* na mesma época em que chegou à aldeia a energia elétrica, entre outras coisas.

Quando os *juruá* chegaram à aldeia, rapidamente depararam com a falta de arquitetura considerada conveniente, correta e confortável, porque na aldeia não existiam casas de alvenaria nem todas as outras construções da cidade – automóveis, máquinas, escadas rolantes. As pessoas simplesmente têm uma casinha de pau-a-pique e cozinham no chão com lenha, todos cobertos de terra, as crianças descalças. Assim, imediatamente, fomos considerados um povo miserável, um povo que precisa de muita ajuda, um povo de coitadinhos. "Eles são muito sofridos, são muito sujos!"

Começaram a levar alimentos para a aldeia. Naturalmente, as pessoas têm curiosidade, começam a experimentar as comidas do *juruá* e se encantam com a praticidade. Mesmo sendo Guarani, o fascínio ocorria com a população indígena em vários aspectos. Desde quando começamos a consumir esses produtos, ficamos por mais de setenta anos na aldeia Guarani, na capital de São Paulo, sem comer ou plantar mais nossos alimentos tradicionais.

Éramos mais de 170 famílias que tinham ocupado todo o espaço, e não havia lugar para plantar nossas comidas tradicionais. Com o passar do tempo, com esse número todo de pessoas numa aldeia pequena, tendo muito acesso à cidade e às coisas dos *juruá*, as coisas dos Guarani foram desaparecendo. Eu mesma só fui conhecer os milhos guarani aos trinta anos de idade. São milhos coloridos, muito bonitos e gostosos de comer. Mas antes eu não conhecia.

A partir de 2008, comecei a fazer projetos de fortalecimento cultural dos Guarani com amigos e parceiros, por meio de editais da Secretaria Municipal de Cultura e da Secretaria de Cultura do Estado de São Paulo. Um desses projetos era sobre a questão da comida guarani. O que é a nossa comida de verdade, nossa comida sagrada? Ainda temos essa comida, ou não? E, se não temos, o que aconteceu com ela, afinal? Quais foram os motivos? Como ir em busca dela?

Paralelamente ao fortalecimento da alimentação tradicional, continuávamos a luta pela demarcação da Terra Indígena Tenondé Porã, e tudo se somou. Fortalecíamos o movimento das mulheres na liderança, fechávamos as ruas e tentávamos resgatar nossa comida. Porque estávamos comendo só comida transgênica, comida morta, que trazia doenças para a comunidade, doenças que não tínhamos antes. Antes não havia registros de pessoas com câncer, por exemplo.

As aldeias começaram a surgir, inicialmente, em caráter de retomada. Retomamos a aldeia Kalipety, que já era reconhecida como Terra Indígena pela Fundação Nacional dos Povos Indígenas (Funai), mas não pelo Ministério da Justiça, em 2013. Depois do reconhecimento da Funai, lutamos pela portaria declaratória, dada pelo Ministério da Justiça. Em seguida, vem o trabalho da demarcação física, que é o que ainda não temos. Mas antes mesmo que saísse a portaria declaratória, para dar sentido e ânimo ao esforço de fortalecimento cultural e luta pela terra, entramos na aldeia Kalipety e começamos imediatamente a plantar.

Plantamos, com muita alegria, tudo o que tínhamos conseguido coletar em outras aldeias e em feiras de troca de sementes. Saímos da Terra Indígena Tenondé Porã, onde quase não tínhamos espaço para plantar e, de repente, estávamos em uma área com muito espaço. Era uma área que havia sido explorada com plantio de eucalipto pelos posseiros que moravam ali, e por isso estava muito degradada. Mas começamos a tratar a terra e a prepará-la com adubo orgânico, adubo verde. Estávamos ansiosos para recuperar a terra e poder comer nossas comidas.

Esse trabalho foi apoiado pela Funai de Itanhaém, pelo Centro de Trabalho Indigenista (CTI), outro parceiro há mais de trinta anos, e pela Secretaria Municipal de Cultura de São Paulo, que subsidiou um projeto que se chama Programa Aldeias. Fizemos várias viagens para feiras de troca de sementes, encontros, reuniões e oficinas – tudo voltado para a sabedoria do plantio guarani. Em seis anos conseguimos recuperar mais de cinquenta variedades de batata-doce e mais de nove tipos de milho. Plantamos também amendoim, banana verde, mandioca e plantas que os *juruá* chamam de pancs, plantas alimentícias não convencionais. Nós mandamos espécies de batata-doce para muitos lugares – para outras aldeias Guarani e também para agricultores não orgânicos, porque quanto mais plantarmos, menos risco teremos de perder de novo. A passos pequenos conseguimos fazer tudo isso. E não tivemos que desmatar áreas imensas, botar fogo no mato, matar os bichos de forma covarde.

Por trás da ideia de trabalhar cada vez mais a autonomia e a soberania alimentar guarani, há o objetivo de manter este povo forte. A comida transgênica que vem da cidade não deixa as pessoas fortes de verdade. A comida guarani tradicional alimenta o corpo e alimenta o espírito também. Isso significa que as pessoas ficam fortes para continuar lutando. Para defender a natureza, o nosso modo de ser Guarani, temos que estar fisicamente fortes, espiritualmente fortes.

Para nós, a árvore tem dono, a pedra tem dono, a água tem dono. Além de Nhanderu, nosso criador, que fez tudo isso, há os *ijá*, donos de cada coisa, que tomam conta dos recursos naturais. Quando você usa indevidamente os recursos, você destrói muito. Os donos ficam bravos e vão tirar esses recursos de você. Os mais velhos dizem: "A gente protege nossos filhos do perigo. E esses donos também são pais e mães que vão proteger seus filhos dos seres humanos quando eles começam a maltratá-los".

Quando eu tinha nove anos, entrei na cultura de vocês para estudar. No início foi muito sofrido. Fui estudar em uma escola estadual perto da aldeia e não sabia falar nenhuma palavra em português. Minha mãe, que já tinha uma história diferenciada das outras mulheres guarani por ter crescido sem mãe, falava um pouco de português. Meu pai também já havia tido contato com o povo *juruá*. Entendiam que, para defender melhor a aldeia, eu tinha que aprender bem a língua do outro.

Minha mãe colocou minha irmã e eu na primeira série. Minha irmã desistiu no segundo ano. Eu passei por muitas dificuldades e desisti da escola três vezes, mas tive uma professora que foi muito especial na minha vida. Ela foi até a aldeia atrás de mim e me levou de volta para a escola. Ela foi uma peça muito importante no meu contato com o mundo dos *juruá*.

Depois do término da primeira série, tomei gosto pela educação que estava recebendo e que, apesar de ser diferente da aldeia, tinha coisas boas. Mais tarde, entrei no curso de Pedagogia, mas só terminei o curso para fortalecer meu discurso na aldeia de que, sim, podíamos também aprender a cultura do *juruá*. A cultura *juruá* também tem coisas boas e bonitas. Algumas delas são muito sofisticadas, como o conhecimento da medicina que corta um corpo inteiro, tira o coração, remenda e coloca de volta. É muito avançado de fato!

Na aldeia, desenvolvo o discurso de que a nossa cultura também é importante, de que ela não é inferior a nenhuma outra cultura, de que ela também tem que continuar sendo valorizada. Um dos argumentos que uso para estimular o trabalho de fortalecimento cultural e, principalmente, de defesa da natureza é falar que podemos nos encantar com a cultura *juruá*, mas há também o risco de nos perdermos. Se não respeitarmos as regras que nos foram colocadas desde que nascemos, não vamos ter coisas boas. Temos que lembrar ensinamentos da generosidade: se a natureza dá água, se a natureza dá remédio, se a natureza dá alimento, então o mínimo que podemos fazer, tendo ou não alguma crença, é respeitá-la.

Não achamos que amanhã ou depois o mundo vai acabar. Os mais velhos também não acham isso, mas falam que agora as coisas vão ficar bem mais complicadas. Eles estão falando isso há algum tempo, porque sabem que tem *juruá* nas ruas da cidade passando fome, sem casa, que tem crianças na rua, que tem idosos nas ruas. Que, em um território que produz tanto alimento, há fome.

A vida na aldeia passou a fazer mais sentido para mim à medida que eu observava a vida na cidade. A correria, o fato de que as pessoas não dividiam o que tinham com os outros, o fato de tudo ser muito individual, de os *juruá* não se conhecerem na rua, se esbarrarem e não darem boa-tarde nem bom-dia. Ninguém estava nem aí para ninguém, havia pessoas dormindo na rua e ninguém ligava para isso.

Quando eu retornava para a aldeia, era tudo diferente. Todas aquelas coisas que, para mim, batiam como muito fortes e erradas, não existiam na aldeia. Inevitavelmente começaram as comparações: na aldeia, por exemplo, as pessoas mais velhas são muito respeitadas, são sagradas para todo mundo, e na cidade não é assim.

Tomei a decisão de deixar de ser professora na aldeia, mesmo estando em uma categoria estável na carreira de docente, dentro da qual poderia me aposentar tranquilamente. Foi a partir do momento em que deixei a escola que consegui fortalecer os discursos que fazia quando ainda era professora. Quando era professora, eu dividia o meu salário, ele nunca era só para mim mesma. Mas, ainda assim, eu não deixava de ser funcionária pública na minha aldeia. Eu não deixava de ser aquela pessoa que, no futuro, poderia ter suas coisas enquanto a maioria não tinha nada. Mas agora é diferente, consigo mostrar que posso viver como minha mãe e meu pai viviam, como meus avós viviam, sem salário do Estado. Eles não eram assalariados.

Nos meus anos iniciais como professora, errei muito – como professora e como Guarani. Depois, por muitos anos, fiz muitas coisas boas com meus colegas. Sobretudo, refletimos muito sobre o que se ensina, para que se ensina, o que buscamos, que tipo de alunos queremos formar. Hoje há professores na aldeia Tenondé Porã bem conscientes dessas questões, fazendo um excelente trabalho, apesar de ainda termos muito para caminhar.

TORNAR-SE SELVAGEM

Saí da escola para me dedicar ao trabalho de política da aldeia, como liderança, e também para fortalecer o trabalho da roça, para mostrar para as pessoas que podemos seguir um estudo de *juruá*, aprender muitas coisas, e depois fortalecer e viver a nossa cultura. Eu queria mostrar para o meu povo que podemos aprender a cultura do outro para nos defendermos melhor, para entendermos melhor o outro, e que podemos estudar a cultura deste outro sem perder ou deixar de valorizar a nossa.

Outra questão que pesou para mim é que o sistema de escolarização como um todo – no mundo todo – é muito falido. Isso é especialmente grave no Brasil. É absolutamente vergonhosa a grade curricular que se coloca para os educandos. E se eu digo que a educação do povo *juruá* é falida, o que dizer da educação para o povo Guarani? As escolas, estaduais e municipais, que estão dentro das aldeias Guarani de todo o estado de São Paulo, entraram nessas aldeias sem preparação, sem que fossem pensadas as consequências. Como as aldeias não estavam preparadas, naturalmente não havia nenhum plano político-pedagógico.

Hoje ainda temos escolas com mais de vinte anos que não têm um plano político-pedagógico. Isso significa que essas escolas têm uma parte muito grande do seu funcionamento pedagógico focada em estudos de fora – elas não têm uma educação diferenciada para os povos indígenas.

Para piorar, as pessoas nas aldeias colocam na cabeça que a escola é o futuro. Com isso, muitas vezes, crianças e jovens deixam de aprender sua cultura tradicional porque estão indo para a escola. Se a escola é o futuro, se a escola vai garantir um futuro, então por que aprender outras coisas, fazer outras coisas? Esse modo de pensar é um grande risco. A escola não pode ser pensada assim. Quando o aluno termina o ensino médio, ele não vai ter um emprego garantido na aldeia.

Não precisamos aderir à ideia insana de que temos que estudar como malucos para arrumar um emprego e trabalhar a vida inteira para, só depois, à beira da morte, percebermos que não aproveitamos nada. Temos que saber que podemos aprender outra cultura, mas que depois podemos usar o conhecimento de outras formas para fortalecer a nossa cultura e para mostrar aos nossos jovens que é possível sobreviver e viver bem sem ter salário na aldeia; que podemos ir para a mata, que podemos aprender de novo as coisas da natureza com os mais velhos, e que está tudo bem.

Se temos contato com a cultura dos *juruá* há quinhentos anos, isto é a demonstração de que, de fato, o *juruá* poderia se tornar selvagem, continuar vivendo e ter um pouco mais de respeito com o planeta Terra. Não há palavras para descrever o quanto nosso planeta é magnífico, mas acho que ainda não entenderam isso direito.

Costumo ir bastante para o mundo dos *juruá*, mas tento trazer o mínimo possível para a aldeia das coisas que não são boas. As coisas boas eu trago comigo, mas elas costumam chegar por si mesmas, por meio da TV e do mundo tecnológico, principalmente. O que faço, então, é peneirar o que vem para dentro e conversar com as pessoas sobre isso. Até onde você aceita isso? Até onde você tem que ter isso também? Tento diminuir o conflito com a dinâmica guarani de ter só o suficiente para uma vida tranquila e saudável.

Como também vivo na cidade e me alimento com a comida de vocês, em muitos momentos me coloco na mesma situação de vocês. Acho que muitos dos *juruá* querem lutar, e que há muitos que choram também, que ficam revoltados. Só não sabemos como nos unir, como juntar forças, como juntar estudos e reflexão e realmente dar as mãos para lutar e proteger essa natureza imensa que não é importante só para o Brasil, mas para o planeta todo.

Talvez um dia o *juruá* perceba que é importante apoiar a questão indígena não porque somos bonitinhos, coloridinhos ou porque usamos peninhas e temos criancinhas pintadinhas, mas por uma questão de sobrevivência de todas e todos. Podem acusar os indígenas de tudo quanto é tipo de coisa, mas os povos indígenas são as únicas pessoas aqui no Brasil que respeitam a natureza de fato. Basta digitar no Google "territórios indígenas no Brasil" para visualizar, rapidamente, os territórios indígenas, sempre verdes, no meio do mato, sem áreas descampadas, sem áreas queimadas, apesar do que dizem alguns – que os indígenas cansaram de ficar olhando para as estrelas.

Gosto de chamar mais pessoas para serem selvagens. O nosso planeta, do jeito que está, está sofrendo muito, está chorando, está gritando e, por estarmos integrados com ele, vamos ter que começar a viver, a ver, a saber e a ter que enfrentar muitas coisas negativas também. Fumo cachimbo, faço fogo no chão, cozinho, durmo e acordo com a cantoria dos passarinhos; tudo isso é tão simples, mas é tão bonito, tão importante. ■

CACIQUE BABAU

Os encantados diziam que tínhamos que defender a terra que nos defendia, e a terra nos deu tudo porque tivemos coragem de enfrentar quem a violava.

O direito da terra é uma proposta tão linda, que sempre foi violada. O homem determinou-se como seu dono. Criou parlamentos e leis para mandar na terra, destruir, dividir, modificar e cavar a terra, como se ela não tivesse direitos. Somos muito ingratos. Pisamos a terra, a chutamos, cavamos a terra e, quando morremos, somos enterrados na terra. Tiramos dela nosso alimento e a envenenamos. Queremos usá-la à exaustão, não importando o desejo dos outros, homens ou animais. O homem é muito ruim, muito cruel. Ele não é merecedor da terra. Uma mãe perfeita como ela, que tem tudo, mas que é violentada o tempo todo.

As nações indígenas são as que mais lutam para manter a água limpa e as árvores de pé. Usamos o solo sob outra lógica. Em nossas terras, não há enchentes nem ventos que matam, não se encontram grandes incidentes. Mas, apesar disso, somos chamados de povo atrasado, povo sem futuro, o entrave do Brasil. Somos considerados o atraso que precisa ser retirado da frente para que tudo possa ser finalmente derrubado.

Em uma reunião recente em Salvador, o governo da Bahia explicava que queria expandir a agricultura, mas que havia um entrave complicadíssimo que atrasava o estado. Nós, Tupinambá, estávamos presentes na reunião e ficamos abismados quando falaram: "É a Mata Atlântica, que ninguém quer que mexa!". O quê? 98% da Mata Atlântica foi derrubada, jogada no chão! Do que restou, a pequena porcentagem que fica no sul da Bahia impede o crescimento da estado? Como podemos entender uma mente dessas?

São esses os malucos que comandam nossos estados e nosso país. E ainda chamam o tatu, a paca e a cutia de animais! Irracional é aquele que acha que tem que destruir tudo para satisfazer seu desejo. Aquele que determinou que tem que passar uma linha de trem para escoar a soja. Ora, quem aqui come soja? Para que essa soja chegue até Ilhéus, querem construir o empreendimento logístico Porto Sul, violando a natureza, criando um dos maiores portos a mar aberto do mundo. Tudo isso para escoar a soja e outras *commodities* para a Europa. Querem aterrar mais de três quilômetros de mar aberto e tirar largos trechos de Mata Atlântica nativa e acham que a natureza não vai responder. E a sugestão de criar um contorno, para que passem por fora? Não, encareceria demais o projeto.

É assim que somos tratados, indígenas e quilombolas: como algo que pode ser removido, exterminado, criminalizado. Essa visão de país foi fundamentada na universidade trazida para o Brasil, uma universidade de pensamento europeu, que segue a lógica do feudalismo, na qual o vassalo é sempre vassalo e o senhor, mesmo falido, é sempre senhor, e vai pisar no vassalo mesmo que o vassalo seja agora muito rico e poderoso. O Brasil nunca teve uma universidade própria, brasileira.

Nossa terra está doente e raivosa? Ela está começando a se vingar? Vai se vingar cada vez mais se não a obedecermos e recuarmos, corrigindo os erros. A mãe é tão bondosa que perdoa nossos erros e vai se recompondo e nos ensinando de novo como ser realmente humanos. Porque aqueles que nos representam não têm humanidade.

Fazendeiros do sul da Bahia acham que têm que derrubar a floresta para plantar cacau irrigado, "cacau de alta produção", segundo eles. Mas nenhuma "alta produção" alcançou a produção indígena. Que pesquisa é essa que promove o "cacau de alta produção"? Hoje, um hectare de cacau dos fazendeiros não passa de 200 arrobas, o que significa um plantio de 1.200 pés de cacau. Nossos parentes, no solo protegido debaixo da floresta, plantavam e colhiam mil pés de cacau todo ano. Estamos bem avançados, não? Mas não concordam com o nosso plantio, porque não dependemos da indústria. Para produzir, os fazendeiros têm que comprar o que é fabricado pela indústria. Fertilizar o solo e combater as pragas. E assim prejudicam todos nós.

Os inseticidas mataram as abelhas que polinizavam e faziam o cacau produzir em alta escala. Esqueceram-se do detalhe de

>>

que eram elas que faziam o cacau produzir mais. Prejudicaram as abelhas e nós também, que sabíamos que a abelha era fundamental nas roças de cacau. Nunca matávamos as abelhas. Bebíamos o mel e as largávamos lá, para fazerem o trabalho que não sabíamos fazer, pois cada um faz a sua parte. É uma parceria: ao mesmo tempo que elas fecundavam as flores trocando o pólen, faziam o mel saboroso – e ainda tinha o cacau. Depois chegaram os madeireiros em busca de tudo o que era madeira de lei.

Mataram e destruíram nossa agricultura tradicional. Com sua arrogância, foram quebrando nossa cadeia alimentar, que tínhamos em perfeito estado até o final dos anos 1980. Nos perguntávamos: "Como vamos viver sem a parceria estreita e harmoniosa com os animais?". Quando começaram a cortar jussara para a indústria, foi degradante para os Tupinambá. Atingiram em cheio nossa fonte de alimento, pois a jussara era a base alimentar, nossa e dos pássaros. O mutum, a jacupemba e outros pássaros da floresta têm como base alimentar a jussara, seguida da bicuíba, da jindiba, do jatobá... Sem a jussara, os pássaros vão embora para outra região e deixam nossas casas mais pobres de alimento.

Os Tupinambá não pescam como os brancos. Pescamos olhando a cor do céu, o período de chuva e a trovoada. Dependendo da chuva, a gente pega traíra. Se a trovoada for boa, fazemos nosso jiqui e pegamos pitu. O que cai dentro do jiqui nós consumimos, e com os outros peixes não mexemos. Se não vieram para o jiqui é porque não são nossos. Mas os brancos começaram a se alimentar de pitu, viram que é algo tão saboroso que contrataram pessoas para jogar veneno. Sabemos que, fora da trovoada da chuva, é bem difícil pegar pitus, porque eles moram dentro das pedras. Mas eles aprenderam que, se envenenassem o poço, os pitus saíam de lá e morriam em grande quantidade. E, ao fazer isso, não só tiravam nosso direito de nos alimentar, mas também o direito da reprodução da espécie. No poço envenenado, os que sobreviviam ficavam estéreis.

Há na Mata Atlântica uma árvore de grande porte que só dá no sul da Bahia, o vinhático. Uma árvore belíssima, com a qual fazíamos nossas canoas tradicionais, porque ela não apodrece. Mas a indústria naval descobriu a árvore e invadiu o território para roubar a madeira. Os fazendeiros começaram a destruir tudo, inclusive as roças de cacau, para vender a árvore. Tínhamos 60 riachos, que foram reduzidos a 25, porque a Mata Atlântica é um solo raso, uma mata novíssima plantada recentemente, há uns dois ou três mil anos. E quando são tiradas as árvores altas, o que acontece? O sol bate diretamente no solo e o solo não aguenta. O solo seca e não morrem só as árvores grandes, morrem também as pequenas, que sobreviviam debaixo das altas. Morre tudo. As chuvas começam a ficar raras, a não ocorrer nas épocas certas, nos impedindo de fazer os plantios.

Assim começamos nós também a morrer. Em 2004, tivemos dezessete óbitos na aldeia da Serra do Padeiro. Buscamos em nossa cultura religiosa o motivo. Se as mulheres grávidas não morriam de parto, as crianças morriam antes de nascer. Isso não é normal entre nós, Tupinambá. Os encantados diziam que tínhamos que defender a terra que nos defendia. E nos deparamos com um problema. A antropóloga que estava fazendo o estudo da terra tupinambá para a demarcação declarou para nós que, se fizéssemos a retomada, ela interromperia o estudo.

Os Tupinambá não gostam de receber ordens. Dissemos para ela: "A partir de agora você pode ir embora porque a terra é de Tupinambá, não depende de você nem de ninguém para demarcar!". Somos nós que demarcamos a nossa terra. Somos nós que dizemos por onde ela passa e como ela vai valer. "Vai embora, que amanhã vai ter retomada."

Naquela época, em torno de trinta crianças baixavam no hospital, por semana, por desnutrição. Nós retomamos a fazenda Bagaço Grosso em 2004 e levamos as famílias seis meses depois. As mulheres foram cuidando das hortas. Um grupo de guerreiros buscou os jogadores de veneno e os botou para fora. Outro grupo foi procurar os caçadores ilegais e dissemos: "Vamos tomar conta". Nós tomávamos todas as motosserras dentro da mata e mandávamos o cabra ir embora.

Blindamos nossa terra rapidamente. Dissemos aos fazendeiros: "Aquele que ligar a motossera e derrubar uma árvore nos convida a retomar! Nós vamos e retomamos!". Fizemos nosso dever de casa. Alguns fazendeiros acharam que estávamos mentindo e ligaram as motosserras. Fomos lá e retomamos. O Exército, propriamente, chegou na virada de 2013 para 2014. Vários Tupinambá de aldeias da praia se juntaram a nós em uma semana e tiramos dezenas de fazendeiros de dentro da área.

Os encantados disseram: "Aqueles que não têm onde viver vocês mantêm". Porque é diferente, são pessoas que viviam escravizadas por fazendeiros e tinham no máximo cinco hectares de terra, muitos filhos e viviam a mesma pressão. Se os tirássemos da terra, não teriam para onde ir. Eles hoje estudam em nossa escola, o Colégio Estadual Indígena Tupinambá Serra do Padeiro, lhes damos educação e eles também já melhoraram de vida.

O certo é que, de 2005 em diante, já não tínhamos mais desnutridos. Ninguém mais passava fome. Não havia mais mortalidade infantil na nossa aldeia. Todos estavam gordinhos e a natureza estava se recompondo. Tudo voltava ao normal. Em 2018, já era possível ir à Serra do Padeiro tranquilamente e encontrar uma mata, uma floresta intacta. Há áreas que nunca foram mexidas e as áreas mexidas se recuperaram e estão belíssimas! Os rios voltaram, os riachos se recompuseram, a natureza se refez e os índios antes desnutridos têm hoje automóveis e motos na garagem e internet via satélite em casa. A terra nos deu tudo porque tivemos coragem de enfrentar quem a violava.

Como podemos achar que somos os únicos com direito à terra? E o direito dos pássaros de terem suas árvores para pousar, cantar e fazer ninho? E o direito da preguiça de ter sua árvore para morar? E o direito do tatu de ter uma terra para cavar e morar dignamente? Por que só o ser humano acha que pode viver dignamente sobre a terra? Nós, Tupinambá, não pensamos assim. Temos o nosso direito e a natureza tem o direito dela. Nós não mexemos na parte dela.

É claro que os animais vêm comer nossas roças. Uma onça anda mais de 70 quilômetros por dia e o nosso território só tem 47 mil hectares, tem menos de 30 quilômetros de comprimento. Uma onça, coitada, passa rapidinho, mas hoje em dia ela vem para a nossa casa porque lá encontra comida. Tem caititu, capivara e diversas outras espécies que podem servir de alimento. Precisamos chegar a um meio-termo para todo mundo sobreviver sem um precisar destruir o outro. E nós encontramos. Ninguém é ofendido pela natureza lá. Só os brancos continuam achando que a natureza é o problema. Falam que a capivara é o problema e contratam pessoas para matar a capivara porque ela derrubou a roça de banana. O caititu está comendo a mandioca toda e tem que matar o caititu porque ele come demais. Mas alguém pensou que ali era antes a casa do caititu, que foi tomada e transformada em roça? Aí está o erro.

Um gerente de uma grande multinacional da indústria do palmito pupunha que tem plantio na região, inclusive dentro da aldeia, foi à minha casa e disse: "Cacique, vim conversar com vocês, porque sei que vocês não gostam que matemos os animais. Mas estamos precisando fazer alguma coisa porque as capivaras estão comendo demais as pupunhas". Então, eu disse: "Vou defender a capivara, porque alguém tem que fazer a defesa dela. Quero saber o seguinte: sua roça encosta no rio Una?". E ele respondeu que sim, que toda a margem do rio é roçada. "A roça estende-se mata adentro, não é? Pois a capivara mora numa faixa da beira do rio de até vinte metros. Ela gosta muito de ficar dentro d'água e gosta também de ficar nessa faixa. Vocês chegaram e ocuparam a casa dela, plantaram o que ela mais gosta de comer e queriam que ela fosse embora? Ela entra no rio para tomar banho, volta para a terra e se alimenta, depois volta para o rio. Ela não está errada. Você vai fazer o seguinte: mande seus funcionários deixarem os primeiros quarenta metros da beira do rio se transformarem em mato. Não cortem a pupunha que está lá, deixem, que é para ela." Ele me obedeceu e logo a capivara parou de comer a plantação, pois ele respeitou o limite dela. Antes, ele tinha desrespeitado. A gente desrespeita o direito do outro e quer que o outro não reclame. Ou que o outro não viole nosso direito. Isso acontece a todo momento.

No território tupinambá da praia, eu e outros caciques vamos ter que fazer um novo enfrentamento. Já fizemos um enfrentamento anteriormente, porque queriam construir um mega *resort* em cima de nossos manguezais. Nós os enfrentamos e eles recuaram. Agora, tem uma indústria portuguesa de turismo que quer fazer um condomínio para os ricos da Europa, com centenas de casas e apartamentos. Só que se esqueceram de que querem montar isso em frente às lindas praias tupinambá. Ali não tem morador, só tem a praia e o mangue onde pegamos caranguejos. O que dá direito a eles de violarem o nosso direito, o nosso mangue, os nossos caranguejos? Será que o mundo enlouqueceu? Será que todo mundo estudou para ficar maluco? Com mangue não se mexe! Manguezal é o berço da natureza entre a terra e o mar, é o que alimenta ambos! Para quê temos cientistas neste país, se eles não servem para dizer que num berçário não se mexe? O problema é que as pessoas querem as coisas muito rapidamente. E a natureza age lentamente.

Nunca estudei em uma universidade, nunca pensei em ser cientista ou geógrafo, não tenho vontade. Mas sei que, se você aterra um lugar de água, aquela água vai para outro lugar. Se você aterrar três quilômetros de mar aberto, você vai mudar até a corrente marítima daquela região e desorientar os peixes que passam por ali, os golfinhos, as tartarugas. Toda a orla, de Olivença até Canavieiras, será alagada, porque a água que será afastada daqui por excesso de pedras e terra vai migrar para a região sul, que é mais baixa. Eles vão alterar a vida marinha na região toda. Todos os mangues serão alagados permanentemente. Como é que as pessoas não fazem estudos antes de aprovar esse tipo de projeto? Como é que um país não percebe que está se autodestruindo? Há outros métodos, outros modos de fazer mais eficazes, que não provocariam tantos danos. Há limitações que têm que ser respeitadas. Nós andamos com nossas pernas e nos guiamos com nossa visão e nossos ouvidos. Os pássaros têm seu sonar. Quando modificamos qualquer coisa no entorno deles, podemos afetá-los.

É muito desgastante, porque nós, indígenas, vemos esse tipo de coisa a todo momento. As pessoas que se dizem inteligentes, que constroem o saber, que ensinam, que vão a Marte, que fabricam tudo o que é importante não sabem o básico. Sabem o final, mas desconhecem o começo. Aí é que está o problema. Não é que sejamos radicais ou que não queiramos expansão, crescimento e evolução tecnológica. Nós, Tupinambá, gostamos muito da evolução, mas devemos evoluir todos juntos, para a possibilidade de termos um país poderoso, onde não haja exclusão social, onde não haja famintos, onde não haja violência extrema.

A Aldeia Serra do Padeiro sempre teve um modo próprio de vida, de equilíbrio, nunca gostamos de ser governados por ninguém. Geralmente, quando alguém nos dá alguma coisa, o costume tupinambá é dar outra coisa de presente de volta. Se não temos algo para dar de volta, ficamos envergonhados. Como combatemos a pobreza com a retomada? Nós nos organizamos através de planejamento. Nós planejamos tudo, mas não como o branco planeja: todo ano, todo dia, toda hora. A falta de tempo acaba escravizando alguém para fazer o trabalho. O planejamento tupinambá é longo, para cada cinco ou dez anos. Fazemos assim desde os tempos remotos, antes de os portugueses chegarem aqui.

Naquela época, era por meio da lua. Todos sabíamos que tínhamos que nos reunir para planejar o avanço tupinambá sobre a terra. Nós fazíamos planejamentos longos antes de os portugueses chegarem. Foi o que fizemos para ocupar todo o território nacional. De cinco em cinco anos nos reuníamos e definíamos que, em cinco anos, teríamos tantas mulheres casadas, tantos curumins e que, na verdade, o que tínhamos não seria mais suficiente. Esgotaria o alimento para nós na região. Logo, teríamos que avançar para criar outras aldeias. "Nós vamos ter que dividir esta aldeia daqui a cinco anos." E decidíamos naquele planejamento quantas aldeias seriam criadas.

Os guerreiros pesquisadores pegavam as canoas e outros saíam a pé, um grupo grande. Os Tupinambá, aonde quer que fossem, não deixavam de levar farinha, porque a farinha é mais demorada de fazer. O peixe, eles pescavam, mas eles tinham estoque de beiju para transportar. Esse grupo andava e, quando eles achavam um lugar belíssimo, eles paravam, e outro grupo avisava que já tinham conseguido um dos lugares. Dali, outro grupo já avançava mais. Eles sabiam que, seguindo o planejamento, todo mundo estaria onde aquela expedição parasse. Isso é fantástico, porque não se trata só de avançar para mudar o grupo familiar. Talvez lá na frente eles encontrassem outra etnia, e teriam que criar uma estratégia de guerra para empurrá-la, ou então fazer amizade e dividir o território.

Hoje, ainda fazemos a mesma coisa, mas de outro modo. Calculamos que, em cinco anos, as crianças que estão com oito ou nove anos provavelmente já estarão casadas – geralmente nos casamos com treze ou catorze anos –, a família pode aumentar e não teremos roças para manter tantas pessoas. Vamos ter que fazer mais roças para manter essa quantidade de famílias. E planejamos o que vamos plantar de mandioca, banana e outras frutas. Tudo é pensado. Quantas casas vão ser feitas, quais vão ser as melhorias nas casas, quantas festas vamos fazer, quanto vamos gastar...

Todo esse planejamento – que não era escrito – era discutido durante três ou quatro dias, embalado na mente. Mas o Sistema Nacional de Emprego (SINE) sentou conosco e disse: "Agora é

RETOMADA

melhor escrever". E começamos a fazer um planejamento escrito para nós, Tupinambá. Como o mundo havia mudado e estávamos lutando por um território, precisávamos de dinheiro para ir a Brasília. Localmente, não tínhamos tanta necessidade, mas, para viajar, tínhamos que ter recursos. Por isso procuramos o SINE e um advogado para fazermos uma associação do jeito que queríamos. Criamos a Associação dos Índios Tupinambá da Serra do Padeiro (AITSP) em 2004 e, com isto, conseguimos dinheiro para fazer nossas viagens, lutar pelo território e combater a fome em nossa comunidade. Não queremos tomar dinheiro emprestado de bancos. Não queremos que a Fundação Nacional dos Povos Indígenas (Funai) venha aqui e diga o que temos que fazer.

Visando seguir a nossa luta, fizemos um planejamento de roças de mandioca, que é mais simples. A mandioca amadurece rápido, a partir dos oito meses, mas podemos ir colhendo aos poucos, até ela chegar aos dois anos de idade. Então, fazemos uma roça que não precisamos devastar de uma vez. Tiramos de acordo com a necessidade e, quando tiramos um pedaço, podemos replantar. Quando chegamos ao final, a do início já está madura de novo. Utilizamos o mesmo solo o tempo todo durante cinco ou seis anos. Quando ele se degrada e é abandonado, a roça é substituída por outra.

A gente planejou como recuperar também as roças de cacau. De tudo o que vendíamos, tirávamos uma porcentagem de 30% que deixávamos na associação, para investir na produção da próxima safra. Hoje, chegamos a arrecadar 750 mil reais por ano na associação, só com os 30% da nossa produção. Nossa produção de cacau, que era abaixo de mil arrobas, cresceu para mais de 14 mil arrobas por ano. Cortamos mais de 30 mil quilos de seringa por ano. Banana-prata e banana-da-terra, nós nem calculamos... Temos uma produção anual de abacaxi em torno de 300 mil frutas. Todo mundo tem, ninguém fica sem, porque todos são atendidos pela coletividade. A associação vende para as empresas, 30% ficam aqui e 70% são divididos entre todos os que trabalharam. Mas todos, mesmo! Não é "todos" assim como é com os brancos. Todos os que foram trabalhar, na hora da partilha, estarão lá.

Assim, temos uma aldeia onde os jovens sonham. Eles sonham e não querem ir embora. Eles querem estudar, pesquisar, namorar, casar, sendo Tupinambá. Eles têm orgulho de ser Tupinambá. Cada um que expressa seu desejo será apoiado, mesmo que esteja errado. Porque só tem um jeito de aprender: errando. Se você tem medo de errar, não vai aprender. Você só sabe que acertou depois que errou. O erro é a parte mais importante do aprendizado. Nós erramos e aprendemos e continuaremos errando e aprendendo.

Chegamos a um patamar a que nenhum povo indígena conseguiu chegar. Conseguimos garantir o território sem a terra estar demarcada, sem ela estar homologada. O governo não cumpriu uma reintegração de posse sequer na Serra do Padeiro. Conseguimos nos manter no território porque temos autonomia espiritual, financeira e coletiva. Coletiva para enfrentar a guerra, espiritual para não tremer diante do inimigo e financeira para nos mantermos abastecidos. No tripé da guerra tupinambá, há elementos prioritários. Primeiro, estudar o inimigo. Em segundo lugar, armazenar bastante alimento. Procurar as principais nascentes de água e ocupar a terra, e em seguida criar uma barreira para impedir o inimigo de chegar até o alimento e a água. De sede ele se renderá, e não será preciso matar ninguém. ■

TONICO BENITES

Ao longo de boa parte do século XX, o Estado brasileiro passou a comercializar os territórios tradicionais guarani e kaiowá localizados no atual Cone Sul de Mato Grosso do Sul. Diante da expulsão e da dispersão continuada dessas famílias indígenas, suas lideranças, constrangidas e indignadas, não assistiram paradas à expulsão e à expropriação de seu território. Pelo contrário, muitas começaram a resistir.

ROJEROKY HINA HA ROIKE JEVY TEKOHAPE

Nasci no dia 12 de dezembro de 1971 no Posto Indígena Sas-soró. Minha mãe é da etnia Guarani, pertencente ao *tekoha* Potrerito/San José. Meu pai é da etnia Kaiowá, originário do *tekoha* Jaguapiré. Segundo minha mãe, meu nascimento ocorreu de acordo com o ritual tradicional de parto natural kaiowá, sob o cuidado de uma parteira (*ñandesy mitã mboguejyha*) experiente e conhecedora de várias rezas (*ñembo'e*) e plantas medicinais (*pohã ñana*). Ela assumiu a função importante de observar e acompanhar minha mãe e a mim desde o primeiro mês da gravidez até o dia do nascimento. Essa parteira era minha parenta por parte da minha família paterna (*cheru rey'i gui*). Além disso, ela já era parteira e comadre (*comare*) da minha mãe e de outras parentas há muito tempo, por já ter acompanhado e realizado outros partos da minha família extensa. Ela era, sobretudo, uma grande conselheira, detendo poder educativo e autoridade legítima.

Minha mãe e meu pai narram ainda que com um mês de vida passei por um ritual de assentamento de nome/alma no corpo (*jeroky mitã mongaraí*), isto é, fui "batizado" por um rezador (*ñanderu*) de confiança que já havia realizado diversos *mitã mongaraí* na minha família. Esse ritual foi realizado durante a noite na casa do *ñanderu*, onde se encontravam os instrumentos necessários para a realização do ritual, como o *xiru marangatu*. O nome/alma de uma pessoa (*ñe'e ayvu réra*) só é trazido na presença desses instrumentos e após uma convocação repetida por meio da realização de cantos e rezas especiais (*ñengary ayvu reruhá*) para assentar a alma no corpo. Assim, na madrugada, após longas horas de cantos e rezas de evocação do nome/alma coordenados pelo *ñanderu* e pelo seu auxiliar, recebi o meu *che ayvu réra*.

Meu nome/alma é Ava Vera Arandu, que pode ser traduzido por Homem (*Ava*) Sábio (*Arandu*) Iluminado (*Vera*). Esse nome/alma pertence a uma família extensa que reside no *Yvay Ypy*, um dos diversos patamares do universo cosmológico kaiowá. Minha mãe conta que o processo preparatório do ritual de assentamento do meu nome/alma começou a ser organizado um mês antes, envolvendo vários membros da minha família. Durante esse mês, meu pai, por exemplo, teve que procurar mel (*eira*) e cera (*araity*) da abelha *jate'i* para confeccionar um tipo especial de vela. Três dias antes do *jeroky mitã mongaraí*, minha mãe teve que preparar a bebida fermentada de milho branco e batata-doce (*chicha/kãgui*) que seria consumida durante o ritual (*jeroky*) pelos participantes.

De forma geral, meu nome/alma e meu corpo (*che rete*), durante todo o processo do meu crescimento físico, tiveram que passar por diversos procedimentos educativos e religiosos em rituais tradicionais de cura e prevenção: um conjunto de cuidados transmitidos pelos mais experientes da família, como a parteira *ñandesy mitã mboguejyha* e o *ñanderu*, que orientaram minha família extensa sobre como deveriam se comportar comigo e como me educar.

No estado de Mato Grosso do Sul há aproximadamente 45 mil pessoas que pertencem às etnias Guarani-Kaiowá e Guarani-Ñandeva e estão distribuídas em mais de trinta áreas, com tamanhos variados e em diferentes condições de regularização fundiária. Há áreas demarcadas, áreas identificadas, e acampamentos aguardando reconhecimento do Estado.

Esses indígenas são conhecidos na literatura como sendo Guarani-Kaiowá e Guarani-Ñandeva, embora apresentem muitos aspectos culturais e de organização social em comum. Os Guarani-Kaiowá não se reconhecem como Guarani, mas aceitam a denominação de Ava Kaiowá. Por sua vez, os Guarani-Ñandeva se autodenominam Ava Guarani.

Os processos de reocupação e retomada são resultado da territorialização que os Guarani e os Kaiowá vivenciaram com o processo de colonização e, depois, com a criação dos Postos Indígenas (PIS) no atual Estado de Mato Grosso do Sul. Pode-se dizer que houve uma paulatina política de expropriação dos indígenas de suas terras, movimento que os levou a serem transferidos e reservados, tanto por iniciativas diretas dos fazendeiros quanto pela atuação de funcionários do órgão indigenista e de missionários da Igreja Evangélica Caiuá e da Igreja Unida Alemã.

No decorrer das décadas de 1950, 1960 e 1970, várias famílias extensas guarani e kaiowá foram expulsas dos seus territórios e dispersas. Como consequência, os indígenas se esparramaram (*sarambi*) e se assentaram, progressivamente, nos limites dos PIS que estavam localizados nas proximidades dos seus antigos territórios. Os membros das famílias extensas expulsos se encontravam em condições politicamente instáveis nos limites dos PIS, pois, não pertencendo aos locais para onde haviam sido transferidos, também eram obrigados a lutar por um lugar dentro destes novos espaços. Foi devido à situação de vida adversa nos PIS que lideranças e membros das famílias deram início a variadas estratégias para planejar o retorno e a recuperação dos territórios perdidos.

No final da década de 1970, as lideranças das famílias extensas expulsas de seus territórios tradicionais (*tekoha*) articularam iniciativas de luta pela recuperação de território que de fato passaram a ocorrer nas décadas seguintes. Na primeira metade da década de 1980, a luta pelo retorno (*jaike jevy*) aos *tekoha* começou a ser discutida e planejada em Grandes Assembleias, os *Aty Guasu*, que tomavam corpo a partir da configuração de redes e de alianças constituídas entre as lideranças das famílias extensas.

Minha família extensa é originária do *tekoha guasu* Jaguapiré Memby-Jukeri, do qual foi expulsa no final da década de 1960 pelos não indígenas que adquiriram as fazendas Redenção, Modelo e São José. Com a pressão exercida pela chegada desses novos fazendeiros, minha família teve progressivamente que se dispersar e se assentar em uma pequena área denominada Galino Kue, localizada dentro do PI Sassoró, até a segunda metade da década de 1980. A partir daí, para recuperar parte do *tekoha guasu* de Jaguapiré Memby-Jukeri, as lideranças e os membros das famílias Benites e Romero realizaram uma luta intensa e se aliaram às famílias Vargas e Ximenes. Os membros dessas duas últimas famílias não haviam saído definitivamente da área de Jaguapiré e continuavam trabalhando, até a década de 1980, dentro das fazendas que haviam sido constituídas sobre o antigo local de ocupação tradicional indígena. As famílias Vargas e Ximenes trabalhavam tanto na roçada como na derrubada da mata para a formação das pastagens.

Entre 1985 e 1988 teve início a expulsão violenta das famílias extensas Vargas-Ximenes e Benites-Romero da área de Jaguapiré. Testemunhei essa violência contra as minhas famílias promovida pelos fazendeiros. Esse período foi marcado por intensos conflitos com os fazendeiros do atual município de Tacuru.

As famílias demonstraram posição firme na defesa de seu *tekoha* e mais indígenas se juntaram no *tekoha* Jaguapiré. Foi no dia 2 de março de 1985, ao meio-dia, que pela primeira vez as famílias indígenas foram atacadas e despejadas violentamente por trinta prepostos do fazendeiro José Fuentes Romero, como lembra o idoso kaiowá Silvio Benites, torturado a ponto de ter uma perna fraturada durante o despejo. Ele nunca mais se recuperou da violência sofrida: "O fazendeiro José Fuente veio até a casa do Moreno. Ele ficou muito bravo com o avô (*ñamoi*) Moreno por ter articulado o retorno de nossos parentes ao *tekoha* Jaguapiré. Fuente falou diretamente para nós que não vai aceitar a moradia de vários índios da reserva Sassoró na sua propriedade. Ele ordenou para todas as famílias sair e ir embora imediatamente da fazenda dele, mas nós respondemos a ele que a nossa decisão era não sairmos de nossas casas e nem íamos abandonar o nosso lugar. Diante disso, ele ameaçou que ele ia mandar queimar todas as nossas casas, que logo ia mandar polícia e caminhão para nos expulsar e transferir para a reserva Sassoró. Em menos de uma semana, chegaram ao pátio de nossas casas dois caminhões, tratores e vários homens e policiais armados. Ao cercar as nossas casas, ordenaram para nós subir imediatamente na carroceria do caminhão. Os policiais já dominaram e amarraram crianças, mulheres, homens, e carregaram na carroceria do caminhão. Além disso, começaram a lançar tiros sobre nós, chutaram nas pernas dos homens. Eles amarraram os nossos braços e pernas, nos carregaram na carroceria do caminhão. A minha perna foi fraturada pelos jagunços e assim fui jogado na carroceria. Enquanto isso, os dois tratores já começaram a destruir as nossas casas e nossas roças. Os não indígenas (*karai*) já queimaram as nossas coisas. Assim, nos carregaram amontoados na carroceria do caminhão e nos deixaram perto da Missão Evangélica Kaiowá, na entrada da reserva Sassoró".

Em virtude desse acontecimento e da divulgação ampla que ele teve na imprensa, pela primeira vez diversas autoridades estaduais e federais (agentes superiores da Funai, comandantes da Polícia Militar, Polícia Federal, presidente da República etc.) começaram a se envolver no conflito já estabelecido de modo generalizado entre indígenas e fazendeiros pela posse da terra.

Em 1988, os fazendeiros, por meio de advogados, conseguiram duas ordens de despejo judicial dos indígenas de seu território identificado, que foram executadas por agentes policiais. Os fazendeiros deixaram de contratar os pistoleiros para realizar os despejos extrajudiciais dos indígenas, mas passaram a contratar os advogados para obter ordens de despejo judiciais da Justiça Estadual. Desse modo, os fazendeiros demonstraram que os indígenas podiam também ser despejados legalmente de sua terra tradicional por ordem da Justiça. O modo como os despejos eram feitos não diferia muito. Vários indígenas do *tekoha* Jaguapiré que foram vítimas dos despejos extrajudicial e judicial, ao narrarem histórias desses acontecimentos, nem conseguem distinguir com clareza se foram pistoleiros ou policiais os que agiram.

Fica evidente que o processo de despejo extrajudicial dos indígenas de seus *tekoha* e a dominação de territórios indígenas eram, desde então, não só permitidos como também fomentados pelo próprio sistema de poder político, judicial e econômico dominante no extremo sul do atual Estado de Mato Grosso do Sul. Nesse contexto, o direito indígena às terras de ocupação tradicional, já garantido na Constituição, vem sendo ao longo do tempo claramente ignorado e aviltado.

Após longos anos de luta, no dia 20 de maio de 1992, a Terra Indígena Jaguapiré foi reocupada pelas famílias extensas, apoiadas pelas lideranças do *Aty Guasu*. No dia 21 de maio de 1992, a Terra Indígena Jaguapiré foi oficialmente reconhecida pelo ministro da Justiça, possibilitando que as famílias extensas Benites-Romero e Ximenes-Vargas, reocupantes da área, permanecessem definitivamente no território tradicional de Jaguapiré, no município de Tacuru.

Entre 1982 e 1988, período em que eu ainda era bem jovem, acompanhava o meu pai e meu avô no *tekoha* Jaguapiré e frequentava com meu pai, minha mãe, meu avô e minha avó os rituais religiosos (*jeroky*) e profanos (*guachire*) que eram realizados com assiduidade no *tekoha*. Recordo que durante esse mesmo período, por conta dos conflitos que acabo de narrar, ocorriam com muito mais frequência os rituais religiosos, sobretudo na casa do líder (*tamõi*) e rezador (*ñanderu*) da família extensa Ximenes, chamado Moreno Ximenes, e de sua esposa, também líder (*jari*) da família Vargas, chamada Tomasia de Vargas. Na casa desse casal havia os instrumentos *xiru marangatu*, necessários para a realização de tais rituais.

Um dos fatos mais determinantes da minha vida foi justamente relembrar a forma como os fazendeiros promoveram a expulsão de minhas famílias do *tekoha* Jaguapiré em 1988. A lembrança me incentivou a buscar descrever as formas de lutar do *Aty Guasu* guarani e kaiowá pela recuperação dos *tekoha*. Desde muito jovem percebi que as práticas de despejo geravam situações de reação, perplexidade, aflição e constrangimento entre as famílias indígenas, que por isso começaram a se articular para retornar aos *tekoha*.

Na reserva indígena Sassoró, as famílias expulsas de Jaguapiré encontravam-se na posição de subalternas e dominadas, sem condições de se manifestar e viver com relativa autonomia, como antes faziam. Foi nesse contexto que cresci e participei do *Aty Guasu*. Ainda na minha infância ouvia e me deparava com determinadas perguntas e posições que eram recorrentes no seio da minha família e do *Aty Guasu*: "*Karai* fazendeiro *kuera omanda, ñane mosemba uka ñande rekohagui*" (Os fazendeiros mandaram nos expulsar de nossos *tekoha*). "*Karai kuera ndoipotavei jajevy jaiko jevy ñadereko hague pe*" (Os fazendeiros anunciaram que eles não nos deixariam mais voltar a morar, caçar e pescar em nossos lugares antigos). "*Mba'eichapa jajevyjevyta, jaike jevyta ñande rekohague pe?*" (Como devemos recuperar e reocupar os nossos *tekoha* perdidos?). "*Jaike jevy hanguã ñande rekoha pe tekõteve ñande aty, jajeroky, ñañopytyvõ joja. Upeicharõ jaipyhy jevyta ñanderekoha*" (Para recuperarmos e reocuparmos os nossos *tekoha*, temos que começar a nos articular, reunir e realizar com frequência os *jeroky guasu* para discutir e planejar a reocupação de todos os *tekoha*).

Tanto as memórias das lideranças idosas guarani e kaiowá quanto a literatura historiográfica e antropológica, além da documentação oficial do governo brasileiro, sobretudo dos arquivos do Serviço de Proteção aos Índios (spi), demonstram uma presença dos Guarani e dos Kaiowá muito antiga nas regiões dos rios Brilhante, Dourados, Apa, Amambai, Iguatemi, Mbarakay, Hovy e Pytã. Os *tekoha guasu* atualmente reocupados e reivindicados pelos Guarani e os Kaiowá estão localizados nas margens desses rios.

Nessas margens, até o final da primeira metade do século xx, diversas famílias extensas guarani e kaiowá ainda habitavam seus espaços territoriais de ocupação, os quais, a partir de alianças entre essas famílias, conformavam um território de uso exclusivo. Nos *tekoha* havia recursos naturais, como rios e córregos para pescar e fontes de água para o consumo. Na proximidade das habitações indígenas, além de suas roças (*kokue*), na floresta e no campo (vegetações distintas em sua composição) era possível encontrar diversos animais de caça, árvores frutíferas, plantas medicinais, mel etc. Dessa forma, até meados de 1930, muitos Guarani e Kaiowá ainda habitavam de modo autônomo seus *tekoha*, onde viviam com certa fartura. Os depoimentos indígenas evidenciam que cada família extensa residia de forma autônoma, não tendo que disputar nem o espaço de terra nem as fontes de recursos, como a floresta, os córregos, os rios e as minas d'água. Cada uma dessas famílias se mantinha separada das outras famílias extensas, com quem mantinham relações de troca por distâncias de uma dezena de quilômetros.

A colonização dos territórios guarani e kaiowá ocorreu, sobretudo, após a Guerra da Tríplice Aliança (1864-70). Os documentos históricos evidenciam que a política oficial de povoamento da faixa de fronteira avançou, primeiramente, sobre os territórios guarani e kaiowá. Mais especificamente, no período posterior à guerra, na década de 1880, o Estado brasileiro começou a abrir a região para o capital privado e concedeu um enorme espaço de terras para a Companhia Matte Larangeira, permitindo a exploração exclusiva da erva-mate nativa na região em que estavam localizados os *tekoha guasu* dos indígenas.

Assim, mesmo com a presença dos Guarani e dos Kaiowá habitando a região, foi assinado um contrato entre o Estado brasileiro e a Companhia Matte Larangeira. Iniciou-se uma "situação histórica" em que o contato com os Guarani e os Kaiowá era baseado sobretudo na contratação de mão de obra para o trabalho da extração da erva-mate. Para a realização desse extrativismo, não se expulsavam os indígenas do seu território tradicional, de forma que havia poucos conflitos entre indígenas e não indígenas. Até a década de 1920, a Companhia Matte Larangeira acabou protegendo involuntariamente os territórios guarani e kaiowá, visto que, como tinha o monopólio da exploração da erva-mate, ela impedia a penetração de outros colonos na região.

A partir do ano de 1915 as primeiras reservas indígenas no atual Estado de Mato Grosso do Sul foram instituídas pelo SPI que desconhecia o modo de viver dos Kaiowá e dos Guarani.

O SPI instituiu, entre 1915 e 1928, oito minúsculas reservas. Nessas reservas o órgão impôs um ordenamento militar, educação escolar e assistência sanitária, e favoreceu as atividades das missões evangélicas que se instalavam na região. Os funcionários do SPI e outros colonizadores não se conformavam com o modo espalhado dos indígenas de ocupar o espaço. Era preciso concentrá-los nas reservas para possibilitar a expropriação de seus territórios. Várias famílias extensas estabeleceram morada nas reservas do SPI, mas muitas outras continuaram vivendo nas matas da região.

Os territórios indígenas passaram a ser considerados como "terra devoluta" e "terra vazia" e, por isso, se tornaram objeto legal de comércio. Para o Estado, as oito pequenas reservas indígenas criadas pelo SPI eram os únicos espaços oficiais destinados aos Guarani e aos Kaiowá.

Foi principalmente nas décadas de 1950 a 1970, período marcado tanto pelo fim do monopólio da Companhia Matte Larangeira quanto pela intensificação do loteamento da região para a instalação de fazendas privadas sobre os *tekoha* guarani e kaiowá, que teve início uma nova "situação histórica", um período de expulsão e dispersão das famílias indígenas de seus territórios.

Os novos ocupantes se apossaram das terras também por meio de relações com agentes políticos locais, contando com a atuação de missionários, militares e de funcionários dos órgãos indigenistas do Estado – tanto do antigo SPI quanto da Funai. Operava-se com grande violência para expulsar os indígenas. Foi dessa maneira que, ao longo de boa parte do século xx, o Estado brasileiro passou a comercializar os territórios tradicionais guarani e kaiowá localizados no atual Cone Sul de Mato Grosso do Sul. Diante da expulsão e da dispersão continuada dessas famílias indígenas, suas lideranças, constrangidas e indignadas, não assistiram paradas à expulsão e à expropriação de seu território. Pelo contrário, muitas começaram a resistir.

A experiência de expulsão de certa forma gerava uma identidade comum entre as famílias extensas dispostas a lutar para retornar a seus territórios. Nessa situação histórica, as famílias passaram a reativar seus saberes e praticar seus rituais com frequência.

Os grandes rituais religiosos, os *jeroky guasu*, foram e são fundamentais, envolvendo os *ñanderu* nas táticas de retomada dos *tekoha*. Eles são resultado das articulações das lideranças políticas e espirituais das famílias extensas guarani e kaiowá. Os *jeroky* realizados em situações de conflito pela terra expressam um pensamento indígena específico e desconhecido dos não indígenas, inclusive de antropólogos. Eles geram também diferentes reações entre as diversas lideranças das famílias extensas envolvidas em conflitos fundiários com os fazendeiros.

Na atual situação histórica, as famílias extensas guarani e kaiowá dos territórios recuperados e reocupados, em lugar de se desintegrarem, aperfeiçoaram estratégias, flexibilizando sua organização e produzindo, cada uma, um modo de ser peculiar (*teko laja kuera*). Elas conformam uma realidade contemporânea caracterizada pelo *teko reta*, que pode ser traduzido por "modo de ser múltiplo" de conjuntos de famílias indígenas. O *teko reta* continua sendo, no entanto, um *ñande reko*, "nosso modo de ser", sempre contraposto ao *karai kuera reko* ou "modo de ser do não índio".

O conceito de "fazer a luta" fundamenta e descreve o complexo processo de retorno das famílias. É possível dizer que enquanto se está "fazendo a luta", os rituais religiosos levados adiante pelas famílias extensas e pelos *ñanderu* constituem práticas e ações concretas indispensáveis ao bom andamento do processo de reocupação dos territórios. O envolvimento dos líderes espirituais (realizando sínteses das decisões e expectativas de famílias extensas inteiras) foi fundamental nesse processo.

A partir do início da década de 1980, o *Aty Guasu*, ou Grande Assembleia, passou a funcionar como um grande fórum aberto às diversas comunidades para progressivamente discutir as estratégias de recuperação de partes dos territórios antigos. Também passou a atuar para reverter a dominação neocolonial dos territórios tradicionais e contestar os modos de ser e viver (*teko*) guarani e kaiowá impostos pelos não indígenas (*karai*): governo, missionários e fazendeiros. Assim, em conjunto com os *Aty Guasu*, os *jeroky guasu*, grandes rituais religiosos, foram fundamentais para instituir redes de articulação política das lideranças das famílias extensas para a luta pela demarcação de territórios antigos.

Na perspectiva das famílias guarani e kaiowá articuladas em torno do *Aty Guasu*, os dramas sociais vivenciados pelos moradores de cada um dos *tekoha* que foram objeto de processos traumáticos de despejo não podem de maneira alguma terminar na restauração de uma dominação colonial. Inclusive porque hoje os indígenas sabem que o paternalismo dos *karai* em relação a eles está há muito esgotado, substituído pelo racismo e pela intolerância abertos.

A única possibilidade que está colocada para as famílias indígenas é a reconquista de seus *tekoha* mediante a estratégia da luta e da reocupação ou retomada (*jaha jaike jevy*). A vitória já obtida através da prática da reocupação, bem como os vários casos de ocupações sustentadas por longos períodos reforçam a decisão adotada e indicam que, apesar dos inúmeros sofrimentos, as ações do *Aty Guasu* continuam a ser apoiadas pelos protetores da natureza e do cosmos. *Rojeroky hina ha roike jevy tekohape*, seguimos rezando e lutando. ■

JOELSON FERREIRA DE OLIVEIRA

A agroecologia é uma ciência que todos devemos trabalhar, estudar e compreender para recompor as terras que foram destruídas. Agroecologia não é dissertação de mestrado, não é tese de doutorado, não é conto de fadas. Ela é algo real e precisa ser implementada junto aos povos originários, que nasceram e viveram dentro desse princípio. O povo preto, quando retoma sua terra e seu território, sabe o que é agroecologia.

LUTAR PELA NOSSA TERRA

Nasci no povoado de Nova Alegria, no município de Itamaraju, na Bahia. Fui obrigado a ir para São Paulo, viver, trabalhar e voltar com dinheiro para melhorar a vida da minha família. Fui para encontrar melhores condições, mas, chegando lá, vi que tinha sido um engano. A minha sorte foi conhecer os movimentos sociais. Militei no movimento operário. Em dezembro de 1986, voltei para a Bahia ouvindo a música de Elomar Figueira Mello, "O peão na amarração", e quando cheguei disse a meus pais: "De hoje em diante, não trabalho para homem nem mulher no mundo que pague um salário pela minha força de trabalho, como escravo!". A partir daquele momento, deixei de ser escravo e assumi a responsabilidade de cuidar de uma pequena terra de minha mãe.

Minha irmã tinha ido trabalhar no Rio de Janeiro, foi estuprada e assassinada com um tiro na boca, e a sede de vingança veio. Meu pai disse: "Essas coisas se vingam na luta pela terra!". Quando falo em vingança, as pessoas pensam que eu tenho ódio, mas não é ódio: o que sinto é a necessidade de retomar a terra do nosso povo ancestral. Esse povo sofreu no tronco, teve sua existência roubada pelo latifúndio. Nós carregamos a força, a vontade e a energia ancestral que nos impulsiona a lutar por liberdade.

Minha relação com os movimentos sociais e com os movimentos de luta nasceu pela necessidade e pela consciência. Meus pais e minhas avós diziam que precisamos lutar por aquilo em que acreditamos. Meu pai tinha a luta pela terra e pelo território no sangue das veias e passou isso para os filhos. Dizia que a terra era poder e que quem tinha esse poder não dependia de ninguém. Nesse sentido, meu pai sempre trabalhou a nossa consciência. Havia a *necessidade* de ter a terra e a *consciência* de que era necessário lutar por ela.

Mais tarde, escutando as histórias de minhas duas avós – Joana, minha avó paterna, e Izabel, minha avó materna –, ficou claro para mim como elas perderam suas terras a mando do latifúndio. Ambas eram donas de um pedaço de terra onde criavam as famílias. Minha avó Izabel era uma matriarca que tinha o comando de toda a família, e minha avó Joana era uma liderança religiosa. Elas tinham com a terra um laço de pertencimento e passaram para nós esse pertencimento. Quando me contaram como perderam suas terras, eu já estava na luta do MST.

Em março de 1988, fui batizado na lona preta de um acampamento, o Bela Vista, em Itamaraju. Lá fui preso. Fiquei alguns dias preso e, quando saí da cadeia, retomei a luta com meus companheiros. Em julho do mesmo ano, fizemos a maior ocupação com a nova estratégia do MST: "Ocupar, Resistir e Produzir". A partir daí, passamos a construir o Movimento Sem Terra na Bahia inteira.

Viemos para o sul da Bahia em 1992. Ocupamos a fazenda Bela Vista, que hoje é o Assentamento Terra Vista. Estou há mais de trinta anos neste assentamento. Militei, ajudei a construir o MST da Bahia, participei em todas as suas instâncias e fui até a Direção Nacional do MST. Quando cheguei no movimento, havia só dois assentamentos no estado da Bahia: o 4045 e o Riacho das Ostras. Hoje, temos nove regionais no estado, vários assentamentos e uma grande quantidade de assentados.

Em 2013, deixei a direção nacional e estadual do MST e me recolhi para o Assentamento Terra Vista. Queria me dedicar à experiência da transição agroecológica – na qual já trabalhávamos desde 2000 –, e formar a Teia dos Povos, uma articulação que agrega os povos originários, os povos pretos, os povos de terreiro, os povos quilombolas e os povos ribeirinhos das águas e das marés para constituir uma aliança de luta por terra e território com as comunidades, para além do capital. A Teia dos Povos agrega também a juventude estudantil que quer fazer parte da luta pela transição agroecológica, bem como intelectuais que querem construir um bom debate sobre terra e território. É uma teia de aranha que vai tecer uma grande organização dos povos, sem preconceitos e sem distinção, que vai criar unidade na diferença.

Muita gente luta por uma liberdade utópica, idealista. Meu pai, porém, me ensinou que a luta pela terra é concreta. Como diz a canção do poeta, "O real e a fantasia se separam no final". Se não tivermos uma luta concreta e ficarmos só na utopia, não conseguimos realizar nada. É preciso unificar a utopia e o real. A luta no MST me ajudou a fortalecer a consciência e a capacidade de agir.

Quando o Banco Econômico quebrou, montamos uma estratégia e retomamos quase todas as fazendas de Ângelo Calmon de Sá. Tive o maior prazer e o maior orgulho de retomar essas terras. Calmon de Sá é uma família com muito sangue nas mãos por ter matado muitos indígenas e negros e por ter escravizado os negros. Há muito sangue no Recôncavo por obra dessa família. E eu estava lá, na linha de frente, com a força, a vontade e a certeza de que precisávamos vingar o nosso povo.

Todos os dias, acordo sonhando com a revolução, com a restituição das terras ao nosso povo. Não vou parar nunca, só quando morrer! A luta pela terra e por território vem dos primórdios. Em 1500, este lugar era um paraíso. Com a chegada das caravelas dos portugueses, com a cruz e a espada, transformou-se em um inferno. Os povos originários que existiam aqui há mais de 12 mil anos, os verdadeiros donos da terra, foram desalojados. Eles tinham uma vida extraordinária, tinham toda uma sociabilidade, eram um povo feliz.

A partir daí, porém, começou a guerra pela posse e pelas riquezas da terra, que se perpetua até hoje. São 520 anos de uma guerra insana, reproduzida pelos brancos europeus, os grandes invasores. Essa é uma problemática que precisamos encarar: a luta por território dos povos originários. Nós, da Teia dos Povos, acreditamos que ela é o princípio. Precisamos também considerar que a Lei Áurea não pôde satisfazer a questão da terra. Lutamos, fizemos muita guerra e não conseguimos garantir a terra para o povo preto. Depois de quatrocentos anos de escravidão, ele foi jogado nas estradas, sem eira nem beira.

Nossa luta continua na ordem do dia, embora a esquerda, de 1994 em diante, tenha negligenciado essa reivindicação. Os intelectuais e o movimento estudantil também se afastaram da luta pela terra. O Partido dos Trabalhadores que, a partir de 2002, começou a comandar o Brasil, também abdicou dessa luta, vista como atrasada e sem perspectiva, e apostou no agronegócio.

Se quisermos construir uma grande civilização no Brasil, é preciso retomar essa discussão. Queremos dialogar com os povos das periferias das cidades, com o povo preto e com os povos originários. Enxergamos a necessidade de fazer uma grande guerra para restituir a terra aos povos da terra. Nossa luta atual precisa curar essas duas chagas — a destruição dos povos originários e a escravidão, que empurrou o povo preto para as favelas — e precisa também reequilibrar as cidades. Por isso, a luta pela terra e pelo território é uma luta que diz respeito não apenas aos campesinos, mas a todos nós. Ao contrário dos que defendem que isso é coisa do passado, esta luta está na ordem do dia.

Quem, na verdade, está provocando uma volta ao passado – e a um passado muito ruim – são os 10% que hoje fazem propaganda na Rede Globo: "O agro é pop, o agro é tudo". O agronegócio toma as terras, usa máquinas e drones e, com a monocultura e os agrotóxicos, acaba com tudo. Não é possível que tão poucas famílias sejam donas dos meios de comunicação; não é possível que tão poucas famílias sejam donas das terras do Brasil.

Sabemos que o Brasil tem muita terra e pouca gente. A população está concentrada nos grandes centros. Um grupo muito pequeno se apropriou da terra e jogou a população para as grandes cidades. A força do desenvolvimento do capital, que precisava de mão de obra barata, provocou o êxodo, tanto rural como das pequenas cidades, aproveitando-se da seca do Nordeste.

Há certas ilusões que devemos tirar de nossas mentes. A terra e o território são poder. Os povos pretos, os povos originários e os povos da periferia precisam entender que temos que lutar por esse poder. Temos que lutar para restituir a terra aos povos originários e exigir terra para o povo preto que foi tirado da África pela escravidão, nos navios negreiros, e que ficou sem terra, sem casa e sem pão.

Temos que partir para uma luta radical. Não acredito que essa luta seja pacífica ou que vamos receber algo do governo ou de Jesus Cristo, mesmo que ele volte à Terra e venha ao Brasil. Só a nossa luta, a nossa força, a nossa unidade índia, negra e popular será capaz de nos restituir a terra. Os atuais donos do poder não vão ceder. Já se passaram 520 anos. Eles jamais vão ceder. A elite racista, atrasada e escravocrata jamais vai devolver a terra aos povos que são seus donos por direito. Precisamos nos unificar e construir um processo de luta para erguer uma sociedade para além do capital.

Retomamos a terra do Assentamento Terra Vista em março de 1992. O mês era uma homenagem às mulheres. Quando chegamos aqui, foi uma surpresa saber que a propriedade era de duas mulheres que viviam na Vieira Souto, no Rio de Janeiro. Elas herdaram o espólio de um grande coronel matador de gente daqui: o coronel Elias Cavanhaque. A terra havia se transformado em terra de coronéis; eles a roubaram dos indígenas, dos quilombolas, do povo preto que plantava cacau pelo sistema cabruca. Esse sistema, com mais de trezentos anos, foi elaborado por indígenas e quilombolas. Os coronéis se apropriaram e expulsaram todo mundo mas, com a crise da praga chamada de vassoura de bruxa, eles quebraram. Um bocado se suicidou, outros endoidaram. E, nesse momento, o MST decidiu que conquistaria e ocuparia as terras improdutivas em toda a Bahia.

Quando ocupamos o Assentamento Terra Vista, lutamos contra tudo e contra todos: contra a Rede Globo, contra a Polícia Militar, contra o principal jornal da Bahia. Depois de cinco despejos, das 360 famílias que éramos quando chegamos sobravam apenas 28, tamanho foi o sofrimento. No último despejo, em 1994, firmamos o compromisso de que conquistaríamos a terra e construiríamos uma escola para fazer de nossos filhos doutores, para que eles nunca mais passassem por aquela situação. A construção da escola foi a primeira coisa que realizamos, em junho do mesmo ano. Hoje, além da Escola Florestan Fernandes, de ensino fundamental, temos a escola Milton Campos, que é a Escola do Cacau e do Chocolate, uma escola técnica. Já criamos um curso de Agronomia em Agroecologia e uma especialização em Agroecologia.

Entre os anos de 1994 e 1999, insistimos no processo de agricultura convencional. Queríamos ser grandes produtores, tínhamos ainda a ilusão de que caberíamos no universo do capital. Ficamos naquela confusão, prejudicando a terra com adubos químicos e pesticidas, e cada vez mais a nossa agricultura dava para trás. Em 2000 nós quebramos e passamos a entender que não cabemos no capitalismo. O capitalismo não nos quer. Entendemos que, para que nossos filhos se tornassem doutores, precisávamos fazer a transição agroecológica.

Iniciamos com uma pequena horta, tentando seguir o legado que Ana Primavesi nos deixou, o legado da regeneração do solo. Ela dizia algo muito bonito: "Solo sadio, planta sadia, gente sadia". Tínhamos que regenerar a terra e nos reconectar a ela. Precisávamos formar solo, pois as terras que conquistamos foram destruídas pelo capitalismo e pelo agronegócio. Nesse percurso, recuperamos 92% da mata ciliar. Temos 40% da área de cobertura vegetal, ou seja, 40% de Mata Atlântica preservada. Temos também trezentos hectares de cabruca e o restante da terra é para plantar hortaliças, plantar comida.

Dizem que o que os olhos não veem, o coração não deseja. Por isso convidamos a todas e a todos, de qualquer parte do Brasil, para virem aqui e se entusiasmarem com nosso trabalho. A agroecologia é uma ciência que todos devemos trabalhar, estudar e compreender para recompor as terras que foram destruídas. Agroecologia não é dissertação de mestrado, não é tese de doutorado, não é conto de fadas. É algo real e precisa ser implementada junto aos povos originários, que nasceram e viveram dentro desse princípio. O povo preto, quando retoma sua terra e seu território, sabe o que é agroecologia.

A terra não nos pertence. Ela pertence às futuras gerações, à natureza, às forças maiores. Nós conhecemos a força das ervas, das plantas medicinais, das árvores. Tudo para nós é espírito, tudo para nós é sagrado. Por isso nos aproximamos da agroecologia, para transformar a nossa terra numa terra cada vez melhor. Precisamos nos reconectar com o sagrado e com a natureza para construir outra perspectiva de humanidade: com nossos saberes, nossos orixás, nossos encantados, nossas inquices, com tudo o que a nossa sabedoria tem para nos proteger e proteger a natureza e a Mãe-Terra.

Cada pedacinho de terra, cada território que conquistamos, queremos transformar com a ciência da agroecologia na prática, no dia a dia. Aprendemos com as formigas, com os passarinhos, com as árvores. Eles nos ensinam como se faz a transição, como se morre para dar vida a outros seres, como se faz a biodiversidade. No nosso assentamento, estamos reconstruindo o paraíso aqui na Terra. Se não fizermos isso, não teremos outro paraíso. O único planeta que temos é este. Ao menos para 90% da humanidade. Os outros 10% podem ir para Marte – boa viagem! Não precisamos mais deles aqui. Se expulsássemos 10% da humanidade, faríamos deste planeta um paraíso, para que todos pudessem viver em abundância.

O capitalismo é um mal para a humanidade. Dentro do capitalismo, mesmo que retomemos as nossas terras, não há possibilidades para sobrevivermos. Precisamos enfrentar o capitalismo para ter uma perspectiva de sociedade humanamente justa e digna para todos. E isso não será fruto e obra dos governantes e daqueles que nos oprimem até hoje. Será obra da classe trabalhadora, dos povos originários, dos povos pretos, dos povos que estão nas periferias das cidades — cercados, assassinados, humilhados pelo poder violento. Somos nós que garantimos todas as riquezas do país, para um grupo muito pequeno. Temos condições de voltar à terra e reconstruir outra perspectiva de humanidade, com dignidade e esperança.

Muita gente acha retrógrado lutar por terra e território. Muitos acham que nos encaixamos na forma que Monteiro Lobato radicalizou contra nós – Zecas Tatus, ignorantes, analfabetos. A primeira coisa que procuramos fazer é reafirmar a nossa posição. Afirmamos que a luta por terra e território, além de sagrada, é a luta do século XXI. Se não retomarmos a terra e instalarmos os nossos povos nesses territórios, provavelmente a humanidade toda vai perecer. Essa é uma luta mais do que justa, é uma luta digna e é uma luta sagrada. É preciso construir outra perspectiva de humanidade.

Como podemos reconstruir o trabalho do nosso jeito, não da forma fordista, não da forma capitalista? Só existe um caminho: lutar por terra e território, lutar por poder. Não há jeito se não assumirmos a responsabilidade e se não fizermos com que o nosso trabalho, ao invés de ser para a escravidão, seja para a liberdade. Uma liberdade agora, concreta, uma liberdade com a terra. A liberdade idealista não serve para nós. Não lutamos pelo igualitarismo.

Liberdade significa a construção de uma sociedade de desiguais, de contradições, mas com a formação de consensos em torno daquilo que é maior para todos. Costumamos dizer que o que nos une é bem maior do que as pequenas coisas que nos separam. Nossa luta é pelo trabalho e pela construção da liberdade e da autonomia. Queremos ser gente livre que trabalha com autonomia. Temos que sair da ilusão das esmolas, das políticas públicas que seguem nos iludindo, dando-nos os restos que a burguesia deixa cair. Não precisamos viver de esmolas. Precisamos de terra e território – de ter casas confortáveis, uma condição de vida melhor, uma educação do nosso jeito – para construir a sociedade em que acreditamos.

A esquerda, nos últimos tempos, não foi capaz de encarar a violência. O povo negro, o povo da periferia, os povos indígenas e as mulheres são a maioria. Precisamos nos preparar porque não fomos nós que declaramos guerra àqueles que detêm o poder. Foram eles que decretaram guerra à humanidade. O capitalismo vai deixar que sejamos seres humanos, dignos de terra, território e de nossas riquezas? Jamais! Temos que abandonar a ilusão de que com paz, amor e flores vamos nos defender. Precisamos usar todas as nossas forças e ferramentas para enfrentar a guerra decretada pelo capitalismo e pelo imperialismo.

Somos 90% e, se não tivermos a capacidade de lutar, a sociedade vai seguir em direção à barbárie e à destruição. Se 10% hoje são donos da riqueza de toda a humanidade — do que produzimos, de nosso trabalho, de nossos recursos, que foram apropriados –, não podemos dar chance para esse grupo. É preciso fazer o enfrentamento.

Todas as armas serão necessárias para a guerra. Defender-se não é crime, mas é uma necessidade para que possamos sobreviver, e temos que começar a nos preparar para a guerra de defesa. Para que nossos filhos possam se orgulhar de alguém que lutou, que vingou os povos originários e o povo preto do sofrimento da escravidão e do ódio. Precisamos fazer esse enfrentamento, sair da enganação e das ilusões das políticas públicas. Não precisamos de migalhas para sobreviver. Nós temos tudo. Queremos tudo. Tudo é nosso, por direito. Temos que lutar por tudo, não por mixarias. As mixarias e o pacifismo não nos levam a lugar nenhum. Temos uma responsabilidade com nossos antepassados que morreram, que deram suas vidas, que derramaram lágrimas. Temos uma responsabilidade com as mães do povo preto que, todos os dias, derramam lágrimas pelo assassinato de seus filhos. Precisamos responder à altura.

É por nossa covardia, por nossa falta de capacidade de enfrentamento, que temos hoje milicianos no comando, covardes e malandros. Meus pais e minhas avós diziam que quem muito se

LUTAR PELA NOSSA TERRA

abaixa perde alguma coisa. Precisamos andar de cabeça erguida e enfrentar a guerra. Não fomos nós que a declaramos. Não fomos nós que tomamos a terra dos povos, não fomos nós que os assassinamos. Precisamos reagir com dignidade, com força, com organização. Temos que juntar o povo para reagir.

Junto à descolonização da terra e do território, temos que descolonizar nosso pensamento e nossas almas. Cuidar, portanto, da existência: para viver na terra e no território, quais são os alimentos que precisamos recuperar? Como os povos originários vivem, como é a sua relação com a natureza, o que retiram da natureza, sem deixar de preservá-la?

Graças à experiência da transição agroecológica, aos poucos fomos recuperando a credibilidade das famílias no assentamento. Estamos em um processo que ainda leva uns vinte anos para chegar ao estágio que almejamos: ir além do capital, com experiências que realmente nos convençam a partir do nosso olhar, do nosso fazer, do nosso sentir. Eu acredito que o MST, os movimentos de luta pela terra, os povos originários, precisamos avançar na perspectiva de uma nova economia, baseada nos nossos saberes, nos conhecimentos dos nossos ancestrais e também nos conhecimentos novos que vêm para fortalecer a ancestralidade.

Foi e ainda é muito difícil. Tivemos que entender o que era fundante, o que era princípio e o que era meio para desenhar nosso projeto. Primeiro, terra e território: nosso princípio. Em seguida, como existir na terra e no território? Fomos então perceber a importância das sementes crioulas, entendemos que precisamos nos qualificar em outros modos de praticar a agricultura, que precisamos ver a terra como mãe, ver os seres que estão na terra como parte de um processo, perceber que não somos quase nada nesse processo. Precisamos ter um relacionamento com a floresta, com a água, com os alimentos, construir uma outra forma de ver a terra, diferente de como a víamos: não mais a terra como inimiga, que precisava ser destruída para a acumulação de bens e riqueza. Quando olhamos com cuidado, percebemos que isso não é riqueza. Existem outros tipos de riqueza.

Vimos, por exemplo, que a soberania alimentar passa pelo controle das sementes. A Monsanto hoje controla o processo de produção e comercialização de sementes a partir do que chamam de "pacote tecnológico". A Monsanto produz uma semente, chamada Terminator, que não germina mais. E, quando germina, não dá. Nós não conseguimos reproduzir a semente, a não ser comprando o pacote tecnológico, que precisa ser constantemente renovado.

Enquanto a Monsanto se apropriou das sementes, a Bayer domina os venenos e os remédios. Dez empresas dominam o mercado de alimentos. Estão envenenando a terra, envenenando a gente. É um círculo fechado. Como vamos sair disso? Recuperando as nossas sementes. As sementes crioulas, as sementes tradicionais. Produzir, guardar e garantir as nossas sementes hoje é revolucionário.

A maioria dos agricultores verdadeiros não abandonaram essa busca e o cuidado com as sementes. Quando vimos, tínhamos uma variedade de mais de trezentas sementes, mais de trezentos tipos de alimento. Enquanto isso, podemos contar nos dedos: dez a quinze tipos de cultivo nos alimentam hoje. Está tudo dominado, desde a semente até os processos agroindustriais.

Mestre Antônio Conselheiro dizia que "o sertão vai virar mar e o mar vai virar sertão". O agronegócio e o capitalismo estão destruindo a natureza com tamanha velocidade que podemos todos perecer sem água. Quando lutamos por terra e território, estamos lutando por muitas coisas. As nascentes de água, toda a natureza que guarda as águas, estão sendo destruídas. O agronegócio está destruindo o cerrado com uma rapidez e uma ignorância sem precedentes.

As consequências já estão vindo. A destruição do cerrado vai bater no Sul do país: seca, tufões e uma série de coisas que nunca haviam acontecido agora estão começando a acontecer. Temos que compreender a luta por terra e território nesses vários aspectos: na luta pela água, na luta pela energia, na luta contra a mineração, na luta pelas sementes, na luta contra a destruição das florestas.

As pessoas na sociedade ocidental são educadas como seres superiores. Se dão o direito de destruir tudo, de acabar com tudo, de não cuidar. "Resolvemos depois." O capital nos faz pensar assim. Mas a terra é um ser, ela tem vida, embora não seja isso que se aprende nas escolas. Para as comunidades indígenas, para as comunidades originárias, isto aqui é vida. Para um nordestino, isto aqui é vida. Chegou a hora de entender que somos parte da terra, não proprietários dela. Se ela acabar, nós também acabamos.

O mundo que queremos construir não é meu, não é de ninguém, é um mundo nosso. Todos têm que contribuir e participar para construir esse mundo novo, onde os povos originários tenham de volta as suas terras, a sua ancestralidade, a sua sabedoria, e onde o povo preto também possa viver feliz com seus saberes, com sua ciência. Podemos construir um mundo melhor para todas e todos. A terra é mãe e ela tem prazer em nos receber, felizes e alegres. Temos o compromisso de não querermos ser seus donos. Somos parte da terra, somos seus filhos. Estamos aqui para, com os outros espíritos, cuidar da nossa mãe e deixá-la como herança para as futuras gerações. ■

POLIANA SOUZA
LEONARDO PÉRICLES

Batalhamos para descriminalizar a nossa luta, porque quanto mais gente ocupar e demandar a reforma urbana e a reforma agrária, melhores serão as condições de vida de toda a população, inclusive as de quem já tem um lugar para morar.

EM UMA RUA DE TERRA

Viemos de um processo de colonização muito violento: escravocrata, racista e patriarcal. Vivemos quase quatrocentos anos de escravidão, a mais longeva das Américas, e esse foi um processo que gerou classes dominantes que não admitem a classe trabalhadora, mulheres, negros, indígenas e pessoas LGBTQIA+ nos espaços de poder. Extremamente autoritários, esses senhores de escravos se tornaram republicanos da noite para o dia, fazendo do Brasil uma República por conveniência – para impedir, inclusive, que a população construísse uma República realmente independente, voltada para o mercado interno, para o nosso povo. O Brasil é um país riquíssimo, de um povo muito inteligente, mas temos uma classe dominante entreguista, submissa aos países ricos, que enriquece mantendo o Brasil dependente, exportando matéria-prima. E embora tenha havido muita revolta e muita luta, esses processos sempre foram interrompidos. Sempre que chegamos perto, a violência foi muito forte. Isso contextualiza as cidades que temos no país: extremamente desiguais, organizadas a serviço dessas mesmas classes dominantes.

Historicamente e por diversos caminhos, quase todos os territórios que chamamos de periferia ou favela foram em algum momento quilombos urbanos. Por isso podemos dizer que a violência é uma característica da cidade. As polícias militar e civil só promovem uma extensão do que o Exército já fazia há muito tempo: garantir a instituição da escravidão e, posteriormente, o domínio dos muito ricos sobre o restante da população. Espacialmente, isso sempre quis dizer reprimir quilombos e favelas.

A questão racial está na base da luta de classes no Brasil e tem um papel determinante no processo de construção das nossas grandes cidades. Ela determina, também, o caos urbano em que nos encontramos, porque como essas cidades são pensadas para uma elite, vários problemas cotidianos nem chegam a ser considerados. Nunca houve reparação, as pessoas que foram arrancadas da África para serem submetidas aqui a um dos processos mais violentos da história não tiveram acesso à terra, à educação, à

EM UMA RUA DE TERRA

saúde, e o resultado disso pode ser visto quando olhamos para a periferia hoje. Quem é a maioria? Por que essa maioria é negra?

A cidade formal é uma farsa, porque as elites que a constroem, articulam e impõem não são autossuficientes, não têm um modo de vida que independe da população que elas tornam periféricas. A cidade é um ponto de tensão permanente, porque já começou com expulsões, já começou violenta, e o povo segue sendo expulso, para morar cada dia mais longe. O que antes era periferia vai virando centro, e a periferia vai sendo jogada cada vez mais para longe. A política habitacional nunca conseguiu resolver essa questão. A luta por uma reforma urbana efetiva é extremamente atual, porque serviria para reestruturar as cidades, que foram projetadas para o interesse de uma minoria, para atender aos interesses da imensa maioria da população. São essas as pessoas que constroem as cidades e que mais necessitam de suas estruturas – esta é a nossa avaliação, no Movimento de Luta nos Bairros, Vilas e Favelas (MLB) e na Unidade Popular (UP).

O alvo dos sem teto não é o apartamento vazio. O que o movimento sem teto pode fazer com um apartamento vazio? Nada! Se somos, por exemplo, trezentas famílias, um apartamento não vai resolver; um pequeno terreno não vai resolver. Nós queremos ocupar grandes propriedades que não cumprem sua função social. Há milhões delas no Brasil. Os donos dessas propriedades são muito espertos, porque criam maneiras de passar sua forma de pensar para o resto da sociedade e, assim, impedem qualquer avanço. É por isso que os pequenos proprietários acham que seu sitiozinho será alvo de ocupações. Nosso inimigo não é a pequena, mas a grande propriedade.

Um exemplo importante disso está nos números apresentados pelo Censo do IBGE de 2022. Ele mostra que há 18 milhões de domicílios vazios e 8 milhões de famílias sem teto. Fazendo uma análise mais criteriosa dos números, vemos que 11 milhões desses domicílios não cumprem nenhuma função social e são grandes propriedades. Ou seja, é possível resolver o problema da moradia – só não é possível resolver o capitalismo, que mantém as grandes propriedades vazias para especulação, gerando um altíssimo custo social, inclusive para aqueles que têm casa e que acham que não têm nada com isso.

A contradição é que a mentalidade das pessoas está mais perto da grande propriedade do que da pequena. TVs, rádios, escolas, universidades e famílias reproduzem e inculcam os valores da grande propriedade privada. Essa contradição só pode ser resolvida se o povo for mobilizado – inclusive os que já têm casa, que precisam entender que os que não têm fazem seu custo de vida ficar muito maior. Estamos falando de uma equação criminosa: quanto mais gente sem terra houver, mais sobe o preço da terra. O mercado no Brasil atende a uma minoria. Quanto mais gente sem teto, mais aumentam os aluguéis e mais aumenta o preço dos imóveis, puxando para cima outros custos, sem nenhum controle. É isso que estamos vivendo, e batalhamos para descriminalizar nossa luta, porque quanto mais gente ocupar e demandar a reforma urbana e a reforma agrária, melhores serão as condições de vida de toda a população, inclusive as de quem já tem um lugar para morar.

É impossível discutir reforma urbana e direito à cidade separadamente. A moradia, problema que afeta as pessoas de forma direta, é o centro dessa discussão. Para resolver o problema do déficit habitacional, o entendimento comum é de que precisamos construir casas através de programas habitacionais, mas, na verdade, não é disso que estamos falando. A luta das ocupações urbanas não é só (e nem principalmente) pela construção de casas: é uma luta pelo direito de morar, pelo direito de viver dignamente. Essa luta passa por aproveitar o que já está pronto. Os dados do Censo do IBGE mostram que há muitos imóveis prontos que poderiam ser adequados e que resolveriam o problema da moradia. Ela passa também pelo acesso a serviços como creche, saúde de qualidade, saneamento básico, transporte, cultura, lazer, esporte. Se você mora, mas não tem transporte ou qualquer um desses direitos, você não mora dignamente.

EM UMA RUA DE TERRA

Esta é uma discussão mais ampla, que envolve a cidade e a forma como ela é planejada, construída e organizada para excluir uma parte da população. Temos parques e creches nas cidades, mas na prática o acesso a eles é restrito. Nós vivenciamos várias barreiras, como se aquilo não fosse construído para nós. O Palácio das Artes, em Belo Horizonte, por exemplo, está localizado no Centro e tem várias atrações gratuitas, mas as restrições já começam pela distância: as pessoas que moram longe do Centro não conseguem pagar uma passagem cara para chegar até lá. Por outro lado, as pessoas da ocupação Carolina Maria de Jesus, que moram no Centro e poderiam ir a pé, também não vão. Aquele é um lugar que não pertence a essas pessoas. Elas acham que terão que pagar, ou que se forem vão ser expulsas.

Recentemente juntamos a molecada da ocupação para ir ao cinema assistir ao filme *Pantera negra*. O segurança parou os meninos, quis saber o que era aquilo... E todos estavam com dinheiro para pagar o ingresso! Aquele não é um lugar pensado para eles; eles causam estranhamento. Dizem que o shopping é um espaço público e que qualquer ser humano pode entrar numa praça de alimentação... pode mesmo? Qualquer ser humano pode andar no Palácio das Artes, qualquer ser humano tem acesso ao Parque das Mangabeiras. Tem mesmo? Esses espaços estão mesmo preparados para receber todo mundo?

A discussão sobre o que é importante para cada pessoa numa cidade ainda precisa ser feita. Ter uma casa não nos dá direito à cidade; só um teto não resolve nosso problema. A cidade é montada para não funcionar, pelo menos para a maior parte da população. A outra parte vai ter acesso e vão surgir poucas críticas. Mas para nós a cidade foi montada pra não dar certo.

Moramos na ocupação Eliana Silva, em uma rua de terra, e na nossa casa falta água duas ou três vezes por semana. Não temos energia elétrica de qualidade (sempre falta energia por aqui) e a conta de luz, que lutamos para ter, vem muito mais cara, cobrando tudo aquilo que a gente não pagou no passado. Nosso cotidiano, após dez anos de ocupação, é muito diferente daquele do primeiro ano, quando passávamos 24 horas por dia na tensão de que a polícia chegasse e despejasse todo mundo. O risco do despejo ainda existe – não existe hoje uma ocupação sequer em Minas Gerais que não corra o risco de ser reintegrada –, mas passa a ser menos presente no cotidiano. E seguimos, no dia a dia, construindo aquilo que é mais urgente.

Por mais que cada ocupação tenha uma característica, elas são muito semelhantes, e passam por etapas. A primeira etapa é ocupar, é entrar e resistir. Nesse momento só queremos e precisamos estar ali. Depois chega o momento de construir e consolidar e, para isso, uma outra forma de organização das famílias e do dia a dia vai acontecendo. Não pausamos uma coisa e começamos outra, elas vão se modificando. O processo de construção não para: assim como uma ocupação de um ano, uma ocupação de dez anos também está em construção. Com o tempo, começam as lutas por direitos: regularização, saneamento, acesso à cidade formal que nos rodeia. Essas são lutas pelo reconhecimento, pela sobrevivência, porque começamos a entender que ter uma casa é o principal, mas não é tudo.

No início de uma ocupação, é grande a presença das pessoas no território. De certa forma, elas largam tudo para estar ali. Nesse momento, a organização do cotidiano é muito coletiva: montamos escalas comunitárias para a segurança e para a cozinha, porque estamos ali resistindo à cidade e ao preconceito, e contra isso não existe nenhuma possibilidade de resistência individual. Talvez essa seja a coisa mais bonita de uma ocupação: o trabalho coletivo de construção. Nos primeiros meses, todos estão muito juntos. Se a polícia chega, não vai ser enfrentada por uma pessoa sozinha, mas pela ocupação inteira. Se temos falta de comida na cozinha, não é um que vai correr atrás de alimento, é a comunidade toda.

Além da cozinha coletiva, nesse primeiro momento montamos a creche, porque assim começamos a dar condições básicas para que as mulheres também consigam se colocar nos espaços de

EM UMA RUA DE TERRA

visibilidade. Ocupações são organizações coletivas e de presença, onde contradições aparecem, e sem esse cuidado as mulheres vão ficando na cozinha, na limpeza, em espaços tidos como secundários, enquanto os homens vão se colocando nos espaços de negociação, de portaria e de estrutura, de mais visibilidade. O MLB busca garantir que as mulheres vão, sim, sair para as negociações, cumprir escalas de portaria, trabalhar nas estruturas e se colocar nos espaços de "poder".

Quando começamos a construir as moradias, a organização muda. Tentamos manter o caráter coletivo nas construções e nos mutirões, mas esse trabalho tem uma característica mais individual. Quem consegue material, quem tem ajuda ou domina as técnicas de construção levanta sua casa primeiro, e o ritmo começa a variar entre um morador e outro. Não se faz isso sem resistência, sem portaria, sem cozinha coletiva, mas começamos a ver algumas características do individualismo. É um desafio tentar desconstruir isso e manter o coletivismo do início.

A terceira etapa é a da luta pela conquista de direitos, quando já temos casas, mas não temos saneamento básico e o gato de energia elétrica que fizemos no início não dá mais conta. Então fazemos um trabalho de convencimento sobre direitos, para que as pessoas não se conformem apenas com a conquista da casa, pensando: "Eu não tinha nada, então agora eu tenho muito". O movimento entra com um processo de questionamento. "Você tem direito a muito mais, vamos nos organizar por isso." Nesse momento, o cotidiano da ocupação já está mais disperso, porque muita gente que saiu do emprego para lutar pela casa já voltou para o mercado de trabalho, as pessoas estão trabalhando fora e a ocupação vai ficando, durante o dia, mais vazia.

Cada pessoa passa a ocupar seu tempo no trabalho, para trazer comida para casa, ou cuidando da construção da moradia, e a luta pelo coletivo – por saneamento, por transporte, por tantos outros direitos – acaba se tornando secundária. Quando não existe uma creche comunitária, muitas mulheres voltam para o espaço da casa, do cuidado com os filhos e com o marido. Mantendo a creche, conseguimos manter um fluxo de cuidado com o coletivo. O espaço coletivo da rua também é muito vivo entre as crianças e os adolescentes. Enquanto os adultos estão fora trabalhando, eles brincam nas ruas, e o fato de elas serem de terra é muito bom, porque os carros precisam passar devagar, às vezes nem passam.

Na cidade formal existe quem manda e quem obedece; não conseguimos questionar muito o modelo imposto. Quem manda está muitas vezes descolado da realidade da comunidade, e por isso acontecem choques, como quando, por exemplo, um posto de saúde é construído no lugar onde as pessoas queriam um campinho.

Nas ocupações, toda a organização funciona por assembleias. As assembleias são espaços de poder porque dão condição às pessoas de decidirem o que querem e construírem de fato um lugar. A democracia direta não é algo simples, mas queremos trabalhar para que a democracia representativa que temos hoje seja cada dia mais direta, com a participação das pessoas na tomada de decisões sobre suas próprias vidas. Independentemente do Poder Judiciário, do Executivo ou do Legislativo, nas assembleias as pessoas decidem pelo fazer. Pouco importa se aquela decisão está no papel: as pessoas vão fazer. O próprio ato de ocupar é isto: uma insurgência, a não aceitação da ordem estabelecida por uma minoria. É a maioria ditando o tom.

A urbanização das ocupações precisa se dar da forma como as assembleias decidirem, de acordo com a vontade das pessoas. Não vemos isso nos programas habitacionais: eles fazem e pronto, não podemos questionar. Não tem espaço para o seu cachorro ou para a sua carroça, não tem espaço para você criar suas galinhas. Por isso as assembleias das ocupações são um espaço de construção coletiva de cidade. Por mais que uma pessoa tenha ideias geniais, de nada elas vão valer se não forem reconhecidas e construídas pelos moradores.

EM UMA RUA DE TERRA

Na ocupação Eliana Silva, tudo foi decidido em assembleia – o nome de cada rua, o que seria construído, o tamanho dos lotes –, por isso temos muito sentimento de pertencimento. Não vemos as pessoas questionarem o porquê de termos uma creche na comunidade e não um bandejão, por exemplo. Quando tentamos fazer coisas sem debater em assembleia, não funciona. Um exemplo disso foi quando decidimos fazer uma biblioteca. Ganhamos muitos livros, de vários apoiadores, e transformamos um espaço vazio em biblioteca, mas percebemos que não daria certo, porque as pessoas não entendiam a escolha por aquele espaço. Elas não ajudaram a construir, não ajudaram a pensar, não se envolveram. Quando uma cidade é pensada pelas pessoas, ela funciona melhor. Agora, dez anos depois, estamos retomando a ideia de outra forma: ela passou pela assembleia, tivemos envolvimento dos moradores e vamos ter a nossa biblioteca.

As crianças já questionaram o espaço da rua. "Esta rua é um campinho", elas diziam. E as pessoas respondiam: "Não, aqui é rua, podem parar de jogar bola". Essas discussões foram para a assembleia, e chegamos ao entendimento de que o uso seria misto. As crianças podem brincar, e os moradores têm que dirigir devagar e respeitar. Se fosse na cidade formal, a rua já estaria asfaltada, com placa de 60 km/h, e pronto. Vivemos esse desafio. A prefeitura veio até nós com um projeto de urbanização com asfalto, mas não queremos asfalto, queremos calçamento. Não estamos no paraíso, nós vivemos dentro da cidade formal e às vezes somos enquadrados por sua forma de funcionamento.

As ocupações têm várias realidades e cotidianos diferentes, mas também têm características que são universais – e que muitas vezes também se aplicam a todas as periferias. Uma característica forte é a solidariedade. Sempre dizemos que o brasileiro não está nem aí, mas nas periferias vemos as pessoas se ajudando. Há fome, mas é difícil a pessoa não ter nada para comer, porque alguém sempre vai dividir o pouco que tem. As redes solidárias são uma continuidade dialética do processo de empoderamento popular, inclusive porque aproximam pessoas. Com a pandemia, ficou nítido que, enquanto o Estado nos der apenas migalhas, essas redes solidárias terão que se tornar permanentes. Desde o início da pandemia, o MLB está tecendo redes de solidariedade de forma radical. Fazemos campanhas de distribuição de cestas básicas e temos também bancos de alimentos nas ocupações. Se alguém ganha um pacote de arroz e já tem, passa para frente, ou às vezes troca por um detergente. O mais interessante é que, embora a gente não tenha dinheiro, desde o início nunca faltou alimento, nunca acabou o estoque.

Quando uma pessoa vai para uma ocupação por uma necessidade tão básica como um teto, ela não costuma ter a consciência de que não ter casa é um problema que atinge principalmente as mulheres. Conquistando o direito a um teto, a uma creche para deixar seus filhos, as mulheres começam a entender, na prática, a opressão em que viviam anteriormente. A forma como o patriarcado é estruturado, seu funcionamento, define como vai ser a vida de uma mulher.

Quando ocupamos, várias mulheres se separam. As pessoas dizem: "Tem uma maldição nessa ocupação! Todo mundo se divorcia, todo mundo larga todo mundo!". Na Eliana Silva, toda semana uma mulher se separava, e isso intrigou a coordenação. Na época conversamos com essas mulheres e descobrimos que o motivo era que elas não precisavam mais de um homem para terem sua casa. Vários relacionamentos só existiam porque elas dependiam economicamente do marido. Na ocupação, o cadastro de cada casa é feito no nome da mulher; a casa pertence à mulher, e assim já demarcamos um caminho para ela, que vai ficar com o marido apenas se quiser. A ocupação vai dizendo à mulher que ela pode tudo, inclusive construir o lugar em que ela mora, planejar a própria casa e escolher onde vai ser o banheiro, onde vai ser a cozinha, porque ninguém vai fazer isso por ela.

A cidade é gerenciada por homens, pensada por homens, planejada por homens. Mas são as mulheres que, quando não há creche, vão ficar dentro de casa. Que quando não há saúde de prevenção no posto, vão passar noites com o filho no hospital. São elas que, quando não há casa, vão se sujeitar a um relacionamento abusivo para ter onde morar. Por isso a luta pelo direito à cidade é uma luta feminista. Podemos discutir o feminismo em diversas esferas, e todas são importantes, mas na perspectiva do direito à cidade abordamos muita coisa ao mesmo tempo: o direito ao emprego, o direito ao transporte, o acesso às creches, às escolas, ao sistema de saúde.

Todas as lideranças de ocupação são femininas, são raras as exceções. No MLB, a coordenação estadual do movimento elegeu um quadro composto por uma maioria esmagadora de mulheres, sem que fosse preciso ter cotas. São elas que estão à frente, portanto nada mais justo do que ter elas na coordenação. Esse é um problema central da cidade formal: as mulheres estão à frente da cidade como um todo, mas quando vamos eleger nossos representantes não pensamos nas mulheres, porque esse lugar não foi dado a elas. O movimento social quebra essa dinâmica e faz com que as pessoas tenham condição de fazer diferente. É esse o papel do movimento social nas ocupações.

No fundo da Eliana Silva existe uma linda nascente. Desde que viemos para cá, sonhamos com um Parque das Ocupações. Estamos num vale com sete ocupações, cada uma de um momento e com um formato de organização diferentes. Enquanto uma está lutando por saneamento, outra está lutando para ficar. Uma existe há 35 anos e está lutando para ser reconhecida, outra acabou de chegar, e outra ainda completou seis anos. Cada ocupação está de um jeito, e o que chamamos de Parque das Ocupações é uma área verde que perpassa todas elas. Um levantamento via satélite feito por grupos de pesquisa da Escola de Arquitetura da UFMG mostra como é. Existia uma grande área verde antes das ocupações. Com a nossa chegada, ela passou por uma diminuição e quase sumiu, mas hoje temos um aumento dessa área verde, que já está maior do que era antes.

Quem não quer morar perto de uma área de mata com uma nascente? Os moradores daqui nunca pensaram nessa possibilidade. Eles têm uma faixa etária média de 35, 40 anos. E, há quarenta anos, os rios de Minas Gerais e de Belo Horizonte já estavam muito poluídos, ou seja, essas pessoas convivem com rios poluídos desde que se entendem por gente. Não passava pelo imaginário delas que seria possível morar perto de uma nascente limpa, ou que elas poderiam ter no fundo de casa um pomar, porque na cidade isso não existe. A pessoa planta uma goiabeira e levanta um muro duas vezes maior para ninguém pegar as goiabas. Ninguém está acostumado a ter um pomar a céu aberto. "Ah, mas quando a banana estiver bonita, todo mundo vai querer a banana." Sim! É assim. Pode ser assim. Não é porque eu estou plantando que os frutos têm que ser meus, eles podem ser de todo mundo.

Nós moramos a cem ou duzentos metros da nascente de água, não conseguimos vê-la. Como colocar na cabeça de quem está a duzentos metros da nascente que ela é importante? Desta pergunta veio a ideia de que o parque invadiria as ocupações: entre 2014 e 2015, começamos a plantar nas ruas e trazer a área verde para dentro. As pessoas já faziam isso em suas casas, todas têm um quintalzinho, uma plantinha, um tempero... e fomos dizendo a elas que isso também faz parte do nosso parque! Assim, a ideia do Parque das Ocupações foi se tornando mais concreta na dinâmica de envolvimento das pessoas. Não é algo pronto, que a prefeitura vem, cerca, bota uma placa e diz que é parque.

Hoje temos uma horta comunitária maravilhosa na ocupação Paulo Freire, que faz parte do parque e produz alimentos. Estamos fazendo cestas orgânicas e, por sessenta reais, a pessoa recebe duas cestas por mês, bem completas. Estamos fazendo plantio de frutíferas nas portas das casas onde o terreno está mais devastado e temos menos sombra.

De vez em quando a prefeitura chega, sem discussão, dizendo que uma casa está dentro da área verde e que terá que sair. Mas o Parque parte de uma concepção de verde contrária ao que a cidade formal impõe. Será que a área verde não tem que entrar, deixando essa casa onde ela está? O verde invadindo a ocupação e a ocupação invadindo o verde, num diálogo permanente? Aquela pessoa não poderia assumir o trabalho de cuidar, em vez de sair? Estamos tentando chegar nesse desenho.

Discutimos isso com os moradores, mas enfrentamos várias dificuldades, como a falta de coleta de lixo e a falta de saneamento, que causam outros problemas. Como é que você diz a uma pessoa que ela não deve jogar o esgoto no rio, se você não garante a ela saneamento? Sem esses serviços, morar em um parque se torna uma contradição. Na Eliana Silva, onde temos espaço, fizemos tanques de evapotranspiração (TEvaps), o que não foi possível na ocupação Paulo Freire, que é bem pequena. Nesse caso, descemos com uma encanação que vai sair em um rio poluído na Vila Pinho, o que é péssimo, porque, ao mesmo tempo em que defendemos a preservação de uma nascente, dizemos que se pode jogar esgoto em outro rio. Essa é uma contradição com a qual não conseguimos lidar se não tivermos um diálogo mais próximo com a cidade formal.

Parque é necessário, as pessoas podem e querem muito morar perto do verde, nós queremos. O Parque Municipal, que fica no centro da cidade, não pode ser tudo que temos em termos de área verde. Moramos na ocupação, trabalhamos o dia inteiro, e os parques da prefeitura não funcionam à noite. Como é que frequentaremos esses lugares? Nós temos vários relatos de pessoas que nunca foram a um parque. Elas precisam disso. Gostamos de dizer que o nosso parque é pra 2030, que ele está em processo de construção. Essa é uma linha totalmente contrária à linha de pensamento da cidade formal. A cidade formal pensa assim: "Naquelas sete invasões não haverá nenhuma árvore em 2030!". Mas nós vamos provar que teremos muitas. Vamos urbanizar do nosso jeito. Essa é a urbanização em que nós acreditamos. ∎

MAKOTA KIDOIALE

O Estado tira de nós o que nos sustenta, o que nos mantém. Mataram as plantas que eles sabem que fazem parte da nossa identidade cultural e religiosa, que têm com a nossa gente uma relação ancestral. A estratégia é romper o nosso vínculo com a natureza, mas nós insistimos em retomar as nossas tradições.

AS PLANTAS NOSSOS ANCESTRAIS

Foi o próprio Pai Benedito quem escolheu este lugar para ser o terreiro dele, a Senzala de Pai Benedito. "Aqui vai ser senzala de nego." O terreno ia até a beira do córrego que hoje é a avenida Mem de Sá e que hoje está todo asfaltado. Tínhamos o entendimento de que todo este território era nosso, nosso para vivermos nele. Queríamos que a sua maior parte seguisse ocupada pela natureza, porque nele estavam as árvores que eram os símbolos deste lugar. Não havia ruas nem muros: o nosso limite era a água, o córrego da Mem de Sá, e fazíamos disso tudo o nosso quintal. Era como se aqui morássemos nós e, no resto do espaço, morassem os orixás, os *nkisi*. É possível reconhecer um quilombo a partir da vegetação, porque as plantas foram plantadas pelos nossos ancestrais.

Com o tempo, começaram a pavimentar a avenida e a demarcar o território. Antes, não fazíamos parte da cidade, mas quando a prefeitura asfaltou a avenida, ela começou também a limitar o espaço dos terrenos. Em 2012, nos expulsaram e nos colocaram em um abrigo público. Morando no abrigo, longe daqui, começamos a ver o terreno ser desmatado. Onde antes havia árvores, começaram a surgir casas. Foi através de uma ação civil pública que conseguimos voltar, mas quando voltamos encontramos o terreno murado. A prefeitura havia limitado o nosso espaço, deixando o resto do terreno inacessível.

Quando nos tiraram daqui a solução urgente que encontramos para salvar o nosso sagrado foi levar o terreiro para outro território. Minha mãe, Mãe Efigênia, mudou-se para uma área no município de Santa Luzia, que havia sido comprada anteriormente, já que estávamos tendo cada vez mais dificuldade de acessar a Mata da Baleia, que fica bem perto daqui e que é muito importante para a realização dos nossos rituais sagrados. O terreiro está em Santa Luzia até hoje por uma questão de proteção.

Em 2012, quando voltamos, o terreiro tinha ido para longe e aqui tínhamos ficado com um buraco vazio, porque já tinham desmatado tudo. Os vizinhos estavam jogando entulho e lixo no terreno murado. Isso matou o solo, não nascia mais nada aqui. Já não tínhamos o quintal e não tínhamos mais a possibilidade de olhar para as árvores e buscar respostas para as decisões que precisávamos tomar. Este era o lugar onde a gente costumava plantar milho, feijão, mandioca, verduras, nossos alimentos. Era também onde plantávamos as ervas para os banhos, os defumadores e os remédios. Tínhamos perdido acesso ao terreno e ficamos sem lugar para plantar e sem pertencimento, sem poder dizer "este território é nosso". Já não usufruíamos dele com as nossas tradições.

Como a mãe não estava mais presente aqui todos os dias, tivemos que ressignificar tudo. Meu irmão Jorge, o Kiboala, ainda estava vivo, e a presença dele foi decisiva. Ele começou a adoecer assim que voltamos, e foi ficando cada vez mais doente. Um dia ele nos disse: "Vocês voltaram pra cá, mas e lá embaixo?". Ele era muito calmo para falar. "Derrubem o muro! Vamos plantar!" Aquilo ficou, e nós ficamos com a ausência dele.

Quando perdemos uma pessoa, vamos imediatamente buscar apoio no que ela nos deixou, buscando a continuidade da vida dela. Eu fui à justiça, pedindo o direito de plantar no terreno. Essa luta começou em 2017. Em 2021 o governo do estado concedeu à prefeitura a posse do terreno, e a prefeitura nos entregou o título da terra. Era como se estivéssemos dando continuidade ao legado do meu irmão. Começamos a reconstruir, a partir da memória e através das plantas, quem ele era.

Minha mãe nos contou sobre as ervas do Santo dele – ele era de Lembá. Por isso as primeiras plantas que começamos a buscar foram as de Oxalá. Queríamos demarcar o território como um espaço de memória. Hoje meu irmão está representado aqui. As plantas de que ele gostava são as que mais têm cheiro, porque as plantas de Oxalá são as plantas frescas: a colônia, o manjericão, as plantas calmas, como o funcho. Nos lembramos muito dele aqui.

O Jorge era uma árvore: de tronco forte, sempre nos proporcionou sombra para nos sentirmos acolhidos e protegidos. Com seus gestos suaves, trazia consigo o olhar sensível de quem entende o tempo como um movimento na gira, de quem sabe que na vida nada faz sentido se não tivermos paciência para o desenvolvimento humano. Ele fazia assim com as plantas, entendia muito sobre elas, sabia seus segredos pelas nervuras das folhas. Aprendeu a benzer com a minha avó, aprendeu a ser pai com os irmãos e a ser companheiro com a minha mãe. Ele nos traz a ligação com a terra.

Em 2007 obtivemos a certificação como quilombo urbano pela Fundação Cultural Palmares. Somos a comunidade remanescente de Kilombo Manzo Ngunzo Kaiango (Senzala do Pai Benedito). Manzo quer dizer casa. Ngunzo quer dizer força, axé. E Kaiango é o nome de uma qualidade de Iansã em bantu, porque somos uma casa de cultura bantu. Somos a casa da força de Iansã. No final de 2017 foi aprovado o registro do Manzo como Patrimônio Cultural Imaterial da cidade. O registro veio como uma forma de proteção do território, uma vez que o patrimônio tombado, imaterial ou material, deve ser reconhecido e preservado.

Ao sairmos do anonimato e nos autodeclararmos comunidade quilombola, passamos a conversar com o governo, o município, o estado. Tivemos que aprender sobre política, direito, medicina e educação, nos distanciando um pouco da nossa identidade. Até então éramos desconhecidos para o Estado: éramos eleitores, cidadãos que pagavam suas contas e contribuíam com seus impostos, mas não tínhamos um direito específico. A partir do momento em que dissemos que além de sermos cidadãos, temos também uma cultura, uma forma própria de viver, passamos a ter conflitos.

Quando a Companhia Urbanizadora e de Habitação de Belo Horizonte (Urbel) nos chamou para uma conversa a respeito do processo de regularização do nosso terreno, eu expliquei que precisávamos também do terreno de baixo, nosso quintal, que estava murado. Passamos a fazer muita articulação política para retomá-lo. Ainda assim, quando a prefeitura finalmente o concedeu para o Manzo, eles não abriram o muro.

AS PLANTAS, NOSSOS ANCESTRAIS

De 2011 até hoje, o bairro mudou de nome duas vezes: de Vila Euclásio passou a ser Santa Efigênia e hoje é Paraíso. É uma estratégia: como existe uma legislação que nos garante a preservação ambiental, tentam nos afastar do meio ambiente. Rompem com essa lógica e criam para nós um bairro – como se morando em um bairro fôssemos pertencer à cidade, pertencer a uma sociedade que tem um modo de pensar e de se organizar totalmente diferente do nosso.

Querem forçar o quilombo a ser cidade. Todo o processo que teve início quando voltamos ao território tem por objetivo nos distanciar até mesmo das políticas públicas voltadas para as favelas. Ficamos distanciados e excluídos também da favela. O poder público tenta nos direcionar para uma outra política. A estratégia é romper o nosso vínculo com a natureza, mas nós insistimos em retomar as nossas tradições. Queremos de volta o plantio das nossas ervas.

As construções que nos oferecem não são feitas para atender à comunidade, pois tiram de nós os nossos quintais. Tiram o direito das famílias de criar galinhas e de plantar. Além disso, abrem espaço para a entrada de viaturas, para a polícia, para tomar conta da vida das pessoas, para matar a juventude. Tiram a nossa liberdade e fazem a população achar que aquilo é modernização, evolução, crescimento. Não é! Eu sou a favor do crescimento das cidades desde que ele atenda à população. Se for para modernizar favela para camburão entrar, não estamos falando de evolução, mas de repressão.

Na relação com a medicina existe outro choque de mundos. O que acontece se quero criar os meus netos da forma como a minha mãe me criou, como a minha avó criou a minha mãe? Se o meu neto tem bronquite e o levo ao posto de saúde, a médica pergunta: "Você deu alguma coisa para ele?". Se eu digo que minha mãe deu chá e passou banha de galinha, a médica responde: "Nossa, você não pode deixar neto por conta de avó! Avó mata neto, viu?". Isso nos afasta da saúde pública, porque começamos a entender que ela não nos reconhece, não respeita a nossa forma de viver. Se o Estado reconhecesse a nossa inteligência, nossa cultura e nosso conhecimento, teríamos menos doenças.

Se andarmos aqui no quarteirão hoje, não encontraremos nenhuma mamona. E nós precisamos de mamona para tudo, inclusive para a nossa medicina. Eles tiram de nós o que nos sustenta, o que nos mantém. Mataram a vegetação: mataram o pé de jatobá, mataram o bambuzal, mataram as plantas que eles sabem que fazem parte da nossa identidade cultural e religiosa, que têm com a nossa gente uma relação ancestral.

Uma política de reconhecimento dos quilombos urbanos deveria vir junto a uma política de mapeamento e preservação dos territórios por eles utilizados. Se o Manzo está localizado próximo à Mata da Baleia, não basta fazer o mapeamento até o asfalto da avenida Mem de Sá. É preciso fazer o mapeamento até a nascente de água, que fica na mata, porque todo terreiro, independentemente de ser urbano ou não, quer ter água e espaço para que a comunidade plante a sua cultura, sua saúde, sua educação.

Todo quilombo tem, próximo a ele, uma área verde que ele mesmo preservou. Mesmo tendo consciência de que não lhe pertence, o quilombo preserva, porque dali ele tira algum tipo de sustento, ainda que religioso. O governo deveria estimular esse vínculo: se aquela área verde é protegida e está próxima da comunidade quilombola, vamos englobar e proteger tanto a comunidade quanto a área verde. Hoje quase não podemos entrar na Mata da Baleia. Já não confiamos tanto na água como confiávamos antes, quando a única trilha que levava até a mina era a que passava pelo quilombo.

Para nós, a natureza é o alimento da fé. É o que nos mantém. É dentro da natureza que buscamos a força para manter a cultura religiosa. Antigamente, entregávamos as oferendas na beira do rio, principalmente as oferendas cruas, para que crescessem. O negro é inteligente: aquela era uma forma de nos desfazermos das nossas oferendas e, ao mesmo tempo, à medida que aquilo ia crescendo em volta do rio, de proteger e alimentar as nascentes. Cobríamos a nascente de ervas e raízes.

Nós fomos muito bem estudados, e não só para fins de ciência. Fomos bem estudados para o capitalismo também, para que pudessem nos capitalizar. "Vamos arrancar deles a condição natural de sobrevivência e eles vão ter que produzir a nossa sobrevivência, ganhando as nossas sobras." Hoje entendemos que o objetivo da prefeitura era construir uma rua, uma via de passagem para a mineração. Estamos bem no caminho da mineração. Os caminhões cortariam caminho por aqui para entrar na estrada do minério, em direção a Nova Lima. Eles ignoraram que já éramos um quilombo reconhecido pela Fundação Palmares. Tiraram a nossa família daqui pensando que não iríamos querer voltar, que aceitaríamos apartamentos em predinhos. É o que fazem com muitos territórios tradicionais.

Quando minha mãe comprou este terreno, em 1970, eu tinha um ano de idade. Me lembro pouco daquela época, mas lembro que era um quintal muito plantado: tínhamos cenoura, alface, couve, café. A beirada do córrego era fechada por um bambuzal. Lá embaixo, perto do córrego, tinha um pé de manga e um pé de carambola, e um caminho passava entre essas árvores. No meio do caminho, tinha um pé de jatobá enorme. Chamávamos o pé de jatobá de "árvore mãe". Ele fazia uma espécie de cortina. Por isso muita gente que mora aqui diz que não sabia que éramos um quilombo: o pé de jatobá era muito grande, muito antigo, e fechava a copa na parte do terreno onde nós moramos. Nós nem víamos a rua do lado de lá. Mais para cima, tinha o ipê, as bananeiras e os bambus, onde a gente tratava de Matamba. E tinha também o pau-doce.

Essas árvores dialogavam, elas eram sagradas, porque representavam os orixás. Foi por isso que o Pai Benedito escolheu este lugar, pela vegetação que havia aqui. Era no jatobá que plantávamos os umbigos das crianças. Eu sinto que o jatobá tinha a mesma força que a minha mãe tem. Quando nos tiraram daqui, quando a minha mãe foi embora, cortaram o jatobá. Eu tenho um vídeo dele sendo cortado. Eu liguei para a prefeitura, pedindo para não deixarem cortar, mas cortaram mesmo assim. E logo começam a surgir as casas ao nosso redor e os muros nos limitando. Foi assim que perdemos os nossos caminhos. Os caminhos até a Mata da Baleia.

Antes, víamos tucanos, micos. Eles eram criados soltos, como as galinhas e os cachorros do quintal. Tínhamos muitas galinhas. Meu irmão plantava comida para elas, e tínhamos muita minhoca, de forma que elas não tinham necessidade de comer as couves e as verduras. Colhíamos muita coisa e íamos aprendendo a lidar com a terra, com o plantio. O Pai Benedito dizia: "Agora vocês vão plantar milho e feijão", e assim fazíamos. Ele dizia: "Depois de colher, deixem a terra descansar. E depois vocês vão plantar mandioca". Ele dava as orientações e nós aprendíamos a plantar. Hoje já não sabemos mais, porque ficamos sem a prática.

Preciso pedir ajuda às pessoas, por exemplo, para plantar banana. Eu não sei como se planta banana, porque quando chegamos já havia bananeiras no território, a gente não precisava plantar. Quando a banana dava um cacho, a gente cortava e nascia outro naturalmente, ao lado dela. As bananeiras não são plantas naturais daqui. Elas foram trazidas para cá por indígenas ou por negros, e existia uma técnica ancestral de plantio. Quando temos que reaprender esse tipo de coisa é que percebemos que isso foi apagado, foi arrancado da nossa memória.

A agrônoma que nos ajudou a recuperar o terreno é de terreiro. Ela nos disse que a bananeira tem ancestralidade: há sempre a mãe, a filha e a avó. Quando a avó dá cacho, é preciso cortá-la para a filha nascer e virar mulher. As plantas têm ancestralidade e ensinam muito sobre propriedade e território. Quando plantamos, sabemos que a planta tem um certo tempo para se desenvolver e que depois ela vai morrer naturalmente. É o caso do pé de milho: depois que colhemos, ele morre, não nasce mais. É preciso deixar o solo descansar um tempo para depois plantar de novo.

AS PLANTAS, NOSSOS ANCESTRAIS

São coisas assim que estamos reaprendendo, porque não temos mais as plantas que tínhamos no terreno e porque, como diz o nosso tio Badu, estamos vivendo em cima de uma terra adoecida. Temos que tratar a terra para recuperá-la. A terra precisa entender e desculpar tanto maltrato, aceitar que a queremos de volta. Nós entendemos que a terra não é nossa. Vivemos nela por um breve momento, mas ela permanece, dando espaço para outros que também virão.

Foi quando começamos a ir para a escola que entendemos a nossa diferença. Até então, achávamos que éramos iguais a todos, e o nosso mundo era a comunidade. Mas percebemos que existia um mundo com valores totalmente diferentes, e que a escola ignorava a educação que recebíamos em casa. Íamos para a escola somente para aprender a ler e escrever, e isto já bastava. Nunca quisemos abrir mão da nossa cultura. Percebíamos que doutores, professores ou acadêmicos não tinham conhecimento das tradições e não as reconheciam.

Na minha casa éramos seis irmãos biológicos, e quando éramos pequenos foi o Pai Benedito quem nos educou e nos orientou. Ele sempre dizia que cada um nasceu com uma missão e que precisávamos ir em busca do conhecimento que ficava dentro de nós. Precisávamos olhar para dentro e entender qual era a nossa missão. Ele disse ao meu irmão mais velho, o Kiboala: "Olhe para a sua mão e veja o que ela representa". Meu irmão respondeu que gostava de plantar, e o Pai Benedito falou: "Então você vai plantar. Você vai plantar a sua resistência, a sua história, a sua memória, o seu cuidado. Você vai plantar o alimento e a cura". O meu irmão, desde pequeno, entendeu que ele nasceu para plantar.

Ao meu irmão Renato, o Lembogy, o Pai Benedito deu a missão de cuidar das pessoas, de acolhê-las. Íamos à escola, mas paramos quando percebemos que na escola não havia nada que nos interessasse. Lembogy, porém, começou a querer conhecer o mundo lá fora. Então o Pai Benedito disse a ele: "Você tem espírito acolhedor, mas ninguém acolhe ninguém fora da casa.

Para você acolher, você tem que estar dentro de casa. Faz alguma coisa aqui para chamar as pessoas. Você tem dois irmãos. Chama eles". Ele então chamou os outros dois irmãos menores, Mauro e Emerson, e mandou eles tocarem tambor. Assim que eles tocaram, todos nós chegamos no candomblé.

O tambor sempre foi um chamado nosso. Quando eles começaram a tocar, a gente se sentou, porque era de tradição: quando Pai Benedito vinha, a gente se sentava. Enquanto eles tocavam, ele ia perguntando para mim e para a minha irmã Joana, a Sessyluavi: "Sentiram alguma coisa? Ouçam com o coração. Fechem os olhos e entrem lá dentro". Ele disse aos meus irmãos, "Chamem quem vocês querem encontrar lá fora", e eles tocaram muito forte. Com isso, começamos a bater o pé, como se ele batesse naturalmente, fazendo o barulho do tambor e balançando o resto do corpo. Então ele falou: "Estão sentindo? Isso é ancestralidade. Tudo que vocês precisam está dentro de vocês. Aprendam a entender o que vocês têm dentro para usarem como defesa quando forem lá fora".

"Antes de irem lá fora", continuou, "chamem o povo para vir aqui dentro. Quando vocês quiserem ir lá fora, toquem o tambor." Depois ele chamou meu irmão caçula, o Maurinho, e falou: "Põe o pé no chão e levanta a perna". Meu irmão punha o pé no chão e levantava a perna. "Chuta o vento", e meu irmão chutava e caía. "Firma o corpo, sinhozinho, você tem que aprender a firmar o corpo. Dá a volta ao mundo com uma perna só", e meu irmão fazia um arco. "O nome disso é rabo de arraia, e isso é capoeira. É com isso que você vai defender seu povo se vocês quiserem ir lá fora."

Comigo, ele falou: "Sinhazinha não quer estudar e quer mandar nos outros" – eu tinha convencido todo mundo a sair da escola –, "quer fazer as pessoas pensarem como você. Isso é liderança. Sinhazinha vai ser uma mestra, mas para ser mestra tem que pisar no pé do Preto Velho, não tem que ir para a rua, não. Sinhazinha vai sentar aqui no meu pé e vai aprender a escutar os outros, para saber falar". E assim entendemos que não era pre-

AS PLANTAS, NOSSOS ANCESTRAIS

ciso sair, começamos a tocar tambor e a rua começou a vir. Meu irmão começou um grupo de capoeira, e teve gente que veio para a capoeira. E realmente o tambor foi o primeiro instrumento que saiu para falar de nós como um coletivo.

Quando perdemos meu irmão Kiboala, passamos a entender a falta que ele faz aqui. Não é só a presença dele que faz falta, mas também seu conhecimento, porque temos a missão de transmitir os nossos conhecimentos. Pai Benedito sempre falou: "Tudo o que vocês aprenderam, têm que repassar aos mais novos". E como iríamos repassar o conhecimento do Kiboala, se ele não estava mais aqui?

Foi então que surgiu a possibilidade de recuperar este terreno e de plantar o conhecimento do Kiboala. O que eu tenho dele hoje para entregar para os mais novos é a horta. A horta está sempre viva. Quando ela ficou pronta, trouxemos as crianças para plantar, e cada uma fez um caixotinho e colocou seu nome. Estamos cumprindo a missão de preparar as nossas crianças para que elas entendam o que precisam levar para fora para se protegerem – as ervas fazem todo esse trabalho sem muito esforço, é só plantar. É como se o Jorge estivesse com a gente, pelo resto da vida.

Quando começamos a tirar o entulho do terreno, vimos que não era só entulho, mas muito lixo, também. Começamos a limpar, mas chegou um momento em que não dávamos mais conta, porque o entulho acabou escorando o muro e a casa do outro lado. Decidimos então tentar plantar por cima. Estamos fazendo esse teste, e a natureza está nos permitindo cuidar dela enquanto somos cuidados por ela.

A prefeitura determinou que, por meio do Programa de Agricultura Urbana, nos ofereceria material e terra, mas não ofereceu mão de obra nem para limpar o terreno. Também não forneceu caçambas para recolhermos o lixo – e já tiramos 26 caçambas de lixo. O poder público nos coloca no lugar de sempre, como se a mão de obra fosse desnecessária por ser algo que nós já temos naturalmente. Isso segue sendo naturalizado em pleno século XXI, embora o Brasil já tenha consciência do crime e da perversidade que foi a escravidão. A forma de pensar sobre nós não muda, ela está engessada. Continuam olhando para nós como mão de obra.

Entendemos, com isso, que seria necessário educar as nossas crianças e que teríamos que trazê-las para perto no processo de retomada do nosso território. Conversamos com elas sobre as retomadas de território no presente – as ocupações – e explicamos a elas que primeiro vieram os quilombos, que dos quilombos surgiram as favelas, e que depois das favelas vieram as ocupações. Elas passam a entender, assim, que tudo é quilombo. É a nossa cultura, nossa forma de ser e de viver. Se subirmos o morro, vamos ver muitas famílias iguais às nossas que estão perdidas, sem esse reconhecimento. As crianças que moram aqui vão de manhã para a escola e à noite temos que desconstruir aquilo que elas aprenderam, dando a elas a nossa formação.

Nas escolas rurais é mais fácil, mas as escolas urbanas ainda são muito preconceituosas. Principalmente as do bairro Santa Efigênia, onde está localizado o Kilombo Manzo, porque somos uma comunidade com características religiosas, que se identifica como povo de comunidade tradicional de matriz africana. Não abrimos mão disso, queremos ser reconhecidos dessa forma. A escola deve nos ver não como adoradores de algum Deus, mas como pessoas que têm uma forma própria de viver. Falar em educação é falar da nossa forma de ver, de viver. Não há como pensar que a educação acontece só na escola. Queremos ter autonomia sobre o nosso modo de vida no nosso território. Isso é um modo de dizer que não precisamos aceitar as regras impostas pelo Estado ao nosso modo de vida.

Apresentamos às crianças esse pensamento e dizemos da responsabilidade delas de cuidar das plantas. Cada uma tem o seu caixote e planta as suas ervas. Essas crianças não têm mais quintal em casa: são crianças quilombolas sem quintal. Todo quilombo deveria ter por direito um quintal para as crianças, porque elas precisam de terra. Os espaços de plantio deveriam ser garantidos

AS PLANTAS, NOSSOS ANCESTRAIS

a elas. Se as outras crianças não têm quintal, que se reconheça que isso é fruto de um acordo entre a cidade e a sociedade, mas os governantes precisam respeitar os modos quilombolas. Não podem propor mudanças na forma de se organizar do nosso povo. Não podem chegar até nós e perguntar quantas pessoas trabalham de carteira assinada. A primeira pergunta a ser feita é: quem está cuidando do território? Existem condições para vocês viverem e produzirem aqui dentro?

Queremos garantir a proteção dos territórios porque é deles que sabemos tirar o nosso sustento, e não da carteira assinada. Mas o poder público quer pensar por nós e nos trazer tudo pronto. Desenvolvimento sem envolvimento, é o que diz o mestre Nego Bispo. Nós não queremos desenvolvimento, nós queremos envolvimento. Queremos as políticas públicas como envolvimento. Nosso desenvolvimento deve ser organizado por nós, e para isso precisamos ter autonomia. O Estado não pode pensar por nós. Não é aceitável que continuemos produzindo riqueza sem que o lucro seja nosso. Tampouco estamos interessados em lucro, e isso talvez facilite as coisas para eles...

Queremos o necessário, e o território nos garante isso. Nos nossos territórios, plantamos saúde pública, plantamos educação e socialização. Nós não precisamos do Estado. O Estado só precisaria nos garantir o território, e todo o resto a gente garante. Sabemos, porém, que o Estado nunca vai fazer isso, porque ele não nos quer independentes, com autonomia sobre nossas vidas.

A natureza está nos dando a oportunidade de respeitá-la. Ela ainda permite o nosso convívio com ela. A natureza não vai morrer, mas ela pode nos matar. Ela tem poder para isso, e já mostrou. Precisamos aceitar que há algo que é mais forte do que nós e que devemos nos impor limites. Não podemos desafiar a natureza.

A oportunidade que este pedacinho de terra está me dando é a de seguir minha formação humana. Eu preciso garantir isso para as nossas crianças, porque elas precisam de um futuro. Eu sigo acreditando na missão que recebi do Preto Velho: devo levar para um e para outro o que eu sei, e enquanto eu conseguir compartilhar este pedacinho de terra, acho que estou compartilhando esperança. É preciso esperança para que as pessoas aprendam que temos que estabelecer nosso próprio limite, e que esse limite não pode ser apenas a morte.

Meu neto Luan me perguntou um dia se vou virar estrela quando morrer. "Não vou, não", respondi, "eu vou virar uma árvore." "Ah", ele falou, "então eu também quero virar árvore!" E eu disse: "As árvores vivem muitos séculos, quem sabe eu morro, viro uma árvore, e quando você morrer você vira uma árvore e nasce perto de mim? Nós podemos ficar juntinhos. E enquanto isso não acontece, quando eu for uma árvore, se você sentir saudade, você pode me abraçar, você pode cantar para mim, e eu vou soltar folhas para você."

Essa é uma forma de ajudar as crianças a entenderem a importância de preservar o meio ambiente: elas estarão preservando seus ancestrais. É assim que nós vemos as árvores. Olhamos e dizemos: esta planta é de Oxum, esta é de Iansã, esta é de Oxalá, esta é de Exu. As estrelas estão muito longe! Colocar os nossos ancestrais tão longe nos distancia da responsabilidade de preservar o que nos sustenta. A gente não vai embora, a gente se ancestraliza. ■

AS PLANTAS, NOSSOS ANCESTRAIS

Para nós, Kaiowá, as plantas não são apenas recursos. Cada uma possui uma função no mundo terrenal que vai além de sua utilidade para os humanos porque, além de formar parte da vida terrestre, elas nos trazem conhecimentos e colaboram equilibrando o espaço sociocosmológico. Se a ideia de domesticação nas sociedades não indígenas está ligada ao progresso, à evolução, ao controle e à subjugação, no pensamento kaiowá entendemos que é urgente desvincular a ideia de submissão das plantas e destacar que elas nos trazem conhecimentos.

Para compreender o que é um animal ou uma planta no pensamento kaiowá é preciso conhecer a história da origem, *ypy*, que fala sobre o surgimento e a criação de tudo. Todas as coisas possuem uma origem divina. Cada coisa que existe – humanos, aves, animais, plantas, objetos – foi criada pelas divindades no *Áry Ypy*, tempo-espaço da origem, e a elas pertence. As narrativas míticas revelam o processo da criação e definem as regras, os hábitos e os comportamentos que devem ser seguidos, bem como as estratégias políticas de relacionamento com os deuses que se expressam em cantos-rezas-danças. Tais regras são fundamentais para a interação e reciprocidade com o mundo divino. Dessa maneira, o espaço terrestre ocupado pelos Kaiowá é entendido como um local político-social, que depende da reza para seu equilíbrio.

Foi através do canto da divindade criadora que as essências dos animais e dos vegetais foram criadas, o que nós denominamos de *rekorã ypy*, ou princípio distintivo da vida. No momento da origem, a divindade definiu para cada ser seu espaço de vida, seu território, seu comportamento e sua função na Terra, sua língua, sua alimentação, sua forma de caminhar etc. Todas as ações e normas sociais foram estabelecidas no tempo-espaço primordial.

Divindades, espíritos, humanos, animais e vegetais residem em ambientes diferentes e possuem comportamentos específicos à sua forma de vida. O gavião, por exemplo, é uma ave carnívora. No pensamento kaiowá, desde o princípio foi estabelecido que sua comida seria a carne de outro animal. Outras aves se alimentam de insetos ou de frutas, e esse tipo de comportamento foi estabelecido no seu *rekorã ypy*. Com os vegetais acontece a mesma coisa. Na sua criação já foram concebidos seus ciclos, suas fases e as estações em que frutificam e florescem.

Durante a constituição inicial do cosmos, cada espaço foi reservado de forma específica para cada espécie, segundo sua condição e função. Cada ambiente é, então, considerado pertencente a um tipo de ser particular, quer dizer, é seu espaço destinado originalmente. Se há espaços de convivência compartilhados e

LÍNGUA VEGETAL GUARANI

superpostos pelos seres, existem territórios que lhes foram designados especialmente. É possível atravessar e se locomover por esses espaços específicos sem, com isso, se apropriar deles. Nós, Kaiowá, sabemos, portanto, que cada animal e cada vegetal tem seu ambiente e sua forma própria de agir, de se alimentar, de se movimentar e de se comunicar.

Para alojar e acomodar as plantas em um ambiente adequado é necessário dialogar com a *yvyresapa*, o alicerce primordial da Terra, que propicia e mantém a diversidade vegetal. No mundo subterrâneo, as plantas, por meio de suas raízes, se entrelaçam umas às outras como uma forma de cooperação mútua e para manter o equilíbrio para a convivência coletiva.

Na origem, todos os seres tinham forma humana. Houve, no entanto, um ponto crítico e crucial nos primórdios em que plantas e animais foram dotados de "roupas" que ocultaram sua característica originária. Na cosmologia kaiowá, os seres habitam dois planos: o plano terrenal, localizado na Terra; e o plano divino, localizado no além, denominado de *yvy rendy*, patamar divino. Os *ñanderu*, rezadores kaiowá, explicam que, no *yvy rendy*, todos os seres caminham e são imortais. Os moldes originários das plantas e dos seres sagrados encontram-se no *yvy rendy*, que não é a Terra que estamos pisando, mas é uma Terra que está além da nossa imaginação e que nossos olhos não conseguem enxergar.

Os *ñanderu* contam que o que vemos, com nossos olhos, aqui no plano terrestre, como planta, árvore ou animal, na realidade tem forma humana no *yvy rendy*. As mesmas árvores que vemos aqui, se fôssemos lá, do outro lado do mundo, no além da Terra, no *yvy rendy*, as enxergaríamos como pessoas que caminham, mas o seu andar não é igual ao dos animais ou ao dos humanos. A caminhada vegetal é considerada a mais bonita.

Em sua teoria do perspectivismo ameríndio, o antropólogo Eduardo Viveiros de Castro explica que "o modo como os seres humanos veem os animais e outras subjetividades que povoam o universo — deuses, espíritos, mortos, habitantes de outros níveis cósmicos, plantas, fenômenos meteorológicos, acidentes geográficos, objetos e artefatos — é profundamente diferente do modo como esses seres veem os humanos e se veem a si mesmos". De acordo com essa teoria, animais e outros seres seriam considerados como ex-humanos.

Contudo, nem animais nem plantas são ex-humanos. Na cosmovisão kaiowá esses seres continuam tendo características humanas no patamar destinado aos vegetais ou aos animais e assim por diante. O que diferencia plantas e animais dos humanos foi estabelecido no seu princípio de vida, o que os Kaiowá denominam *ohekokuaa*, a própria sabedoria sobre seu modo de ser, de viver, de gerar conhecimento, de agir, de se comportar e se comunicar. Diferentemente do que a biologia entende por "espécies", para o povo Kaiowá o que as define e as diferencia é o seu *ohekokuaa*, definido no *Áry Ypy*.

O *ohekokuaa* é um instrumento de ação que vincula a vida e os saberes de cada um dos seres; ou melhor, define desde o modo de vida até os comportamentos, as relações com os outros seres, seu lugar de morada e pertencimento. O *ohekokuaa* se constitui como um preceito divinal que articula dois movimentos da origem: *heko*, que significa vida ou dar vida, referindo-se também ao desenvolvimento e crescimento; e *kuaa*, que é um sufixo que indica um conjunto de saberes. O surgimento das plantas, dos animais e de outros seres não foi dado de forma imediata, mas aconteceu em várias fases até eles se constituírem de forma plena.

No momento da criação, os *tekoa ruvicha*, divindades, se reuniram e fizeram surgir as plantas – e todos os outros os seres – através de cantos. A palavra expressa através do canto constituiu tudo o que existe. Ñanderuvusu foi quem, através de seus cantos, definiu a essência das plantas e demarcou seus saberes dentro de sua condição vegetal. No *ohekokuaa* se prescreveram, assim, as funções das plantas no espaço social, inclusive seu modo de interação com os humanos e outros seres não humanos. As

LÍNGUA VEGETAL GUARANI

divindades começaram a andar pelo mundo, e onde passavam, cantavam; e assim começavam a nascer e crescer diferentes vegetais, formando grandes florestas.

As plantas são seres especiais desde o começo dos tempos. Na superfície da terra, elas influenciam todos os outros seres e, no mundo subterrâneo, também interagem com os seres que ali habitam. As plantas precisam de terra para poder nascer, crescer e firmar suas raízes. Se a biologia entende que as plantas precisam de uma terra boa para seu desenvolvimento, no nosso modo de pensar há outras questões a serem consideradas.

O finado rezador Lício Toriba, com quem conversei bastante, me explicou o que é a raiz das plantas. A raiz se esparrama debaixo da terra, onde se encontra com outras raízes. As plantas não ficam isoladas nem sozinhas, porque senão elas ficam muito tristes. Quando as raízes se entrelaçam, elas fortalecem umas às outras. Lício me disse que nós também somos assim. Quando ficamos sozinhos, ficamos tristes, mas quando temos outras pessoas para conversar, dialogar e intercambiar, conseguimos viver felizes. A raiz fica debaixo da terra para que as plantas possam se comunicar entre si – é dessa forma, *omohekorã*. É "assim que foram criadas".

As folhas também têm suas especificidades. Elas caem e têm seu barulho próprio. Aparentemente, é algo insignificante ver uma folha cair e fazer barulho. No entanto, essa também é uma forma de comunicação suave. Inclusive, esse balanço foliar está no *Jerosy Puku*, o canto longo, ritual. Seu movimento não é apenas movimento, é também uma forma de dançar. Galhos de árvores se esfregam uns nos outros produzindo sons que, às vezes, são advertências. Todas essas falas das plantas e das árvores que conseguimos ouvir, mas não entender, são *yvyra ayvu*, a linguagem das árvores. Ou *ka'aguy ayvu*, a linguagem da mata.

As plantas consideradas sagradas – o urucum (*yruku*), a amescla (*ysy*) e o cedro (*jurakatĩngy*) – influenciam os espíritos originários de diversos níveis cósmicos, que interagem no ambiente ritual com seres humanos e não humanos e colaboram na manutenção da ordem social. O uso dessas plantas sagradas também ajuda no nosso fortalecimento físico, mental e espiritual.

Essas plantas sagradas têm seu território de pertencimento, que chamamos *yvyra jekokatu rekuaty*. Sua utilização em terapias medicinais ou espirituais necessita de um conhecimento profundo. Na interpretação kaiowá, a forma correta de manuseio e utilização são essenciais para obter os resultados desejados. Para utilizar o urucum, o cedro ou a amescla nas cerimônias rituais, são necessários procedimentos, preparos e cuidados especiais.

As plantas têm sua própria forma de comunicação, bem diferente da nossa. Na mata, temos a oportunidade de escutá-las. As árvores podem nos indicar perigo através de barulho. Quando criança, eu ia para a mata com meu pai, ele compreendia o que as árvores nos falavam. Ele me explicava que era perigoso passar debaixo de certas árvores, dependendo do movimento e do barulho que faziam. Eram as próprias árvores que estavam nos alertando. Tem um barulho que elas fazem, parecendo um apito, que nós, Kaiowá, identificamos e sabemos perfeitamente que é um aviso para desviar.

No caso do urucum, o seu canto primordial – chamado *yruku arekory* – possibilita o fluxo de reciprocidade entre vegetais e humanos de forma harmônica. Se o canto não for feito ou se for proferido de forma errada, isso pode ter algum tipo de implicação, resultando em um desequilíbrio social cuja gravidade pode variar. O urucum, então, tem o poder de transformar o ambiente e para tanto deve existir um diálogo reiterado com ele, feito através dos cantos.

Eu tenho urucum em casa e sei que, de vez em quando, preciso podar seus galhos. Como ele não é apenas uma árvore, não posso apenas ir lá e podar. Primeiro, eu preciso ter um diálogo com ele e, depois, a poda tem que ser feita devagar e com cuidado.

LÍNGUA VEGETAL GUARANI

O urucum é uma planta sagrada e, ao mesmo tempo que está ocupando este espaço na Terra, também ocupa um espaço no outro lado do mundo, no *yvy rendy*. Por isso, a poda deve ser feita com muita cautela. Levou-me um tempo para compreender esses cuidados com as plantas, que fui aprendendo com os rezadores e os mais velhos.

Dentro da sabedoria kaiowá, cada planta possui uma maneira apropriada para ser cultivada. Existem algumas que são plantadas pelos espíritos, que parecem nascer naturalmente, outras são plantadas por nós, humanos, e outras são cultivadas pelos pássaros – tudo depende do lugar cósmico onde se encontram. As técnicas de cultivo também foram determinadas no *Áry Ypy*. As plantas alimentícias, *itymbýry*, cultivadas tradicionalmente pelos Kaiowá, requerem cuidados constantes, e eles devem zelar pelo seu bem-estar e seu bom desenvolvimento. Cada recomeço do ciclo das plantas é chamado de *ypyky*: *ypy* indica princípio ou origem, e *ky* é o momento da germinação.

Apesar das mudanças climáticas que o mundo vem enfrentando, as fases da lua, a estação chuvosa, o canto de alguns pássaros e das cigarras, a floração do ipê e a mudança da posição do Sol seguem orientando a agricultura das famílias tradicionais kaiowá. Os cantos de certos pássaros nos orientam, funcionando como um calendário. Reconhecendo-os, podemos saber qual é a estação do ano, se é período de plantio ou ainda não, se já passou a época de frio no inverno, se é uma época boa com muitos peixes no rio, se vai ter um vento forte. Há quem reconheça até a chegada da tempestade pelo canto das aves.

Cada fase de crescimento das plantas deve ser observada com muita atenção, já que as *itymbýry* são delicadas, e pedem uma atenção especial sobretudo na fase de floração e no período de amadurecimento. Do contrário, esses alimentos podem contrair algumas anomalias e, ao ser consumidos, ocasionam desequilíbrio social ou individual. Para nos alimentarem de forma segura e saudável, os vegetais devem ser ritualizados, *itymbýry ohovasa*, na cerimônia do *Jerosy Puku*. Na concepção kaiowá, todos os produtos agrícolas possuem um princípio de hierarquia, sendo o milho saboró (*jakaira*) considerado o principal e o mais delicado.

Os produtos agrícolas precisam do processo de *jehovasa*, benzimento ou ritualização, para desenvolver-se de maneira adequada e se transformar em alimento. O termo *jehovasa* possui múltiplas explicações. Poderia simplificar dizendo que é um gesto feito com as mãos – para a frente, para a direita e para a esquerda – que tem um significado importante na nossa vida espiritual. Segundo o rezador Luiz Anguja, da Terra Indígena (TI) Panambizinho, ele representa a caminhada em busca dos elevados patamares celestiais e serve para a comunicação com as divindades.

Se o *jehovasa* não for feito, essas plantas não vão mais se reproduzir, não vão mais existir na Terra. Seria como se as divindades recolhessem esses exemplares e os levassem de volta para o *yvy rendy*, porque sem *jehovasa* não é possível que elas vivam no nosso espaço terrenal. Contudo, esclareço que, para os Kaiowá, não faz sentido a ideia de extinção. Para nós, o que acontece é o recolhimento, a retirada do exemplar da Terra. Na região onde eu moro hoje em dia, já não há muitas plantas que existiam antigamente. A mesma coisa está acontecendo com os peixes. Quando os rios são muito poluídos, se a todo momento se está jogando agrotóxico nas águas, os peixes também desaparecem, quer dizer, eles são recolhidos. Não é uma extinção. É uma recolhida.

Quando as plantas deixam de existir no mundo terrenal, o conhecimento sobre elas também desaparece. Se eu falar de uma planta que eu conhecia para as crianças e os jovens e ela já não existe, eles nunca terão a oportunidade de entender e, muito menos, de conhecer suas histórias. Junto com o recolhimento dos seres também se perdem conhecimentos.

Há, no entanto, uma possibilidade de trazer esses seres recolhidos de volta. Há mais ou menos dez anos, quando participava

LÍNGUA VEGETAL GUARANI

de um *Aty Guasu*, ou grande reunião, ouvi os *ñanderu* conversando. Hoje, infelizmente, todos eles são falecidos. Estavam comentando que existe uma forma de trazer as coisas de volta, o que é realizado por meio de um canto, que se chama *omopyrũ* ("vou trazer de volta"). Esse canto pode fazer retornar plantas, pássaros ou peixes "extintos".

É possível trazê-los de volta, contudo, desde que exista uma água que não esteja poluída, que exista mata, que haja frutas e alimentos que eles possam consumir, ou seja, que exista o ambiente adequado que lhes corresponda. Cada canto é específico, quer dizer, há um canto próprio para os animais, para as aves, para os peixes, para as plantas. Esses cantos funcionam como uma negociação, um diálogo com os donos deles. Os donos são aqueles que permitem o retorno, são os responsáveis por devolver sua criação no plano terrenal. No caso dos materiais sagrados – *mimby* (flauta sagrada), *mbaraka* (chocalho) e tantos outros –, uma vez recolhidos não é mais possível trazê-los de volta porque seu território original não é na Terra, é no além, lá em cima. Aqui, só estão de empréstimo.

O recolhimento também atinge o comportamento das pessoas. Para nós Kaiowá, todas as coisas anormais precisam ser equilibradas, precisam ser controladas, e para isso deve haver uma pessoa que conheça e possa estabelecer um diálogo. Não é qualquer pessoa que tem essa capacidade. Se alguém me pedir "Izaque, você poderia cantar para impedir tal coisa?", ou "Izaque, você poderia trazer de volta tal espécie?", eu não conseguiria fazer. Quem tem esse conhecimento é o ñanderu, o rezador, que adquiriu essa sabedoria ao longo da sua trajetória de vida.

Para nós, Kaiowá, as plantas não são apenas recursos. Cada uma possui uma função no mundo terrenal que vai além de sua utilidade para os humanos, porque, além de formar parte da vida terrestre, elas nos trazem conhecimentos e colaboram equilibrando o espaço sociocosmológico. Se a ideia de domesticação nas sociedades não indígenas está ligada ao progresso, à evolução, ao controle e à subjugação, no pensamento kaiowá entendemos que é urgente desvincular a ideia de submissão das plantas e destacar que elas nos trazem conhecimentos ancorados nos preceitos de existência e no surgimento dos vegetais.

A conformação de florestas, então, é entendida como resultado de uma atuação conjunta de animais, seres humanos e não humanos, seres visíveis e invisíveis que produzem diversidade vegetal: plantas comestíveis, frutíferas, sagradas, medicinais, dentre outras. As florestas também albergam distintas espécies de seres, são a sua casa. Nesse entendimento, reflorestar é uma forma de dar continuidade à existência e à manutenção da diversidade.

As narrativas kaiowá demonstram que, com nossos olhos humanos comuns, estamos cegos à forma peculiar de vida das plantas e vivemos surdos à sua língua, quer dizer, não conseguimos nem vê-las em sua forma original nem entender suas falas. A nossa comunicação possui uma absoluta desarmonia com as plantas, não só pela falta de entendimento, mas também porque a linguagem vegetal é perfeita. Cada palavra pronunciada pelas plantas não possui imperfeição.

Seu Atanásio Teixeira, um rezador muito importante para os Kaiowá, que mora atualmente na TI Aldeia Limão Verde, em Dourados, Mato Grosso do Sul, me contou que, nos tempos primordiais, os nossos ouvidos humanos foram cobertos com sete camadas de algodão sagrado, *mandiju ete*, o que nos impede de ouvir e compreender as línguas de outros seres, diferentes de nós. Isso acontece para não ouvirmos os diálogos das divindades do outro lado do mundo, e só conseguirmos ouvir o que está deste lado. O mesmo acontece com nossos olhos. Seu Atanásio me disse que nossos olhos também estão cobertos por camadas que nos impedem de enxergar a forma original dos seres. Nós vemos um pássaro apenas como um pássaro, com suas penas e seu bico, quando, na realidade, esse pássaro é uma pessoa na sua forma autêntica originária.

Os olhos comuns, às vezes, podem até enxergar, mas não compreendem o que veem. Por exemplo, às vezes vemos relâmpagos no céu. Esses relâmpagos, na realidade, não são apenas relâmpagos, são uma forma de diálogo, uma troca de experiências entre as divindades ou entre seres não humanos. É a mesma coisa com as aves. Nós as ouvimos sem saber que muitas vezes elas estão realmente se comunicando entre si. Às vezes, as aves estão cantando seu *guahu*, tipo de canto-reza-dança; outras vezes, estão falando conosco para nos alertar de situações ruins. Todo *guahu* tem sua história e tudo o que existe fala através de seu *guahu*, relatando através do canto como viveu no tempo da origem.

As aves também são nossas companheiras. O já falecido rezador Paulito Aquino, que morava na aldeia TI Panambizinho, comentou que um pássaro, que conhecemos como *ja'o* (inambu), alertou, a ele e a sua mãe, de um perigo na mata, e indicou o caminho certo para seguirem. A linguagem dos pássaros existe de diferentes formas, mas nossos ouvidos muitas vezes não conseguem compreender o *guyra ayvu* ou linguagem das aves. A comunicação pode ser realizada de outras formas também, não só pelo canto, mas por uma comunicação não verbal, como o seu comportamento e as suas reações, como no movimento das árvores que indicaram à Paulito o caminho correto.

Para compreender e dialogar com os vegetais e outros seres não humanos é preciso ter um preparo espiritual especial, de corpo e de mente. Não é qualquer pessoa que atinge esse preparo, pois ele exige uma dedicação plena, exclusiva e difícil. Por esse motivo, muitas pessoas abandonam esse preparo espiritual e analisam as plantas e os animais a partir de uma concepção que não lhes é própria, fora do contexto, pois é mais fácil. São os xamãs as únicas pessoas que possuem as capacidades para assumir o papel de interlocutores ativos para dialogar com as plantas e outros seres não humanos, podendo escutar e compreender as vozes de diversos seres e conversar com eles. Nesse sentido, qualquer indivíduo é leigo, porque não possui as habilidades do xamã de transitar por esses diversos níveis cósmicos.

Através do preparo espiritual ao longo de sua vida, os *ñanderu* e as *ñandesy* vão aprendendo. Como diz Atanásio no livro *Cantos dos animais primordiais*, que organizei recentemente, "para compreender cada canto ou para conhecer os muitos saberes antigos, é preciso muitas etapas de ensino, assim como nas escolas, para adquirir conhecimentos profundos, tem que se frequentar a escola todos os dias. Só assim nós vamos conseguir entender aqueles que falam sobre a vida plena". É assim que, com o tempo, as camadas que tampam seus olhos e ouvidos são retiradas e eles conseguem não só enxergar e ouvir as formas originais, mas compreender e memorizá-las para se comunicar com outros seres. Se todas as pessoas tivessem acesso a esse tipo de conhecimento, poderiam entender que as plantas não são apenas plantas.

É nesse caminho do conhecimento e do xamanismo indígena que as ciências deveriam se ancorar para entender melhor sobre a importância e a diversidade das plantas e dos animais. A partir do momento que os não indígenas entenderem qual é a ocupação, a função e o modo de vida das plantas aqui na Terra, estabelecidos em tempos primordiais, será muito mais fácil cuidá-las, protegê-las, respeitar o seu território e conviver com elas harmoniosamente.

Nas escolas indígenas, procuramos trabalhar trazendo nossos próprios valores e conhecimentos tradicionais. Vários professores e professoras trabalham com seus estudantes não só na sala de aula, mas fora do prédio escolar, na beira do córrego, no rio, na mata. Isso é essencial para que crianças e jovens possam conhecer de perto a importância das plantas.

A filosofia e a ciência indígenas, ao contrário do que muitos pensam, não são pensamentos fantasiosos nem apenas empíricos. A ciência ocidental tem muitas vezes uma interpretação oposta à ciência indígena, deslegitimando-a. A palavra "mito" nem sequer existe na língua kaiowá; para nós, esses são conhecimentos que se originam das narrativas do tempo-espaço da origem e, por isso, são nossa filosofia e não podem ser reduzidos a um pensamento imaginário. Felizmente, há estudos que tomam como ponto de partida os conhecimentos milenares dos povos indígenas e que mostram que interagimos de forma recíproca com a diversidade de seres, construindo harmonia e convivência de maneira conjunta.

O que aconteceria se derrubássemos todas as árvores? Se o Brasil virasse um deserto – como seria a vida? Como seria o ar que respiramos? Como viveríamos no dia a dia? Agora, há cada vez menos árvores. Praticamente só existem monoculturas ao redor de nossas aldeias. O ambiente cósmico é organizado, cada ser ocupa um espaço específico e cumpre uma função particular, conforme foi estabelecido na sua origem. A floresta e a mata são os lugares apropriados para a produção e a reprodução das diferentes espécies, sejam elas vegetais, animais ou seres espirituais. Por sua vez, cada ser possui um papel importantíssimo para a construção e a manutenção contínua das florestas e matas. Os *ñanderu* insistem em nos lembrar que nós, humanos, não vivemos sozinhos, não estamos isolados e precisamos um dos outros. A sociedade e a ciência não indígenas precisam compreender qual é o lugar das plantas na Terra e qual é sua função, porque só assim poderão cuidar delas, respeitar seu território e se relacionar com elas para viver em harmonia. ∎

HELENO BENTO DE OLIVEIRA

O umbuzeiro pode ser considerado um símbolo do homem nordestino. Foi ele quem nos ensinou a fazer as cisternas. O umbuzeiro é o ser vivo que primeiro criou cisternas no mundo, para armazenar água para sua subsistência no período de seca. Suas cisternas são aquelas batatas que ficam cheias d'água para florir e frutificar no período seco.

PLANTAR NO RASTRO DA CHUVA

ecentemente escrevi na entrada do meu quintal alguns dizeres que, acredito, explicam um pouco o trabalho que venho desenvolvendo: "Sítio Parquetina – Microestação Ecológica São Bento". Sítio Parquetina foi assim denominado há muitos e muitos anos, desde o tempo de meu pai, José Bento de Oliveira. Chamei de Microestação Ecológica pela forma com que conservo a terra, o solo, as plantas, as abelhas e os pássaros e dei o nome de São Bento para fazer uma homenagem a meu pai. A microestação faz parte de um trabalho de ecologia, é um pequeno setor dentro de um grande universo que estava devastado e que, até hoje, não tem controle de queimadas ou desmatamentos.

O Sítio Parquetina fica localizado na comunidade Lagoa do Brejinho, em uma região de serra a seis quilômetros da sede do município de São José do Sabugi, no Vale do Sabugi, na Paraíba, cravado na região que pertence ao Seridó. A comunidade tem esse nome, Lagoa do Brejinho, por conta de uma lagoa que toda vida existiu, desde os antepassados. Por isso os moradores mais velhos lhe deram este nome.

A região do Seridó foi muito explorada pelo ciclo do algodão. No passado, as famílias viviam exclusivamente do algodão. Havia também outras culturas como milho, feijão, melancia, jerimum – mas a principal fonte era o algodão. Por ser uma monocultura, houve um desgaste muito grande das terras nas comunidades daqui. Na época do algodão, a gente plantava quando desmatava e aproveitava, no primeiro ano, para plantar milho e feijão consorciados com o algodão. Só que, do segundo ano em diante, já não plantávamos mais o milho e o feijão junto com o algodão, tínhamos que ter outra área para plantar, porque o algodão cobria tudo e não produzia mais. A gente sempre aumentava o roçado, porque a gente cultivava o algodão, mas precisava também das culturas de subsistência para alimentar nossas famílias.

O algodão dava a renda em dinheiro – inclusive, deixou muita coisa na região Nordeste. Atribuímos a degradação do ambiente ao algodão, mas não foi o algodão, foi a forma com que ele

PLANTAR NO RASTRO DA CHUVA

foi trabalhado. Ele até poderia recuperar áreas que hoje estão devastadas, porque é uma árvore que produz muita matéria orgânica. Mas a ganância do povo era muito grande, então abriam muitas áreas sem respeitar as formas adequadas para trabalhar, queimavam, não tinha cuidado com a terra, e isso acarretou a degradação. O algodão era cultivado na região do Seridó desde os índios, o algodão mocó, que mais tarde passou a ser chamado de algodão arbóreo. Foi quando as empresas inglesas se interessaram pela sua lã, resistente e de um branco muito intenso. Logo se propagou o plantio em grande escala, porque elas ofereciam essa lã aos proprietários que eram mais abastecidos financeiramente.

No tempo do meu pai, chegou uma época em que as terras ficaram tão fracas que foi preciso a gente arrendar terra no Rio Grande do Norte, nosso estado vizinho, para plantar milho, melancia, jerimum e feijão, porque as terras só davam algodão, e ainda não produziam o suficiente, era pouco. Meu pai não era daqui, era de Esperança, uma cidade do brejo paraibano, próximo a Campina Grande. Quando ele chegou aqui, veio atraído pela força do algodão. O algodão era muito forte e seguiu assim até os anos 1990, quando teve seu final por conta do aparecimento do bicudo, uma praga que atacava com força seu ciclo de floração. As famílias foram procurando outras maneiras de sobrevivência, procuraram plantar só milho e feijão, mas as terras estavam fracas. Poucas pessoas resistiram plantando, muitas migraram para a cidade. Foi aí que eu vi que precisava fazer alguma coisa para melhorar as terras.

Se o algodão era uma fonte de renda em termos de recursos financeiros, as plantas de subsistência – as culturas de milho, feijão, jerimum e melancia – eram a segurança alimentar de nossas famílias camponesas. Por isso, ainda naquela época, mesmo plantando algodão, reservávamos alguma parte da terra para o plantio de subsistência. Até hoje, continuamos com o nosso sistema de plantar o milho, o feijão, o jerimum e a melancia, e ano nenhum eu deixo de botar a minha roça!

Plantamos as culturas de subsistência logo nas primeiras chuvas. Temos muita pressa em botar as sementes no chão para que elas germinem o mais rápido possível. O agricultor camponês costuma dizer que "planta no rastro da chuva". Choveu num dia, no outro dia já estamos plantando. O período de chuva da gente é de janeiro em diante, quando começam a cair as primeiras águas. Nossa região não é uma região de abundância de chuvas. Se acontecer de chover em janeiro, fevereiro e março, já é o suficiente para que a gente tenha uma colheita. Se a gente demorar para plantar, perder um mês de inverno esperando por alguma coisa, pode ser que a gente veja a lavoura crescer, mas, na hora de florir e frutificar, vai faltar inverno. O nosso período de inverno é curto, se chover em janeiro ele vai, no máximo, até abril. Em maio já quase não temos chuvas para a colheita e o plantio.

As espécies de milho que a gente trabalha são de milho crioulo. As famílias vêm conservando essas sementes desde os seus antepassados, dos pais e avós. É um milho muito adaptado à nossa região, à nossa terra, ao nosso clima. Um milho que cresce em um tamanho normal e produz bem, tanto para grão quanto para forragem. Quando plantamos, não pensamos só no consumo humano, a gente pensa também no consumo dos animais. O milho tem essa grande vantagem de também servir de alimento para as criações.

Existem várias qualidades de milho. Quando o milho é bom para massa, é bom para comida de milho – pamonha, canjica ou bolo –, mas tem também milho que dá pouca massa e dá mais xerém. Tem o milho-alho, o milho-branco, o milho pingoró, bem vermelhinho, o milho jabatão. Do jabatão perdemos a semente... Perdemos também, devido às secas, o milho aracaju, outra semente que era muito boa. Ficou esse milho que não tem um nome específico, que a gente conhece como semente crioula.

Dois fatores contribuíram para que perdêssemos também algumas variedades de feijão que tínhamos no passado: os períodos muito prolongados de estiagem, provocados pelas mudanças climáticas, e também o comércio com o poder econômico, que

PLANTAR NO RASTRO DA CHUVA

faz com que as pessoas façam uma seleção, para que o feijão fique padronizado, de somente um tipo – muito embora o feijão fosse mais saboroso quando havia mais variedades. Temos ainda dois tipos de feijão: o feijão tardão e o feijão ligeiro. O que seria o feijão ligeiro? Ele tem um ciclo de vida mais curto e produz mais rápido, enquanto o feijão tardão tem um ciclo de vida bem mais longo, produzindo enquanto se mantém a umidade no solo.

Lembro que, dentre as variedades de feijão, tínhamos o feijão-manteiga, o feijão pingo d'água, o feijão garanjão, o costela de vaca, o cancão, o pitiúba, o roxo. Este último foi extinto por causa do comércio, porque não deixava uma cor muito bonita no prato nem dava tanto, mas ele era mais resistente ao manhoso. O feijão também se distribui pelos feijões de arranca, que incluem o carioquinha, o gordo, o mulatinho e a fava. Tem a fava branca, a orelha de vovó, o coxinho. Tem uma fava que tem cor vinho... Era uma variedade de tipos de feijão e fava muito grande, mas os períodos de estiagem e o comércio fizeram com que fossem se perdendo. Durante os períodos contínuos de estiagem, não tínhamos como colher novas sementes, e as sementes que guardávamos perdiam o teor de germinação e não podiam mais ser replantadas. A gente sempre fazia por onde plantar e colher para ter feijão durante o ano inteiro. Devido às estiagens, muitas famílias procuraram outras fontes de renda e os que plantam já não plantam mais o suficiente para o ano inteiro, precisando comprar feijão. Não são todas as famílias, mas algumas ainda colhem feijão que dá para o ano todo.

As técnicas que venho desenvolvendo, algumas foram experiências adquiridas com meu pai e outras, diante da necessidade, comecei a desenvolver eu mesmo. Por exemplo, para a questão da erosão deixada pelo ciclo do algodão: fui fazendo o que chamo de "barraginha de pedra seca". Em todo córrego, que a gente chama de barroca, tem essas barraginhas. Damos esse nome porque não é usada nenhuma massa pra colar as pedras; elas são apenas amontoadas umas sobre as outras, organizadas para que as chuvas não levem. Elas sustentam o solo e contribuem para a infiltração da água na terra. Também tem a questão da vegetação que fica à margem dos córregos, que eu venho conservando. Procuro também diminuir o cultivo das terras com arado puxado por boi, usar uma cobertura morta, adubar a terra com estrume do curral e fazer o que chamam de "manejo rotativo": plantar um ano num local, deixar descansar, plantar noutro. Também fui plantando a planta do sisal onde corria água, pois o sisal tem a função de reter a terra, de não deixar ela ir embora, é uma planta que tem a raiz bem fina e é como um tecido que retém a terra e facilita a infiltração da água. O homem do campo não tem essas coisas padronizadas, a gente faz nossas experiências da forma que a natureza vai nos indicando.

Existia na nossa região grande quantidade de uma árvore com o nome de baraúna. Apesar de ser uma planta muito resistente, seu crescimento é lento, e foram desmatando até que ela ficou extinta. A baraúna tinha poder curativo, sua casca servia para curar várias doenças. Outra planta de que gosto muito é a quixabeira, porque além da fruta ser muito boa, ela é medicinal. Mas, infelizmente, a quixabeira também foi destruída. Já o jucá, apesar de termos regiões onde ele dá mais, aqui para nós é muito pouco. Tem também o quebra-faca, uma planta de porte pequeno como um marmeleiro, mas que é bem resistente e por isso tem esse nome. Se você ver um galho fino e tentar cortá-lo com a faca, vai quebrar a faca e não vai conseguir cortar, devido à sua resistência. É uma planta muito cheirosa, sua casca exala um perfume muito forte, e ela também é medicinal. Se eu for falar de plantas que existiam em grande quantidade na nossa região e já não existem mais, são muitas...

Minha preocupação é esta: onde é derrubada uma mata nativa, são derrubadas plantas que têm ciclos de vida muito lentos. Hoje é raro ver um pé de embiratanha, de cumaru, e também daquilo que chamamos de emburana de cheiro. Com muito trabalho consegui uma muda de jucá e agora tenho um jucá plantado aqui, mas num outro terreno que meu pai deixou, aqui próximo, tem um pé de jucá bem antigo. Tem também mulungu, cumaru e embiratanha, que

PLANTAR NO RASTRO DA CHUVA

solta umas cabacinhas. No meu terreno, tenho bastante aroeira, angico, catingueira, feijão-brabo, avelós – tenho tanto aqui como no outro terreno. No outro tem até mais avelós do que aqui, porque vem da época do meu pai. Tem também bastante agave e tem gravatá, que é uma planta silvestre que eu planto como ornamental. Tenho ela aqui em casa e é bastante bonita – pelo menos eu acho. Costumo dizer que a gente tem um olhar diferente para os recursos que temos. Se a gente olha com um outro olhar, o que é feio se torna bonito.

Tenho grande zelo pelos angicos que vêm desde meu pai, que ele chamava de maloca de angico. Na época do algodão, a madeira era difícil porque toda a terra tinha sido desmatada. Meu pai conservava esses angicos para, quando precisasse de alguma madeira, ter de onde tirar. Se um pé de árvore tinha duas galhas, ele tirava uma e deixava a outra. Eu segui esse mesmo roteiro que meu pai fazia, conservei e tenho os angicos até hoje.

Quando chegou o tempo de eu construir minha casa, fiz perto de um juazeiro muito antigo. Meu pai pediu para que eu fizesse a casa, mas que nunca botasse o juazeiro abaixo porque era de uma sombra muito boa e era fonte de alimento para as cabras. No sertão, o juazeiro é a única árvore que passa o período de estiagem todinho com folhas. Quando suas folhas caem, já é aproximadamente o fim do ano, e elas logo brotam novamente. Nas primeiras chuvas ele floresce. Inclusive, no último ano ele deu muita flor, carregou muito bem. É uma boa experiência para prever como vai ser a chuva do inverno.

Na minha terra tem também um umbuzeiro que considero um dos mais velhos da região. Não vou dizer que é o mais velho porque seria impossível dizer que uma planta que eu não vi nascer é a mais velha. Mas pela história que contam os antepassados, as pessoas mais velhas que o conheceram há muitos anos, ele é um dos mais antigos. Abdias, que faleceu há mais de trinta anos, sempre me dizia que quando ele tinha uns doze anos e vinha soltar os animais do pai dele aqui nestas terras, o umbuzeiro já era muito antigo. Naquela época ele já tinha um buraco na haste, onde deixavam um caneco para tomar água na loca de uma pedra que ficava retendo água. Quando o Abdias faleceu, ele já tinha 96 anos. Se a gente calcular o tempo desde que ele nasceu até hoje, já se passaram mais de 130 anos!

Eu analiso assim: tenho conhecimento de um umbuzeiro que plantei e que hoje está com quarenta anos, e sei que ele não chega nem perto de ser um umbuzeiro adulto. Se for juntar o quebra--cabeça, se o Abdias dizia que o umbuzeiro era tão antigo e já tinha haste trocada naquele tempo, e se eu vejo um umbuzeiro de quarenta anos e posso dizer que é muito jovem, posso calcular que o outro é muito antigo.

Mas não é só ele não, aqui na região tem outros umbuzeiros que têm uma vida muito antiga. Há um umbuzeiro que é conhecido como umbuzeiro da onça, porque na época que existia onça aqui na região, elas pastoreavam as criações de bode para pegar os animais no umbuzeiro. Por isso as pessoas da época deram o nome de umbuzeiro da onça, e o nome ficou até hoje. Aqui fui conservando os que iam nascendo e hoje tenho em torno de setenta umbuzeiros – é bastante se considerarmos que a terra onde moro só tem três hectares. Como costumo dizer, grande aqui é apenas a vontade de permanecer na terra.

O umbuzeiro pode ser considerado um símbolo do homem nordestino. Foi ele quem nos ensinou a fazer as cisternas. O umbuzeiro é o ser vivo que primeiro criou cisternas no mundo, para armazenar água para sua subsistência no período de seca. Suas cisternas são aquelas batatas que ficam cheias d'água para florir e frutificar no período seco. O umbuzeiro floresce mesmo sem que haja uma gota d'água na terra, porque em sua cisterna tem água.

Também tenho muitos cactos, e de vez em quando até esqueço o nome das espécies, porque são muitos, mesmo. Tem as palmas, que são uma fonte de alimento para o gado no verão, que aqui é um período mais longo que o período de inverno. Tenho uma variedade delas: a orelha-de-onça, a gigante, a gigante mexicana;

agora tenho também a orelha-de-elefante e tenho a palma doce, que chamamos de mão-de-moça porque ela não tem pelo, é uma palma lisa. Tem também a palma doce miudinha, que tem muitos espinhos, que trouxe quando fui visitar a sede do Instituto Nacional do Semiárido (INSA). Temos também o xique-xique e o mandacaru, que são também uma reserva.

Além da boniteza, a gente deixa para aqueles períodos mais críticos de nossa região, quando há as grandes estiagens, anos contínuos de seca. O espinho dessas plantas é queimado e é oferecido como ração para o gado. É uma fonte de energia muito boa, muito vitaminada. Mesmo sendo uma planta silvestre, se a gente fizer o manuseio direitinho, cortar sem a intenção de destruir a planta mãe, ela rebrota, e em outros anos de seca a gente tem novamente essa fonte de alimentação para o gado.

Tem também os cactos ornamentais, que planto somente porque acho bonito, só por enfeite. Cacto amendoim, cacto americano, o facheiro, a flor de frade, muito conhecida no sertão nordestino. Tenho esse amor pelos cactos só pela boniteza. Com o tempo, fui adquirindo muitos cactos, os amigos foram me presenteando. Quando a gente tem amor pelas plantas, aparecem pessoas que têm a mesma simpatia, muitas vezes fazemos uma troca e surge até uma amizade. As plantas têm esse poder de fazer amizade entre uma pessoa e outra.

Há pessoas que parecem agricultoras em todos os aspectos; que, se você olhar, dirá que são agricultoras. Mas se essas pessoas plantam com o fim de colher para ganhar dinheiro, elas são microagronegócios. A terra delas não é um espaço de sobrevivência, é um espaço comercial. Muitos nem consomem do produto que plantam, ele é exclusivamente para venda. Nós, agricultores, entra ano, sai ano, estamos lá, insistindo. A gente planta e, se perder, planta de novo. Se for bom a gente planta, se for ruim a gente planta. Nós não plantamos só com o intuito de ganhar dinheiro; nós plantamos para consumir aquilo que produzimos. Se choveu, a vontade da gente é plantar. O agricultor velho de verdade planta por prazer. ∎

CREURA PRUMKWYJ KRAHÔ

Os antropólogos que vão aos Krahô só pesquisam os homens. Eles não pesquisam as mulheres. Mas é falsidade os homens explicarem tudo, porque não sabem tudo. Ao pesquisar, vi que a maioria das coisas não é do jeito que estão registradas, porque são as mulheres que fazem e os homens que contam.

MULHERES

CABACAS

Moro no sul do Maranhão, no estado do Tocantins, na Aldeia Nova, onde somos uma população de 180 índios. Nasci na aldeia Galheiro, em 5 de fevereiro de 1971, ao meio-dia, perto de um pé de jatobá chamado de *tehcré*. Ali começou a minha vida de sofredora neste mundo, pois não é fácil ser uma mulher indígena.

A toda hora eu queria mamar e minha mãe queria dormir, mas ela não podia porque tinha que cuidar de mim. Queria me ver grande, então cuidou de mim, fez os resguardos necessários, e eu cresci. Tenho 1,58 metro de altura, sou morena clara, tenho cabelos pretos e anelados, e hoje sou uma mulher krahô.

Essa mulher virou andarilha, caçando uma vida melhor para sua população sem direitos de vida, sem direito de ser pessoa no mundo em que vivemos, a escapar de uma mão que apertou nosso punho. Estava e estou em busca de direitos que nossos antepassados não viveram, como o direito à educação e à saúde.

Hoje tenho uma vida corrida: estudei no estado do Tocantins e terminei o magistério. Pensei que não iria mais estudar e novamente uma pessoa me disse: "Vai, você consegue!". E, mais uma vez, segui adiante. Passei na prova do mestrado e tive que deixar a minha família. Peguei minha mala e saí pensando o porquê de tudo aquilo... Deixei minhas crianças com o pai, imaginando se ele ia cuidar do jeito que eu cuido. Às vezes eu chorava com muita dor no coração, tanta que me apertava como uma corda no pescoço, e eu saía de perto das pessoas para que não vissem.

Fui aprovada na Universidade Federal de Goiás e passei cinco anos assim. Nunca me acostumei, mas terminei o curso e aprendi com o sofrimento, muitas vezes sem ter recursos para comer nas viagens da aldeia para a cidade. Havia ocasiões em que eu não tinha dinheiro para comprar biscoito nem picolé, as coisas mais baratas. Eu não tinha bolsa de estudo, não tinha nada, e ficava só vendo meus amigos comerem. Às vezes, alguns colegas com boas intenções ofereciam: "Você quer um sorvete?". E eu: "Sim, aceito". Depois que me acostumei com eles, muitas vezes ajudavam-me compartilhando quase tudo comigo. Eu fiquei muito

MULHERES-CABAÇAS

feliz com meus amigos e amigas não indígenas, que chamamos de *cupen*. São momentos difíceis quando saímos de casa para estudar ou trabalhar. Não há espaço na cidade para o indígena e a vida urbana torna-se muito complicada.

Após o contato com os não indígenas, passamos a sofrer para aprender a cultura do *cupen*. O mesmo parece não acontecer com muitos *cupen*, que não se interessam por nos conhecer e, assim, nos respeitar. Procuro com muito esforço entender a maneira de pensar e viver dos *cupen*. A maioria das mulheres *Mehi* – assim são denominados os indígenas, na língua krahô – não fala a língua portuguesa, mas entende.

Apesar da mistura com os *cupen*, nunca perdemos nossas maneiras de ser e viver e assim não esquecemos os conhecimentos de ser *Mehi*. Ainda temos marcadas em nossos corpos as festas, cantorias, corridas, pinturas, a caça, a pesca e as tranças das cestarias. Nós somos *Mãkraré*, mas os brancos, não indígenas, nos chamam de Krahô. E, para nós, a mulher nunca deixa sua família assim. Portanto, tudo isto que estou vivendo é muito difícil. Mas, ao mesmo tempo, foi com incentivo do marido, uma pessoa especial, e das filhas, que saí para estudar, pois sabiam que o estudo me permitiria ter conhecimentos importantes e necessários sobre os *cupen*.

Todos os antropólogos que vão aos Krahô só pesquisam os homens. Eles não pesquisam as mulheres. A mulher fica de lado, sempre lá para os fundos da casa. Eles não chamam as mulheres para pesquisar. Fiquei observando isso desde quando meu marido era vivo. Eu me perguntava: por que os antropólogos vão às aldeias e só pesquisam os homens, só andam com os homens? Os mensageiros da aldeia são os homens, para dar notícia, para distribuir. Mas é falsidade os homens explicarem tudo, porque eles não sabem tudo.

As mulheres sabem muitas coisas, passam o dia inteiro fazendo enfeites para os caçadores, porque eles não podem andar sem enfeite. Se andarem sem enfeite, não matam nada. Aprendemos assim: sabemos fazer desenhos no corpo, pintar, cortar o cabelo do jeito krahô... Só quem corta o cabelo das pessoas é a mulher mais velha que não menstrua mais, uma mulher nova não pode cortar o cabelo de ninguém. Temos que participar só olhando mesmo, olhando muito como se corta, como se arranca, porque o cabelo é arrancado um por um. Mas, mesmo assim, os homens são os mensageiros para falar do trabalho das mulheres para os antropólogos e para devolver de novo para as mulheres.

Ao pesquisar, vi que a maioria das coisas não é do jeito que estão registradas, porque são as mulheres que fazem e os homens que contam. Mal acredito que tinha tanta coisa guardada com as mulheres mais velhas! Nunca saiu nada das histórias das mulheres krahô, de como faziam as coisas, nenhum livro conta da mulher krahô. Nenhum. O antropólogo pode ser mulher ou pode ser homem: vai pesquisar os Krahô e só procura os homens.

Eu pesquisei a maioria das mulheres. Eu fui atrás só das mulheres. Na aldeia Pé de Coco, fui pesquisar as mulheres e depois fui pesquisar o pajé Tejapoc, que morreu no ano passado. O que as mulheres me contaram, ele me contou diferente. Eu juntei todo mundo e perguntei: "O que é verdade aqui, agora?". Eu estava com um som ligado ouvindo o homem falar e perguntei: "Isto é verdade, o que ele está falando?". E as mulheres: "Não!". "E agora? Eu quero saber quem vai contar a verdade para mim!" E foi assim até chegar ao fim da pesquisa.

Chegou um ponto em que as mulheres botaram os homens para trás. Eu sabia que tinha alguma coisa certa ainda. E foi com as mulheres que eu descobri. Aí eu falei para os senhores: "O homem também tem muita coisa para fazer, só que tem coisas que os homens falam que são deles, e outras que não são". As mulheres antropólogas que já vi chegarem só pegam os homens para andar pesquisando. Olham para a mulher e vão embora, acham que ela não tem nada para dizer. Mas quem tem mesmo muita coisa para falar e muita coisa para fazer e com quem devemos aprender são as mulheres.

Quando cheguei à aldeia Rio Vermelho, passaram-se dois dias e a velha Ahcrokwyj faleceu. Eu fiquei triste demais, porque eu ainda tinha que conversar com ela. Conversei com ela no hospital, perguntando se estava melhor. No último dia em que conversamos, foi por telefone, e ela me disse: "Eu não estou bem. Vou falar a verdade, não vou viver, vou morrer mesmo". Nossa, isso me deu uma fraqueza na perna e eu pensei: "Vou perder minha entrevista agora". Então ela morreu e eu tinha que pesquisar sobre como ela estava fazendo os remédios para evitar gravidez. Era ela quem fazia os remédios do mato para as mulheres não engravidarem. E eu perdi essa parte porque não cheguei a tempo, envolvida com outras entrevistas. Como fazer para engravidar eu já tinha gravado com ela, mas a entrevista que eu queria, sobre o remédio – que folha é, que raiz é, que casca é, como fazer para não operar as mulheres krahô – eu perdi.

Na aldeia Rio Vermelho tem umas mulheres que só têm um filho e eu perguntei: "Por que você só tem um filho e não tem outros?". "Porque nós tomamos remédio." "E você não quer crescer?" "Não, porque não dá para ficar com um monte de filhos." Eu perguntei quem fazia esse remédio: "A Ahcrokwyj". E Ahcrokwyj me falou: "Quando você voltar da cidade, você marca um dia e a gente vai sentar para eu te mostrar como é que se faz". E foi essa a parte que eu perdi. Não sei se tem outra mulher krahô ainda viva que faz o remédio, pois já perguntei a várias pessoas e não encontrei outra.

Eu perguntava para as mulheres o que acontecia. Eram vários os resguardos. Muitos resguardos. Alimentação, roça, como plantar banana, por que plantar banana. Por que plantar mandioca, milho, arroz. Depois eu passei a pesquisar os caçadores e os pajés. O que significa pajé? O que é o pajé de que os brancos falam? Nós o chamamos de *Wajakà*. *Wajakà*, para nós, é uma pessoa que enxerga com outro olho. Não é com esse olhar que nós olhamos. Ele tem um olho atrás e outro nos braços. Esse é o pajé. Está de noite e ele está enxergando tudo, para ele é dia. Já de dia ele não enxerga, porque para ele é noite. Os animais que conversam com ele são da noite.

Os pajés mais velhos que morrem viram animais e conversam com os pajés novos, vão se traduzindo até chegar ao vivo, falando qual planta serve para febre, para dor de cabeça, para menstruação. Para tudo eles ensinam o remédio. Então pesquisei para saber quem é pajé. São dois tipos de pajé: o feiticeiro e o do bem, o mau e o bom. Então fui atrás do mau primeiro, para saber por que ele é mau assim. E ele me contava a versão dele. Ele faz um caçador morrer da noite para o dia. E essa doença do pajé o médico não cura. Pode dar remédio, pode dar injeção, que o doente continua gritando e a dor não para.

Eu visitei uma pessoa desse jeito no hospital. O pajé entrou para curar a pessoa dentro do hospital porque sabia que ali não era coisa que tinha vindo pelo vento. Porque a doença que vem pelo vento, ela pega quando você está dormindo, a doença entra no seu corpo. Tem um vento de madrugada, umas três horas, um vento forte que carrega as doenças. Ele dá uma soprada forte e para de vez. Lá na aldeia, quando está ventando, a gente embrulha a cabeça das crianças. E nós, adultos, viramos de costas. Entre os Krahô, os pajés do bem já estão velhos, não vão demorar a morrer. Se os pajés do mal se juntarem para fazer um feitiço, eles os matam rapidinho.

Teve uma senhora que se chamava Pipi, da aldeia Campos Lindos. Ela foi se aposentar lá em Goiatins. Eu estava interessada em perguntar algumas coisas para ela e falei: "Posso gravar você?". E ela perguntou: "Você vai me pagar quanto?". Eu falei: "Quando eu me aposentar, eu te pago". Era brincadeira minha e dela. "Quando eu gravar você, você vai me contar histórias, eu vou traduzir e nós vamos ganhar com essas histórias! Mas você tem que contar as histórias primeiro." Eu queria que ela falasse sobre o resguardo para ser corredora, porque ela sabia. Por que as meninas corredoras da aldeia não dormem a noite toda? E não podem namorar também? Ficamos três dias conversando. Fizemos peixe assado. Ela contava, eu ficava ouvindo e gravando.

Depois de uma semana, fui para a roça trabalhar e me despedi dela. E ela falou: "Vou te abraçar porque talvez eu não volte a te ver". E perguntei por que ela estava falando aquilo. "Eu estou com medo, Creuza, agora que estou aposentada e vou para a aldeia Campos Lindos, se o pessoal souber que estou aposentada vão até me matar." E não era verdade? Ela tirou o dinheiro, fez compras e foi para a aldeia dela. Depois de uma semana, às seis da tarde, escutei uma pessoa gritar o meu nome do outro lado do rio. Era um bilhete falando que Pipi tinha morrido. Não dava tempo de ir lá. Foi rápido. Deu uma diarreia, ela começou a passar mal, foi para a cidade e morreu. Nem o médico a medicou.

Pesquisar as mulheres é diferente de pesquisar os homens. Mas também fui atrás dos homens mais velhos, que me conhecem, me respeitam. Tem pajés que são mulheres. Tem uma pajé mulher boa, muito boa. Mas ela não pode se meter no meio de muitos pajés homens, porque ela se prejudica. Então ela está sempre fora. Se me falarem que um pajé não é bom, eu já vou desviando o meu caminho. Não dá para conversar com ele. Ele não ensina remédio para ninguém, só para ele mesmo. O pajé mau, nem a família dele ele cura. Ele só faz o mal mesmo.

Na minha pesquisa para alcançar os entendimentos dos Krahô sobre os resguardos, os velhos e velhas me falaram sobre a história das mulheres-cabaças e dos homens-croás e me orientaram sobre como organizar todas as informações que coletei. De acordo com a história que trata dos primeiros *Mehi*, as mulheres-cabaças foram as primeiras pessoas que aprenderam com Sol, nosso herói criador, sobre os resguardos e, assim, este saber foi sendo repassado.

Sol ensinou às mulheres-cabaças que, para fazer os reguardos, elas devem usar raízes, cascas e folhas de plantas do cerrado. É uma sabedoria feminina: as mulheres mantêm vivas na aldeia as práticas de resguardo e cuidados com o corpo, elas têm essa memória. Elas sabem qual alimento deve ser usado, como deve ser comido. Todo o processo de iniciar o resguardo, vivê-lo ao longo do tempo e finalizá-lo tem o intuito de produzir uma renovação na comunidade e na vida da pessoa.

Assim, renova-se a vida da mulher, do homem, da menina e do menino – de todos. Por exemplo, a mulher, depois de ter o primeiro filho, inicia um conjunto de resguardos e, ao finalizá-lo, estará forte, pois nem ela nem a criança adoeceram. Agora, ela está renovada para se alimentar de outras coisas e usar folhas em seu corpo que não irão prejudicá-la nem ao bebê. A vida se renova, ela sai da casa, alcança o pátio e se envolve em outras atividades.

Os homens também entram em uma nova vida após terem realizado o resguardo do primeiro filho. Mas quem mantém os resguardos, as tranformações das pessoas e a renovação da vida na comunidade é a mulher. A mulher organiza tudo para os homens viverem o resguardo, finalizarem e renovarem suas vidas. Assim o movimento da aldeia acontece. As mulheres *Mehi* aprenderam com as mulheres-cabaças a serem orientadoras dos homens.

As cestarias guardam uma memória. Sol deixou a mulher com o corpo para carregar as coisas e os cestos são usados no corpo da mulher para isso. Sol ensinou a fazer o cesto de diferentes formas – como, por exemplo, no formato do desenho da casca do tatu. A memória sobre esse fazer é repassada e aquelas pessoas que têm a memória boa, aquelas que vivem o resguardo da memória direito, conseguem fazer o cesto.

Havia uma aldeia onde surgiu o resguardo da memória. Nessa aldeia, as pessoas iam esquecendo o jeito de ser e viver *Mehi* e saíam correndo para o mato virando criaturas e seres da mata. Um velho ia dando os nomes desses seres. O *Tewa* foi um desses: era um *Mehi* que havia esquecido os resguardos. Ele queimou sua perna, que ficou pontuda e fina. Ele saía matando os *Mehi* pelas costas com essa ponta fina. Esse *Mehi*, que perdeu

MULHERES-CABAÇAS

a memória, se transformou numa criatura da floresta que gosta de matar os *Mehi*.

O resguardo da memória também faz a pessoa se tornar cantor e cantora, e isto deve começar quando ela ainda é pequena, continuando até a morte. Os velhos e velhas passam para os jovens esse conhecimento e o jeito de viver *Mehi*. Essa sabedoria a ser repassada para os jovens são os cantos *Mehi*. Manter a memória de ser *Mehi*, nos fortalecendo, é importante para não nos transformarmos em criaturas da floresta.

Esse resguardo envolve aprender os cantos que estão relacionados com não comer coisas em panelas e pratos, mas só no moquém. A pessoa deve comer alimentos assados. Usar casca, raiz e capim para limpar a cabeça. Os cheiros, as essências, as consistências dos utensílios e produtos dos não indígenas devem ser evitados.

Nem todos serão cantores e cantoras, mas alguns demonstram que se transformarão em cantores ou cantoras por volta dos nove anos de idade. Os pais e avós começam a inserir a criança nesse saber e ela não terá a mesma convivência social que as outras: terá uma alimentação especial e fará uso de artesanatos e pinturas também especiais. Ao longo da vida, essa criança será preparada para ser um cantor ou cantora e terá o domínio sobre a memória *Mehi*.

As mulheres cantoras guardam uma semente na cabeça, que veio das mulheres-cabaças. Essa semente é como um computador que guarda a memória. Para essa memória ser guardada e limpa, essas mulheres devem usar o sereno, usar vários tipos de plantas medicinais, remédios do cerrado, e devem tomar banho no rio pelas manhãs. Há músicas do dia, da noite, da meia-noite, da madrugada. Para gravar tudo isso, essa mulher deve fazer um resguardo rígido, que transforme seu corpo para ter a semente. Deve usar também um remédio para enxergar bem, para ver à noite e não sentir dor. Elas seguem um resguardo rígido, só podem fazer sexo durante o dia, não durante a noite. Ao longo da noite, elas cantam muito.

minha avó é sobrevivente de um massacre ocorrido em 1940, feito pelos não indígenas fazendeiros, que mataram vários Krahô. Na verdade, ao longo da história de contato com os não indígenas, sofremos vários massacres. Foram mortas centenas de pessoas. Nós éramos muitos e após esse massacre restaram poucos. Nós somos da tribo *Mãkrarè*, vivíamos em uma aldeia enorme, maior que a cidade de Carolina, Maranhão. Esse povo se espalhou e cada um levou seu nome, *Mãkrarè*, *Kukoikamekra*, *Panrékamekra*, eram vários os que se espalharam. Cada um desses povos atravessou o rio Tocantins e se espalhou. Dos *Mãkrarè* vieram os Krahô de hoje.

Minha avó tinha dez anos quando aconteceu o massacre, ela estava lá. Nesse dia, as irmãs mais velhas estavam olhando as crianças mais novas em casa enquanto as mulheres estavam na roça. Vieram dois vaqueiros *cupen* e deixaram um boi grande. Os homens krahô estavam caçando para a festa do *Ketuaie*, a finalização do resguardo de três homens, duas mulheres e de várias crianças.

Os *cupen* estavam dando o boi grande, falaram que era para reunirmos todos os Krahô para a festa. O boi era um presente. Nem todos entenderam e alguns não sabiam falar a língua, mas vieram muitas pessoas. Os dois *cupen* foram embora. No final da tarde, os Krahô mataram o boi. Eram seis horas da tarde, os caçadores chegaram, correram com a tora, tomaram banho. Depois, foram ao pátio cantar. À meia-noite, eles escutaram um tiro, as mulheres começaram a perguntar o que era aquilo, se eram os maridos de algumas delas. Mais tarde, de manhã cedo, escutaram outro tiro e, em seguida, foram vários tiros, um tiro perto do outro. Chegaram muitos *cupen*, atirando nos Krahô, matando todo mundo, usando facão. E as pessoas começaram a correr para o mato.

Minha avó correu na direção de um *cupen* chamado Corá, que conhecia minha avó. Ele falou para ela ir para a capoeira, onde tinha os pés de banana, pois a bala entraria no pé de banana e esfriaria, não iria matá-los. Corá deixou vários Krahô passarem no lado onde ele estava. Minha avó entrou na capoeira e ficou no meio do bananal.

Ficaram escondidos o dia inteirinho, escutando o barulho das balas e dos gritos. Ela estava com três meninos pequenos que choravam baixinho, não sabiam se o pai e a mãe estavam vivos.

Depois de um dia, passou um tio dela que a reconheceu e perguntou espantado: "Vocês estão aqui, cadê sua mãe?". Ela falou que não sabia onde estava a mãe. O tio falou que eles tinham que ir embora. Todos os Krahô, das aldeias próximas, estavam fugindo com medo de novos ataques. Todos estavam indo em direção à serrona, para o "vão do inferno", um lugar com muitos morros perigosos para se esconderem. Todos se encontravam e fugiam. Ela levou um cesto com o pano para enrolar.

Eles ficaram um mês caminhando até chegar a esse local; ficavam escondidos de dia e caminhavam quando escurecia. Não faziam fogueira, comiam cru, viviam em tocas, escondidos, calados, sem fazer barulho porque estavam sendo caçados pelos brancos. Eles tampavam as bocas das crianças pequenas para elas não chorarem. Havia um velho todo cortado de facão, machucado, e ele ficava quieto, não gemia para não serem descobertos. Quando chegaram à serrona, ela encontrou sua mãe, mas seu pai morreu, lutando no massacre.

Eles se comunicavam por meio de uma cabacinha que fazia um barulhinho. Quando alguém saía, retornava e fazia o barulho para avisar se havia algum perigo. Às vezes, eles voltavam às aldeias para pegar alguma panela e retornavam para a serrona. Quando eles iam às aldeias, viam muitas pessoas mortas e sentiam por não terem feito a cerimônia funerária. Alguns fazendeiros passavam em aldeias krahô mais distantes do ataque e falavam que ali iria acontecer um massacre semelhante, diziam que eles deveriam fugir. Assim, essas terras foram ocupadas por fazendeiros. Foi o que aconteceu com a aldeia Pitoro. Os Krahô ficaram muito tempo na serrona.

Um dia, um padre de Pedro Afonso foi até a aldeia de alguns Krahô mais distantes do ataque e pediu para eles irem atrás dos sobreviventes. Esses Krahô entraram em contato com os sobreviventes e falaram para eles retornarem. Eles foram retornando e, com a ajuda do padre, reconstruíram outras aldeias, próximas ao local do massacre. Enterraram os mortos, os ossos, o que restou dos corpos. O padre falou que isso não iria acontecer mais, o Serviço de Proteção aos Índios (SPI) apareceu e fez a demarcação da Terra Indígena em 1945.

Depois desse massacre, os Krahô não finalizaram a festa. A partir desse dia, os resguardos foram deixados de lado. Quase todas as crianças foram mortas. A partir desse momento, nos tornamos Krahô. A vida foi sendo retomada, mas nunca mais foi a mesma. Os saberes e cuidados com o corpo foram abalados. Depois desse massacre, tudo mudou: vieram as tecnologias, os serviços de saúde e educação que não respeitam o modo de vida dos *Mehi*. As pessoas não estão mais interessadas nos resguardos cotidianos que devemos viver. Os resguardos são pequenos momentos que não são vividos mais intensamente por todos.

Desde 1994, trabalho com educação junto ao meu povo. Quero construir uma escola do jeito do povo Krahô, quer dizer, com cara Timbira. Nossa educação é diferenciada, mas na prática isso nunca aconteceu. Como professora, acredito que a escola poderia se adequar e ter o aprendizado dos *cupen*, que precisamos conhecer para lutarmos por nossos direitos e contra outros massacres, mas precisamos ser respeitados na nossa educação, que acontece quando se vivem os resguardos, quando se está no mato com os velhos e velhas. ■

ISABEL CASIMIRA GASPARINO

À medida que vai passando este povo poderoso, com uma força magnífica e ancestral, cada passo que ele dá no espaço urbano vai transmutando as energias: as negativas em positivas, as ruins em boas, os maus pensamentos em bons pensamentos. O momento de cortejo é um momento de limpeza, de firmeza mental e espiritual.

Quando nosso cortejo sai para a rua, mostramos para as outras pessoas nosso modo de fazer e de ser. O cortejo compõe o trabalho do Reinado, para além de outras coisas necessárias que acontecem dentro do nosso *conjó*. Quando vamos para a rua, para o espaço urbano, nos submetemos aos olhares daqueles outros que não estavam esperando nos ver e que não têm noção do que é o Reinado, o Rosário ou o Congado e podemos alcançar mais pessoas. Aqueles que não comungam do nosso espaço podem conhecer nossas indumentárias, nossos cantos, nossa postura, saber da nossa posição política e religiosa. Se não sairmos do nosso espaço, apenas aqueles que vêm aqui vão nos conhecer.

Maria Casimira, minha avó, nasceu em 4 de março de 1906 e foi a primeira Rainha do Congo de Minas Gerais, um título dado pelo governador de Minas no aniversário de quatrocentos anos do Rio de Janeiro, em 1965. Os estados foram convidados a fazer manifestações em homenagem ao Rio, e Minas escolheu o Reinado de Nossa Senhora do Rosário e minha avó como sua representante. Daí se criou o cargo da Rainha de Minas. Minha avó era mais velha e tinha muito entendimento, e as pessoas vinham até ela para saber de assuntos do Rosário. Ficou famosa porque foi a primeira mulher a fundar uma Guarda em nossa região, promessa que não poderia realizar sozinha.

A manifestação do Rosário tinha sido proibida por Dom Cabral, o bispo na época. Para fazer essas coisas tinha que ter licença, alvará, e mulher não podia. Maria Casimira, então, emancipou meu tio Efigênio, seu filho mais velho, aos sete anos, e ele pôde fazer o registro da Guarda. Os bambas do Rosário, os maiores capitães da época, que dirigiam a Federação dos Congados e Marujos de Minas Gerais, acharam que ela foi muito esperta e deram a ela o título de Bárbara Heliodora do Rosário Mineiro. Bárbara Heliodora foi uma personagem que participou da Inconfidência Mineira. Esse título abriu as portas para Maria Casimira e eles se renderam à sabedoria – como diz meu filho, à "estratégia" – dela.

Ela era Rainha do Congo da casa dela – a Guarda de Moçambique Treze de Maio de Nossa Senhora do Rosário, que fundou em 1944, e Rainha do Estado de Minas Gerais. Muitos anos depois, com a partida de minha avó, minha mãe, Isabel Casimira das Dores, criou também uma Guarda de Congo. Hoje, nós somos Guarda de Moçambique e Congo Treze de Maio de Nossa Senhora do Rosário e estou como Rainha desta Guarda e do Estado de Minas Gerais porque, com a partida de minha mãe, fui coroada no lugar dela. Antes, entretanto, eu já era princesa. Nasci no dia 13 de abril, e no dia 13 de maio acontecia a Festa do Rosário: fui coroada Princesa do Rosário com um mês de nascida.

A Festa do Rosário sempre aconteceu, com ou sem permissão. A polícia vinha e prendia os instrumentos... Contam que, uma vez, Belmiro foi fazer a festa dele e foi preso para não fazer a festa, e então ele cantou da cadeia, vendo a lua: "Eu não matei, eu não roubei, eu não fiz nada. Eu não matei, eu não roubei, eu não fiz nada. O povo está dizendo que hoje é dia do meu jurado, vou pedir à virgem santa para ser a minha advogada. Vou pedir à virgem santa para ser a minha advogada!". Agora, aqui em casa, cantamos assim: "A semente do meu manacá estourou e caiu na Angola. A semente do meu manacá estourou e caiu na Angola. Ora, tem que adubar, ora tem que dar flor, ora tem que colher a semente, a semente do meu manacá. Ora tem que plantar, ora tem que dar flor, ora tem que colher a semente do meu manacá!".

bairro em que minha avó nasceu, em Betim, chama-se bairro Angola. É um bairro que reuniu uma grande concentração de escravizados de Angola que, depois de alforriados, ficaram ali. Mais tarde, minha avó e sua família vieram para Belo Horizonte, para morar no bairro Barroca. Sobre essa área, hoje nobre, a prefeitura chegou à conclusão de que tinha que tirar aquelas pessoas de lá. Elas concordaram em vir para a região onde estamos até hoje, o bairro Concórdia. Por isso o bairro se chama Concórdia e há uma grande concentração de pessoas de matriz africana, de umbanda, de candomblé, do rosário, de samba – tudo de manifestação africana tem neste bairro e ao redor dele.

Aqui em casa, temos duas entidades em uma só sede: o Centro Espírita São Sebastião – um centro de umbanda – e a Guarda de Moçambique e Congo Treze de Maio de Nossa Senhora do Rosário. Elas existem em tempos diferentes. A Festa do Rosário, em si, acontece do dia 1º ao 13 de maio. Por isso, o mês de maio todo é o mês da Festa do Rosário. Do dia 1º ao dia 9 sai, pelas ruas do Concórdia, o Boi da Manta, anunciando a proximidade da festa e convidando as pessoas para virem participar. O boi sai cantando, dançando, chamando, correndo atrás das crianças e brincando para ajudar a angariar fundos para a festa. Esse boi foi agregado à Festa do Rosário de nossa casa alguns anos depois que ela se transformou em Guarda de Moçambique Treze de Maio. Como dizia minha mãe, ele é o embaixador da festa.

O boi sai pela circunvizinhança e convida as pessoas a participar, além de começar a fazer o campo astral, porque a festa está próxima e o universo vai preparando para nós uma atmosfera propícia. O boi sai avisando a todos no bairro e nos bairros vizinhos – avós, mães, bisavós e seus bisnetos, que fazem com que a gente se fortaleça cada vez mais, pois é a juventude que faz a gente saber da continuidade do amanhã.

Conta-se que, nas senzalas, quando os negros iam fugir, jogavam um couro de boi por cima do corpo e entravam mata adentro. Que aquele couro de boi, aos olhos do senhor, era boi fugido andando na mata. O mesmo couro que servia de disfarce servia também para cobrir e livrar de ataques de animais e também do frio noturno. Um fio puxa o outro, uma história puxa a outra. Tudo o que tenho feito é o que minha avó Maria Casimira fazia, o que tio Efigênio fazia, o que minha mãe Isabel Casimira das Dores fazia e eu aprendi a fazer.

A data de aniversário do Centro Espírita São Sebastião é 20 de janeiro, dia de Oxóssi. No dia 23 de abril acontece a festa de Ogum. Depois disso, vem a festa de São João, que é depois da fes-

O REINO NAS RUAS

ta do Rosário. Depois vem a festa de Cosme e Damião, pela qual ficamos apaixonados e que fazemos com todo amor e carinho. E a seguinte já é a outra festa do Rosário, no dia 8 de dezembro. É a festa de rezar o terço cantado da família de minha avó, que são os Moreiras. Temos uma alternância: uma festa do Centro, uma festa do Rosário; outra festa do Centro, outra festa do Rosário. É bem dividido, porque são coisas distintas. Minha mãe sabia dessa distinção, meu tio e minha avó também, e hoje continuo essa situação: as coisas estão juntas, mas não são misturadas.

Quando saímos às ruas em cortejo, estamos tão imbuídos de fé, esperança de sobrevivência, alegria e espiritualidade que, enquanto vamos caminhando, o Rosário vai louvando Nossa Senhora, nossos protetores, nossos guardiões, nossos antepassados. O Rosário canta e reza o tempo inteiro, dança cantando, reza cantando e se manifesta de formas diferenciadas. E, à medida que vai passando este povo poderoso, com uma força magnífica e ancestral, cada passo que ele dá no espaço urbano vai transmutando as energias: as negativas em positivas, as ruins em boas, os maus pensamentos em bons pensamentos. O momento de cortejo é um momento de limpeza, de firmeza mental e espiritual. Estamos ali para nos firmarmos como pessoas mas, também, para mostrar o que fazemos e no que acreditamos, servindo a Zambi e aos guias de luz.

E o que são os cortejos? Que história eles contam? Minha avó me falou que há muitos anos, na costa da África, apareceu uma linda senhora nas águas do mar. Ela era coberta de flores e luz e alguns a viram e outros, não. Os que viram tiveram a necessidade de cantar e dançar e pedir sua proteção, porque sabiam que era uma divindade que veio para nos proteger, a nós e à nossa terra. Foram pedindo e cantando e a senhora veio caminhando sobre as águas, toda coberta de flores. E, nessa hora, os negros tiveram a certeza de que tinha vindo o auxílio tão esperado, durante todo o tempo. Como dizia minha mãe, os senhores brancos levaram

145

até banda de música, com vários instrumentos, mas tiravam ela do mar e ela voltava para as águas. Ela não ficava com eles. Então, chegou o candombe com seus tambores. Fizeram uma roda com os instrumentos na praia e ficaram cantando para ela e foram caminhando de fasto, sempre sem tirar os olhos dela. Vieram cantando e ela veio acompanhando, alguns contam que ela saiu sentada no tambor de nome Santana. E ela ficou com os negros, ela aceitou. Daí vem a nossa devoção e é através dessa história, contada, recontada e vivida a cada ano, que afirmamos a nossa fé. Nos cortejos nós repetimos, a cada ano, esse trazer a senhora do mar para perto de nós e dançamos novamente, olhando sempre para ela. Contamos e vivemos a escolha de Manganá, ou Senhora do Rosário – como quisermos chamar – de ficar ao lado dos negros e não com os senhores, nessa narrativa em que os negros são vitoriosos. A fé é muito longa e a tradição, também.

Naquele tempo do cativeiro, como se dizia no Reinado antigo, ou na época da escravização, como falamos hoje, provavelmente faziam cortejos também para limpar o espaço das ruindades dos senhores, como ainda fazemos. Os antepassados iam para a rua também fazer a festa para todos. Era para o dono de terra ruim, mas também era para o filho bom do dono de terra ruim. Era para o filho ruim do dono de terra ruim também, ele também sentia e também era embebido pela energia. Água mole em pedra dura, tanto bate até que fura! Hoje o cortejo sai para passar perto das pessoas e afetar todos: os que gostam, os que fingem gostar e os que não gostam. À medida que vamos passando, vamos abrindo cabeças, arrebentando correntes, partindo corações. Pessoas ruins podem se transformar em pessoas boas com o passar do tempo, isso é muito real e acontece o tempo todo.

O momento do ser espiritual no espaço urbano traz uma energia que vai ficar ali, naquele espaço. No outro dia, no outro ano, ela ainda vai estar ali e, à medida que os pensamentos se conectam com aquela energia, ela vai se multiplicando. É uma energia de força, do bem, de autopromoção, de autoestima, de saber que, se estamos passando por alguma situação, aquilo é passageiro. É uma corrente contínua de positividade, abundância, alegria, saúde e esperança para todo o entorno.

"Ô, ê, Angola, minha gunga vem de lá, minha gunga. Correr o mundo, correr o mar", diz o canto da travessia daqueles que vieram de Angola. Os negros, apesar de terem vindo num barco só, têm cada um a sua origem, sua nacionalidade. Congo e Moçambique, como se denominam nossas duas guardas, têm toques e ritmos diferentes. O samba de partido-alto, o samba--canção, o samba enredo, o samba de roda são um bom exemplo: é tudo samba, mas pelo ritmo sabe-se de onde vem cada um.

O povo da Guarda Moçambique, dos que vieram de Angola, usa turbante para frente, gungas – que são aquelas latinhas com sementes para tilintar o som e acompanhar a caixa – no tornozelo e bastão como comando. Já o povo da Guarda de Congo usa espada, porque é um povo guerreiro, um exército de elite para proteger reis, uma esquadra potente. O Congo é um país potente em tudo, em tecnologia, em mineração... Os povos do Congo foram capturados para serem mineiros. Eles já tinham a ideia de como tirar diamantes e ouro da terra porque era o que faziam lá, ainda que com outras características e funções.

Nos cantos antigos, não podemos mudar a pronúncia de "fulô" para "flor", porque muda a rima e muda o que os nossos ancestrais nos ensinaram. Eles não falavam "fulô" porque não sabiam falar "flor", eles sabiam, mas eram bilíngues, por isso a dificuldade em falar certas palavras, que é a mesma dificuldade que um estrangeiro tem em falar a nossa língua. Os nossos opressores achavam que eles não falavam porque eram ignorantes, mas eles sabiam falar sim, só que eram bilíngues. Tinham o idioma deles, chamado de "dialeto" – que não é dialeto, é língua.

O Reinado é uma fé aprendida com os nossos pais, com os nossos *tatas*, nossos antigos, e a gente vê nossos *tatas* pedindo e agradecendo a graça recebida. Sempre chega alguém pedindo ajuda, e ficamos tranquilos porque sabemos que nossa divindade, Nossa Senhora, ou Manganá, vai dar o jeito dela e resolver. É por isso que, quando vai se aproximando a festa, as energias do espaço vão se modificando: elas vão fortificando a gente para dar conta, de dentro para fora, para que a força salutar do nosso *gongá* seja uma força que contorne, vibre e se espalhe em nosso entorno. É uma energia que engloba nossa casa, nossa rua, nosso bairro, nosso Brasil, o mundo todo, o nosso planeta. É uma energia que expande e traz o retorno. A cada vez que essa onda magnífica vai levar energia boa e salutar, vem o retorno, com a mesma energia. Como o balanço do mar que vai e vem, vai bonito e volta maravilhoso.

As cores do povo do Rosário são azul, cor-de-rosa e branco. Existem pessoas que têm uma devoção por outro santo, mesmo sendo de uma Guarda de Nossa Senhora do Rosário. Por exemplo, existe a Guarda de Moçambique São Sebastião do Reino de Nossa Senhora do Rosário, a Guarda de Moçambique São Benedito do Reino de Nossa Senhora do Rosário. Nossa Senhora é quem comanda, mas a Guarda é de São Benedito. A nossa é a Guarda de Moçambique Treze de Maio, em homenagem às almas dos cativos, como diziam os nossos ancestrais, e à sua libertação. A Guarda e o Reino são de Nossa Senhora, são um conjunto só. Cada casa tem a sua cor de devoção, e a nossa cor é o roxo, que simboliza a cor de Angola, da época dos escravizados. Cor de evolução, caminho, purificação.

Aquela pessoa que escuta o nosso barulho da casa dela escuta um barulho de cura. Somos um povo de luz e força e cada vez que saímos às ruas mostramos isso. Nosso cortejo leva saúde e paz. Quem gosta, gosta, e quem não gosta tem que aceitar. O som é um recado tribal. Quando nossa voz deixa de ser ouvida, o tambor segue replicando, zoando e falando. E muito de longe, se alguém quiser replicar aquele barulho, pode replicar, mesmo que não esteja ouvindo o som do nosso canto. Assim, mais longe estarão as terras ouvintes e, se daquelas terras ouvintes os sons forem replicados, muito mais longe irão, até chegar de novo à África.

O som do tambor é a nossa flecha, o nosso bumerangue, o som é o recado de um povo que, embora trazido para tão distante, sabe que louva e que será escutado. E aquele que, de longe, está precisando de força, ao ouvir o nosso barulho já recebe a força, porque se lembra da espiritualidade, da força da Virgem Nossa Senhora do Rosário, do povo do Rosário, do povo do Reinado, do povo negro escravizado. Isso faz tremer o coração de quem pensa o contrário, porque é sobrenatural, ancestral, espetacular. O som orienta, leva o recado que a gente está precisando ouvir. O som é uma carta individual: cada um recebe o seu recado ao sentir a vibração.

É uma forma de afirmação sair à rua e mostrar para a comunidade que a gente existe, resiste, cultua e que continuamos fazendo tudo o que nossos *tatas* faziam, da mesma forma ou de forma um pouco diferente, mas com a mesma abrangência. O culto doméstico atinge o que tem que atingir, mas quando a gente sai da nossa casa e a contorna, a gente vai além, é uma energia de cura que chega muito mais longe, que tem muito mais alcance.

Os ancestrais vêm de qualquer forma, seja em casa ou na rua, eles são convidados a estar presentes o tempo inteiro e eles mesmos já sabem da responsabilidade de vir, confirmar se está tudo bem e restaurar o que não está. Fazer igual a eles, ninguém consegue, mas fazer o nosso melhor, todos conseguimos. Assim é a espiritualidade, a gente não anda sozinho. Eles sabem e a gente sabe, e eles nos apoiam, acompanham, orientam. Enquanto a gente acreditar que estão ali para nos ajudar, eles vão estar ali nos ajudando. Tudo em que a gente acredita existe.

A dos ancestrais é a guarda do astral, como dizia minha mãe – uma guarda celestial reservada para as pessoas do segredo religioso: as pessoas que vão na frente, que chegaram primeiro e estão no céu, na energia do universo. Ela é formada por pessoas que pertenceram ao Rosário e por simpatizantes do Rosário, é uma grande confraria celeste, uma amizade eterna, um compromisso eterno. Eles não são seletivos, têm a energia de mutação humana e de bondade, e quem tem essa energia não dá água só para o neto, dá para o neto do outro também, branco, preto, azul, índio, asiático, quem quer que seja. A energia do nosso povo é energia de compartilhamento. Ela é para doar, multiplicar. A cura é para todo mundo, ela não salta nenhuma casa. Bondade, caridade, esperança e saúde são para todos. Há os que não sabem disso, mas nós sabemos, e temos para nós e para eles.

Nós, do povo banto, somos diferentes da umbanda e do candomblé, que ficam mais no seu terreiro, no seu *conjó*, e quem precisar que chegue até lá. Na nossa nação, somos diferentes: dividir, multiplicar, somar e tornar a multiplicar e a dividir, essa é a nossa energia. Vamos aonde precisam de nós. Às vezes a nossa caminhada é tão longa que faz com que as pessoas que nunca souberam da nossa existência também participem. Elas recebem o chamado quando veem passar este povo alegre, preto, forte, bonito. Por que são assim? Eles não têm nada, não têm dentes na boca e estão rindo de quê? Independentemente da situação, estamos sempre felizes e agradecendo à Nossa Senhora. O povo de Zambi é feliz demais, a felicidade mora dentro da gente, e por isso temos para dividir, temos uma fonte inesgotável. Acreditar em Zambi, que está aí para todo mundo, bantos e não bantos, é semente de gratidão, esperança, saúde, perseverança e fé. Fazemos maravilhas com o que temos!

O que chamo de "parceria" vovó chamava de "parcerada": a parceria são as pessoas que se reúnem em prol do desejo da gente, que estão juntas para realizar nossa promessa. Pessoas humanas e plantas também, pois o nosso entorno é sagrado. Aqui na nossa casa chegam muitas pessoas para ajudar, para serem ajudadas e para nos ajudar a ajudar. Chegam plantas vizinhas também. Como moramos em uma cidade grande, as plantas vão ficando

O REINO NAS RUAS

extintas, difíceis de serem cultivadas. Por isso entendemos que a planta que é sagrada em minha casa é sagrada também na casa do outro. Tenho que ter as plantas plantadas aqui em casa porque, assim, as tenho para mim e também para os meus irmãos.

Nosso cinturão verde de ervas e plantas sagradas está sempre atualizado, à disposição do outro. Quando um fraqueja, o outro tem sempre uma folhinha guardada – para um banho, um chá, uma defumação ou simplesmente um cheiro de ervas para o ambiente... Cultivar as plantas é herança de nosso povo, porque as energias do universo passam pelas plantas, pelos rios, pelo mar, pelo céu, por dentro de nós. As plantas são o nosso alimento, a nossa cura – nossos e do nosso entorno.

A espiritualidade nos trata com muito cuidado, com muito carinho. As coisas vão se apresentando ao longo da nossa caminhada. Acreditamos que a caminhada dos nossos *tatas* não foi em vão, e que a nossa tampouco será. Mamãe pisou as mesmas pedras das ruas de Diamantina que foram pisadas pelo ancestral que passou por ali. Como ela disse, quem sabe não foi ele quem colocou aquelas pedras na rua? Isso aconteceu em 2012, no cortejo das Guardas. Em 2018, eu pisei as pedras do nosso ancestral em Angola. Pisei pedras gravadas com as pisadas ancestrais; pisei aquela pisada de vovó: "Eu pisei a pisada de Nzinga; eu pisei a pisada de vovó!".

É uma pedagogia ancestral: como caminhar, por que caminhar e caminhar prestando atenção não só ao caminho, mas por onde se caminha. Cada um tem a sua dádiva para distribuir, cada um tem o seu dom. Para mamãe, pisar aquela pedra podia lustrar e aguçar o seu dom, mostrar como se faz. De repente, na mesma caminhada que nossos parentes pisaram, que os *tatas* fizeram, podemos reconhecer uma planta, uma flor, uma pedra diferente. Naquela caminhada, algo vai nos trazer de retorno, para além da vida que vivemos no momento, e isso é muito individual. Minha mãe caminhou, também, para venerar e homenagear aqueles *tatas* que construíram a magnífica cidade de Diamantina. Pisar aquela pedra não é nada, imagine os que tiveram que colocar as pedras? Ela estava valorizando os nossos ancestrais, que vieram antes de nós, e o trabalho deles.

O Rosário é simplicidade, fé e saúde, força e união, é comunidade. Quando pensamos dessa forma, podemos fazer comidas simples e mesmo assim vamos estar plenas, vamos ter cumprido nossas promessas com as entidades e conosco. Algumas pessoas na cidade acham, como em muitas cidades do interior, que o Reinado é católico, mas ele não é. O Rosário não pertence à Igreja, Nossa Senhora não é exclusiva de católicos. É uma entidade, uma divindade que é venerada em várias situações e combinações. Às vezes, os políticos ou pessoas que ajudam querem dar um uniforme novo para as guardas e escrevem: *grupo folclórico*. Se não aceitamos, dizem que somos radicais. Isto não é ser radical, é saber o que se é, realmente. Não somos folclore. Somos um grupo religioso, respeitoso com a Virgem Maria, com Manganá. Os reinados se mantiveram tradicionais nas grandes cidades, se comparados a cidades do interior, pela liberdade que tiveram de fazer os seus cultos. O poder público não consegue intervir em cada um dos grupos, porque são muitos. Aqui não tem intervenção do Estado – não precisamos nem queremos. ∎

Nossa ancestralidade vai muito além de nossas mães, nossas avós e bisavós; ela vem também de quem construiu o mundo para que nós pudéssemos estar nele.

Quando falamos da Maré, um dos maiores conjuntos de favelas do Brasil, a primeira coisa que vem à mente é a imagem histórica de palafitas fincadas em uma terra que, na verdade, é água. Em uma época em que o Estado não tinha um planejamento para as periferias e a única política de moradia era a remoção, a Maré se estabelecia fincando suas estruturas sobre as águas: esse é o primeiro marco de existência do lugar onde vivemos e onde criamos o Projeto Entidade Maré. E, assim como esse território, nossa origem começa com o gesto de fincar estruturas no amor, as águas por onde todas precisamos navegar.

Como pessoas negras, faveladas e LGBTQIA+, o que nos uniu foi o amor aos nossos corpos, que não está dado, e que precisa ser reinventado por causa dos múltiplos apagamentos que sempre vivenciamos. Somos um grupo de artistas moradoras desse complexo enorme de dezesseis favelas no Rio de Janeiro, com o interesse comum na memória e na oralidade relacionadas aos corpos LGBTQIA+ e na vontade de pensar um canal de comunicação em que disparássemos narrativas sobre estes corpos, nos apropriando das experiências deles por meio da arte. Desde o início, fomos guiadas pela certeza de que retomar a história desses corpos dentro da Maré é uma declaração de amor às nossas experiências, já que as narrativas daquelas que passaram por aqui antes de nós são também nossas agora.

O que você sabe sobre os LGBTQIA+ da Maré? – era a pergunta que fazíamos em nossas investigações diante da falta de dados e documentos sobre a trajetória dessa comunidade dentro da comunidade. O último Censo realizado na Maré aconteceu em 2019, a partir de uma ação de organizações não governamentais do próprio território. E dentro das informações levantadas – num trabalho que, diga-se, deveria ter sido conduzido pelo poder público – não existia nada sobre a população LGBTQIA+, o que diz muito sobre como a narrativa na Maré ainda segue uma dinâmica heterossexual, heteronormativa e ciscolonial, em que as histórias LGBTQIA+, principalmente negras, não aparecem.

AMAR NA MARÉ

A ideia de que o homem heterossexual é o centro de tudo simplesmente não nos cabe. Ela foi normalizada com tanta naturalidade que às vezes esquecemos que ela nos foi imposta junto com a colonização, que sempre ditou os parâmetros da civilidade, fundados no binarismo entre homem e mulher. Nós, pessoas gays, lésbicas, travestis e transexuais não fazemos parte dessa narrativa colonial e excludente que justifica a diferenciação entre eles (os colonizadores, homens, cis, hétero) e todos os múltiplos outros. Preferimos escavar a nossa memória e tocar nos aspectos cosmopoéticos que se atrelam às dinâmicas das culturas africanas e indígenas, que são nossa verdadeira origem. Como é possível que ainda estejamos discutindo gênero no Brasil, se algumas comunidades indígenas, que já viviam aqui antes dessa porra toda chegar, tinham mais de dezesseis gêneros? Quem é que está atrasado?

De dentro da favela, nós somos um contraponto a essa narrativa, com uma dupla dificuldade: somos LGBTQIA+, mas também somos periféricas e por isso vivenciamos com ainda mais força as experimentações de extermínio e epistemicídio. Tudo o que é produzido aqui em termos de cultura é duplamente folclorizado ou marginalizado e esquecido pela história oficial. Apesar de encontrarmos vários registros da história dos movimentos LGBTQIA+ do Rio de Janeiro, não há nada escrito sobre as manifestações culturais que aconteceram dentro da Maré. Vivemos cotidianamente um abismo de gênero reforçado por um abismo territorial, sistemático e histórico – contra os quais sentimos a necessidade de lutar.

Depois que começamos a ir em busca de histórias e dados sobre a comunidade LGBTQIA+ da Maré e suas práticas culturais, não demorou muito para o Projeto Entidade Maré ganhar corpo naturalmente, talvez pelo fato de nos vermos como Exus urbanos – e Exu abre caminho! Fomos atrás de pessoas LGBTQIA+ famosas na comunidade e, de repente, até nossas famílias viraram pesquisadoras. Uma ia ligando para a outra, achando o contato de uma amiga que conhecia alguém, e as pontes foram sendo tecidas nesse invisível. As pessoas começaram a mandar áudios, enviar vídeos, compartilhar CDs com fotos incríveis: a necessidade de uma criação historiográfica coletiva sobre essa parte da população da Maré, que nunca está contemplada dentro dos recortes oficiais, vai fazendo a comunidade se tornar parceira no resgate de uma narrativa – que, apesar da invisibilidade, está aqui, viva, sendo tecida dia após dia neste território.

Logo nas primeiras conversas com a Soraia, uma travesti que é nossa vizinha, percebemos a importância de retomar as histórias da Noite das Estrelas, uma série de shows que aconteciam na Maré nos anos 1980 e 1990, protagonizados por uma mistura de mulheres transexuais e heterossexuais, travestis, homens cis gays e mulheres lésbicas. Antes de se tornarem emblemáticas e lotarem as ruas da Maré, essas performances aconteciam no convívio das lajes, das festas em casa, nas reuniões de pessoas LGBTQIA+ que se encontravam para se divertir. Elas, porém, logo extrapolaram o espaço doméstico e se tornaram espetáculos para toda a favela, nos quais as gatas montavam um palco em cima de mesas e caixotes e faziam seus shows de dublagem, com peruca e figurino completo.

Os shows começam a se tornar públicos durante as festas juninas da Nova Holanda e da Rubens Vaz, organizadas pelo Ney, um morador que queria agradar suas amigas travestis como agradecimento por elas sempre ajudarem a costurar as roupas de quadrilha. Essas apresentações vão se expandindo pelo território até que o Menga, uma bixa da Maré, as oficializa, criando a Noite das Estrelas. À medida que o jogo vai se ampliando e ficando sério, o próprio tráfico começa a convidá-las para fazer shows nas ruas, que, inclusive, vão movimentar fortemente o comércio local. O evento ficou tão conhecido que o primeiro baile funk da Maré, com a famosa Furacão 2000, foi trazido pela Noite das Estrelas. Os shows aconteciam em todos os lugares: durante

AMAR NA MARÉ

as festas juninas, junto ao carnaval, depois dos campeonatos de futebol e dentro das escolas (com as travestis de peito de fora e as crianças vendo, sem que aquilo causasse um apavoramento). Havia um sentimento de comunidade muito forte, porque os shows não se fechavam nas pessoas LGBTQIA+, conectando também a vizinhança. Nossas avós, mães, nossos tios, primos, todo mundo conhecia e frequentava.

Por agregar muita gente da favela, a Noite das Estrelas era uma verdadeira potência transdisciplinar de cultura, que atravessava múltiplos espaços e experiências, envolvendo charme, escola de samba, candomblé, axé, regionalidade nordestina e festa junina. Era uma forma de esses corpos excluídos construírem uma representatividade através da performance e da arte, que ainda pulsa pelas ruas da Maré e vive na memória de suas moradoras e seus moradores. Por que então essa cultura não está escrita e não é vista, mesmo sendo tão forte e importante para tanta gente?

Para nós, existir é ser revolucionário. A existência de um corpo negro LGBTQIA+ em um território como a Maré não é simplória, é revolucionária. Quando a pensadora negra Beatriz Nascimento traça a experiência dos nossos corpos em relação ao Atlântico em seus trabalhos, ela chama a atenção para a fuga, que é o primeiro movimento do corpo que não quer ser dominado. Na fuga estão o desconhecido, a violência da possibilidade de ser pego, mas também a subjetividade de alguém que não quer deixar de sonhar. Isso também faz parte da nossa experiência coletiva: existir dentro da Maré é resistir em comunidade, é ser muito amiga e partilhar uma coletividade que é anterior a nós, que está na memória das nossas mães, das nossas famílias e das pessoas que manifestavam sua arte LGBTQIA+ nas ruas da favela.

Existir na Maré é viver brigando com o boy que nos chama de viado quando passamos, é resistir ao planejamento de extermínio e exotização das nossas experiências. É também reelaborar as relações de viver quando saímos da favela, porque existem muitas esferas de segurança que a Maré nos dá e que não existem fora daqui. Apesar de toda a construção cotidiana da Maré como um espaço de violência, nós não vivemos essa violência diariamente. Aqui ninguém vai roubar nosso carro ou nossa casa. Hoje, por conta do momento político, vivemos mudanças que interferem no nosso cotidiano – as estratégias de segurança pública mudam, inclusive, a interação entre o tráfico e os moradores. Não estamos, contudo, respondendo a essa estratégia de extermínio cotidiano, estamos vivendo. Naturalmente a elaboração de viver está em nossos corpos.

A gente tem amigos, a gente come, a gente sangra, a gente goza e a gente adora gozar. Talvez seja isso que nos diferencie das outras pessoas. As negras LGBTQIA+ não têm vergonha de dizer que adoram gozar. O binarismo entre homem e mulher nos impõe um modelo muito sem graça de viver as relações afetivas e sexuais. Coitadinhas das pessoas que vivem dessa forma, deve ser muito solitário e frustrante, porque tudo tem que dar certo o tempo todo. Na nossa experiência, podemos errar, porque não temos um modelo: o modelo somos nós que estamos criando. Como diria a escritora Audre Lorde, nesse lugar de ser o outro, nós podemos ser um monte de coisas que não cabem na norma. Nós vivemos muita coisa que não cabe nem dentro nem fora da Maré.

Se existe uma dificuldade de aceitação da vivência de outros corpos, ela se deve também à inexistência de dados sobre essas populações. A filósofa Sueli Carneiro colocou, em 1987, que a população negra não era incluída nos dados do IBGE, que era quase impossível entender como ela se sentia, o que ela fazia, com o que ela trabalhava – e nós vivemos isso até hoje. O Brasil ainda é o país que mais mata pessoas LGBTQIA+ e é o país que mais mata a população negra. Nós somos justamente esses corpos! As populações pretas estão encarceradas ou nas periferias. Nós estamos na periferia, em uma área que poderia, que deveria ser considerada como centro. O que a Maré gera de renda para o Rio de Janeiro é,

AMAR NA MARÉ

às vezes, o triplo do que algumas cidades do estado geram. Isso é um planejamento de extermínio muito difícil de elaborar, e é por isso que o foco do Projeto Entidade Maré é apresentar uma escrita territorial LGBTQIA+ da Maré através dos cruzamentos entre grafias orais, culturais, performáticas e socioeconômicas dessa população, da qual fazemos parte.

Quando retomamos a história de manifestações culturais como a Noite das Estrelas na década de 1980 e de suas protagonistas, de alguma forma estamos acionando um dispositivo de ancestralidade para corpos LGBTQIA+ negros e favelados que é ainda mais difícil de acessar que a ancestralidade negra heterossexual. E por estarmos dentro da Maré e sermos esses corpos, essa retomada histórica não incorpora um distanciamento tão presente dentro das pesquisas antropológicas e sociológicas que costumam realizar sobre nós. Estamos falando de uma pesquisa que se investiga no coletivo.

Essa história e essa trajetória são nossas, e ainda que estejamos escrevendo sobre elas, elas foram escritas antes de nós. Somos apenas um canal de reconhecimento dessa narrativa que se coletiviza e se aprofunda à medida que tecemos redes de afeto dentro da comunidade. É lindo poder, por exemplo, sentir que fazemos parte da mesma trajetória traçada pela Gilmara, que é uma travesti que ganhou uma medalha de honraria do Rio de Janeiro pelo trabalho dela. Foi ela quem criou o Conexão G de Cidadania LGBTQIA+ de Favelas, a única instituição em espaços de favela que busca políticas públicas de acesso à cidadania e discute os direitos desta população.

O Conexão G surgiu em 2006 e hoje tem uma importância grande para a Maré, porque consegue construir um lugar de acesso a alguns direitos básicos que acabam sendo negados à população LGBTQIA+ nas favelas. Ali, o pessoal oferece cursos profissionalizantes e serviços gratuitos de assistência jurídica, social e psicológica. Como a Gilmara sempre diz, enquanto a população LGBTQIA+ de fora está lutando pelo direito ao casamento, esta mesma população, aqui dentro da Maré, está lutando pelo direito à vida – e sem um órgão público que de fato vá atender às suas necessidades mais básicas.

Estamos falando de um território enorme com barreiras invisíveis impostas pelo tráfico, pela falta de políticas públicas e por essa estrutura opressora que quer nos matar – mas continuamos resistindo. A Maré é um dos poucos territórios do Rio de Janeiro que têm duas paradas LGBTQIA+. Temos o Conexão G, grupos de teatro operando plenamente, as *balls* – que são competições de performance – e várias outras experiências artísticas. Hoje temos duas casas que acolhem esta população e que estão movimentando cultura: a gente se conhece, a gente se vê. Podemos dizer que conhecemos mais de cem artistas LGBTQIA+ negros e negras aqui na Maré. Convivemos o tempo todo, nós existimos nas experiências delas, e elas existem nas nossas experiências.

Quando o Deley, que era pai de santo, fazia shows nos anos 1980, ele organizava um desfile na rua dele, saindo com as fantasias de carnaval. Ele era destaque de carnaval, então não era qualquer fantasia! A rua inteira participava desse evento, que na verdade era só uma bixa saindo de casa toda fantasiada. E é bonito ver como essas pessoas – como o Deley, a Gilmara, a Pantera, a Madame, a Mila, a Dominique e tantas outras –, que estavam aqui, vivendo esse momento específico da história, se conectam com a gente, com esse grupo que, décadas depois, está pensando, trazendo e revivendo essas narrativas.

A luta dessas gatas e o legado que elas construíram é só um caminho, entre tantos outros, que aponta para uma história que precisa ser contada coletivamente. Suas trajetórias nos fazem reconhecer que de um corpo LGBTQIA+ na Maré explodem narrativas que a história oficial não domina, e que ampliar cada vez mais a rede destas narrativas é uma forma de acabar com a pasteurização da nossa vivência. Traçar um caminho por onde essas pessoas passaram – e por onde agora nós passamos, vivendo de um jeito diferente –, é pegar essa história pelo laço e não deixá--la morrer. É contá-la de novo, pela costura de narrativas que já estavam sendo criadas e faladas há muito tempo.

uando alguém como a Gilmara – e tantas outras monas que fizeram história na Maré – ganha uma medalha de honraria do Rio de Janeiro, isso nos atravessa de uma forma que nem conseguimos traduzir. É muito potente, principalmente por se tratar de corpos para os quais está desenhado um projeto de vida que na verdade é a morte. A gente olha para todos os lados e é a morte que está desenhada sobre nós, e é por isso que reconhecer o trabalho dessas pessoas é também uma estratégia política de vida, de como vamos sobreviver, de como vamos existir no futuro.

A artista Jota Mombaça diz uma coisa muito linda, que sempre repetimos: o Brasil é o país que mais mata pessoas LGBTQIA+ mas, apesar dessa insistência em nos matar, há algo em nós que não morre. Isto nós sentimos todos os dias: eles não conseguem nos matar, há sempre algo em nós que fica, quer eles queiram ou não. Parece que tudo o que as monas da Maré viveram antigamente nós também vivemos hoje: os medos, as conquistas, as reivindicações, até o modo de fazer cultura. A Noite das Estrelas começou a partir das festas das bixas na laje, que é algo que nós fazemos até hoje! Estamos nos apropriando do que a pesquisadora Leda Martins chama de oralitura, que é a performance que está no corpo, uma escrita territorial da Maré feita por corpos LGBTQIA+, que é ancestral e está muito além da nossa compreensão. Nossos corpos falam mais do que nós imaginamos, do que nós podemos dominar, porque eles foram elaborados antes. Eles fazem parte da comunidade dos sonhos de quem foi escravizado, de quem foi agredido e morto por assumir sua existência.

A história oficial do movimento LGBTQIA+ no mundo se inicia na década de 1950, e em 1980, em uma das favelas da Maré, temos movimentos como a Noite das Estrelas trazendo a potência do corpo LGBTQIA+ para o espaço público. As ruas estavam sendo ocupadas e pleiteadas por esses corpos, sem que eles fossem rechaçados. Pelo contrário, esses corpos eram ovacionados! As pessoas que estavam naqueles palcos montados por elas mesmas estavam sendo ovacionadas por crianças, idosos, jovens, homens, mulheres, traficantes e comerciantes. É muito intenso saber que movimentos como esse existiram e podem ainda ser acessados pelas figuras vivas da nossa comunidade. E também pelas figuras que, infelizmente, fizeram a passagem, mas que estão aqui, do nosso lado, nos guiando. Isso é ancestralidade na veia!

Nossa ancestralidade não passa só por pessoas negras que foram escravizadas. Ela passa pelas pessoas LGBTQIA+ que viveram antes de nós. Nós só podemos estar aqui hoje porque elas viveram e resistiram a inúmeras situações de violência. Nossa ancestralidade vai muito além de nossas mães, nossas avós e bisavós; ela vem também de quem construiu o mundo para que nós pudéssemos estar nele. Todas essas figuras gays, transexuais, travestis e lésbicas que desfilavam e arrasavam pelas ruas da Maré são nossas ancestrais. Elas podem não ter nenhuma relação carnal ou sanguínea conosco, mas fazem parte de uma aliança construída através do amor a nossos corpos. Graças a elas, nós podemos hoje dizer abertamente que somos negras, faveladas, macumbeiras, sapatonas, gays, travestis... e está tudo bem! Nós somos esses corpos e ninguém vai nos tirar isso, porque ninguém nos tira o que somos. Essas pessoas existiram antes de nós, amaram antes de nós, lutaram antes de nós e traçaram caminhos para que possamos continuar seguindo. Há muito poder na nossa história – um poder que temos o dever de mediar, articular, agregar, expandir e, obviamente, reivindicar. ■

AMAR NA MARÉ

CASTIEL VITORINO BRASILEIRO

Hoje sou benzedeira porque virei travesti, e antes fui sodomita porque sabia prever o futuro. Transmutei de flor para terra e dobrei o Tempo colonial que nunca me fez sua. Meu pensamento é uma dobra contraditória que afirma: travestilidade é transmutação.

ANCES
TRALIDADE
SODOMITA
ESPIRITUA
LIDADE
TRAVEST

"**P**ara uma pessoa se dizer: 'eu sou uma travesti', ela tem que tá muito bem da cabeça." Durante um encontro com minhas irmãs Rainha Favelada, Jade Maria Zimbra e Wiliane Jacob, Rainha disse que ouviu essa frase de Bianca Kalutor. Assim como Rainha, não faço uma transcrição exata do pensamento de Bianca, mas dou continuidade ao pensamento por meio de uma atualização poética.

Transição Travesti

Se em outra vida fui escravizada, também fui livre e fui esperta. Porque voltei, deixei de ser Gabriel e virei Castiel. Castiel é meu nome de guerra e de liberdade. Sou agora uma travesti. E neste Mundo, o Ocidente Brasileiro, travesti é o nome que se dá às pessoas que conseguem transmutar; mas essa linguagem diz de algumas, e não de todas as experiências de modificação, porque a palavra é sempre um limite. Um limite que o próprio conteúdo – a vida – dissolve.

Aqui, na Modernidade Brasileira, nomeiam-se algumas transmutações de travestilidade, e também dizemos que estamos transicionando. A transição é a passagem de um lugar para outro, e estas ações de *desfilar, andar, passarelar*, quando assistidas através de lentes coloniais, são pensadas e sentidas no limite da linguagem e das palavras portuguesas.

Como se chamam esses lugares por onde nós, travestis, transicionamos na colonialidade? Pergunto não sobre os territórios que devem permanecer inomináveis, mas sobre os espaços de prisão – identitários e geográficos – criados pelos conhecimentos modernos.

Minha questão espiralada é: como eu transiciono para fora da colonialidade?

Redizendo: não farei o caminho de deixar de ser homem negro para ser mulher negra, pois este trajeto apresenta-se a mim como um labirinto colonial. Ou passarei pelo labirinto feito uma travesti, ou farei do labirinto a minha travestilidade. Ou farei de minha travestilidade outro labirinto.

Ou farei do meu local de trava uma encruza. E a encruza não é um labirinto, mas um espaço espiralado que se infinita para todas as direções – encruzilhadas – feito o ar.

E se sou uma travesti regida pelo poder de Gêmeos, então tenho aprendido a perambular com rapidez e inteligência por esses locais de fala que só me engasgam e enforcam.

Bem, a Transição Travesti é de um lugar para qual lugar?

Dito isso, preciso também assumir que não me interessa tanto saber o que é Travesti, mas como nós, Travestis, despensamos (deixamos de pensar) o Mundo Moderno para conseguirmos ser travestis. Para isso abandono qualquer análise antropológica fetichista e psicológica edipiana, para dizer que não há, *a priori*, um conteúdo ou uma forma essencial ou *fundamental* para que a Transmutação Travesti aconteça. Cada trava rejeita ou namora o hormônio que a faz ser nada daquilo que a cisgeneridade racista pensa sobre si e sobre nós.

Meu pensamento é uma dobra contraditória que afirma: travestilidade é transmutação. No início e no fim, me interessa a transmutação e não a transição.

Transmutação Travesti

Fui a uma reunião de travestis da década de 1980 em Vitória, no Espírito Santo. Naquele dia, me esforcei muito para ficar feminina, mas, chegando lá, me senti apenas um viado de vestido. Um mês se passou, a transmutação continuou, e encontrei uma bixa-travesti de cinquenta anos que, no meio da rua, me disse, gargalhando: "Nossa! O que aconteceu com você, viado? Virou mulher? Tá linda! Eu também já virei travesti, tá?! Mas enjoei e voltei a ser viado".

Em 2019, num churrasco de minha família, estava usando longos cabelos orgânicos. Maria, uma antiga vizinha, me disse que, quando me viu, olhou assim e falou: "Que desgraça de mulher é essa?". Ela me reconheceu não me reconhecendo. Gargalhamos bastante.

"Travesti é peito e quadril", dizia minha amiga travesti bibliotecária Marcela Aguiar, desde quando eu era apenas uma bixinha preta com medo de virar travesti.

O limite é o Mundo (moderno), e interagimos com este Mundo (e com qualquer outro) porque ele interage conosco em intensidades que aproximam nossas existências uma das outras, numa relação de fazer desaparecer (findar-se) ou possibilitar transmutar, modificar.

É que estamos no Mundo porque o Mundo está em nós. Somos travestis porque ainda estamos aqui. E, se um dia eu transicionar, espero chegar a esse outro lugar que estou construindo enquanto me transmuto. Um lugar escuro, opaco para a branquitude.

Um lugar ou um Mundo onde eu consiga ouvir, com menos ruído, o que a mata e o mar têm dito sobre minha transmutação. Tenho experimentado hormônios, e também cristais, como turmalina e cianita. Já passei um tempo andando com turmalina negra no pescoço, enquanto começava a entender o efeito energético que os cristais criam em meu corpo físico.

Compreendi que a garganta não é o melhor lugar para massagear com a turmalina. Enquanto a usava, fiquei equilibrada na raiva e na impaciência. Não há problema na raiva, pelo contrário, nós, travestis negras, precisamos aprender a fazer uso das nossas raivas e, quando entendi isto, comecei a estudar melhor meus *chakras* básicos. Lembrei que energia sexual é energia de criação, por isso não uso bloqueador de testosterona.

Estou tentando corporificar a frequência vegetal e mineral. Isso me causa tonteiras que me lembram os efeitos do Diane35 em meu corpo físico. Eu tomei esse remédio por cinco vezes, e em todas elas meu joelho doeu; então parei, porque meu avô, Benedito Brasileiro, perdeu uma perna por causa da trombose. Logo, eu também tenho propensão a ter trombose.

Mas meu avô ganhou uma neta, que sou eu, porque me disse para tomar cuidado com Exu e me deu coragem para continuar tomando banhos que me ajudam a viver na encruza. Os primeiros banhos que tomei me davam tonteira, mas hoje meu corpo já consegue digerir as fitoenergéticas que me curam das disforias e me preparam para continuar destruindo e fugindo dos cativeiros cognitivos e emocionais.

Enquanto crio minha ancestralidade travesti, lembro que entre nosso cu e o pau há uma concentração energética relacionada à fuga para sobrevivência. Nosso cu também integra as áreas físicas desse *chakra* base. Às vezes estimulo meu cu com um cristal SuperSeven, para aterrissar nas demandas carnais e me alimentar de coragem para enraizar em outros solos deste planeta e em outras relações dos mundos em que perambulamos. Minha diáspora negra travesti.

Aterrissar em mundos, compreender seus cativeiros. Enraizar na ancestralidade sodomita, no plano superior divinamente profano, no sagrado feminino de merda. No Tempo que não será esquecido! No corpo que será lembrado na transmutação.

Então digo: não faça chuca. Enfie um cristal no cu! Porque a chuca é uma desgraça colonial. Limpeza anal não é chuca. Chuca é uma orientação colonial na anatomia, na fisiologia, no gesto, no desejo, na emoção e no pensamento. Não faça chuca, enfie um cristal no cu. Limpeza energética. Limpeza com água benzida. Limpeza com quartzo ou turmalina. Banhos de assento. Chuca não é limpeza. Cuide do seu cu, sem ele não há sobrevivência. E nele há cura.

Estou modificando meu corpo numa negociação com a indústria farmacêutica e com os terreiros de macumba. Enfio cristais em meu cu e passo gel em minha virilha. Modificar meu corpo é transmutar para outro Mundo. "Travesti" talvez seja um nome – perecível – interessante para se dar a esse Novo ou Outro Mundo que temos construído enquanto transmutamos...

Ancestralidade sodomita

"Não existe tradição", respondeu Ayrson Heráclito quando perguntei se existia travesti benzedeira. Então, quero viver até o fim desta encarnação modificando meu corpo para experimentar esse pensamento de outras maneiras. E hoje entendo: tradição não existe porque, na passagem do conhecimento a outros corpos, o que acontece com o conteúdo é sempre uma modificação, sutil ou radical. Se existe algo que permanece na tradição é sua condição mutante.

Para nós, travestis brasileiras, falta uma linguagem codificada o bastante para que os brasileiros não nos entendam, e por isso talvez o pajubá já não nos sirva mais. Pois essa língua em que aqui escrevo é limitada para dizer sobre nossas transmutações.

Como Xica Manicongo nomeava e era nomeada por suas amigas travestis de Congo no século XVI?

Sou retinta e, quando me tornei negra, transmutei e virei apenas retinta novamente. Mas não deixei de ser negra, porque ainda vivo neste mundo. E se também habito outros mundos, então lá sou como orixás: retintos, sem raça. E orixás precisaram se adaptar a um corpo com cor diferente do deles: o branco. Tenho tentado aprender com essas negociações...

Tibira também não era indígena, nem gay, nem travesti, nem Tibira. Mas foi racializada com as leis da sexualidade criadas pela religião cristã católica apostólica romana; às quais desobedeceu; tornou-se sodomita. Essa pessoa era Tupinambá. Mas então, na tradução colonial de sua existência, Tibira também virou *berdache*.

A transmutação desse corpo foi traduzida para a linguagem colonial, e neste mundo tornou-se uma peste. Mas se eu incorporar o espírito de Tibira, vou assistir ao meu corpo se tornando um quilombo e ouvirei minha boca dizendo, em Tupinambá, sobre a experiência de transmutar no século XVI e num tempo ameríndio que não sei contar. Eu me interesso em ouvir Tibira para saber sobre sua experiência de fundir no corpo as contradições modernas. Contudo, o que se funde não são contradições, mas uma relação com a vida que, na tradução colonial, torna-se contraditória.

Xica Manicongo é a primeira referência de sacerdote Quimbanda no Brasil. Ela fez feitiço angolano e amaldiçoou esta terra com sua esperteza. A macumba se cumpriu, e agora, quatrocentos anos depois, Francisco é batizada pelas travestis brasileiras do século XXI e recebe seu nome de guerra: Xica Manicongo. Ela foi condenada, como fizeram com algumas Pombas-Gira, a ser queimada viva em praça pública. E num ato de esperteza exusiática, decidiu se vestir de homem para não ser assassinada.

Eu já fiz o mesmo, me vesti de mulher, e a ilusão se fez real, pois construímos juntas um gênero para colonizador ver. E o mistério que eu vi, enxerguei com olhos etéricos formados por músculos e ametistas.

Incorporei para conseguir lembrar aquilo que esqueci

E agora cansei de fechar os olhos para enxergar, vou abri-los para conseguir jogar búzios com unhas postiças, e perguntarei algumas coisas à Tibira e à Xica. Vou perguntar sobre o Tempo e sobre orgasmos. Eu me interesso em saber sobre peitos e fé. Como foi e o que ainda pode ser?

Tenho medo de perguntar, mas, se é necessário, então terei coragem e pedirei: me diga como vocês se sentiram quando as desgraças chegaram de navio? Digo, seus corpos: o que sentiram quando, na linha cinza do horizonte, apareceram a novidade e a dúvida?

Tibira, a chegada dos portugueses foi uma novidade para seu povo Tupinambá? Porque hoje, daqui de onde estou na História, posso dizer que nada é novidade. Nada aqui tem de novo. Não me surpreendo com a chegada de outras embarcações, essa merda de Queer, por exemplo. Nesta terra há tanta desgraça que, em algum ponto deste país imperialista, você já deve estar sendo chamada de Queer ou não binária. Gata, não há nada de novo na colonização. As embarcações Queer chegaram aqui e mortificam tanto quanto a merda da inquisição que te explodiu num canhão.

Hoje vivemos as inquisições Queer, inquisições neopentecostais, inquisições...

Não tenho me surpreendido com a colonialidade que vivo.

Neste mundo, o que tenho sentido muito é vontade de fim, de morte. Quero morrer e quero que esta desgraça de mundo desapareça. Quero a morte do meu Mundo, e não do planeta. Você me ensinou que a Lua é um pedaço da Terra que foi arrancado na colisão com outro planeta, lembra?

Às vezes desejo que as colisões que o meu Mundo tem com este Mundo em que vivo me arremessem para perto da Lua. Eu sou Lua e Terra. E sou também esse planeta que colide, se modifica e depois desaparece.

Às vezes quero desaparecer, mas sou macumbeira e na macumba não existe isto. Nada desaparece, o que acontece é a modificação. Energias não se findam, elas se modificam. Por isso, Xica e Tibira, hoje, amanhã e ontem, estou aqui pedindo para vocês me ajudarem a fugir ou a me camuflar.

Agora, quando eu abro esse jogo e pergunto a Xica Manicongo, vejo uma trava pretona. Bem preta, retinta. A primeira imagem é essa porque Xica sou eu. Eu sou Xica Manicongo. Este ano eu virei condessa da Corte Bantu do Espírito Santo. A primeira travesti, mas não a primeira corte. Xica, você foi a primeira de quê? Em que eu e você fomos a primeira? E quando foi nosso primeiro encontro?

Xica, eu quero te perguntar sobre os quilombos. Como continuar construindo quilombos no século XXI? Pois sei que não existe quilombo Angolano ou do Congo sem povo Tupinambá, e também sei que alianças afro-indígenas só existem na perspectiva colonial. Tenho tido raiva dessas nomeações universalistas! "Afro", de que povo você fala? "Indígena", de quais?

ANCESTRALIDADE SODOMITA, ESPIRITUALIDADE TRAVESTI

Sempre nos nominaram da forma que quiseram, por isso desejo a explosão dessa soberania de linguagem! Quais são nossos reais nomes?! Ajude-me a lembrá-los! Prepara meu corpo para aguentar o peso da rememoração daquilo que tentam me fazer esquecer. Pois não é possível a existência de um quilombo sem sua sagacidade de Xica Manicongo. E Xica foi Xica porque foi quilombo.

Estou entendendo que, diante da ameaça, se constrói uma sobrevivência. Isso foi o cacique Babau Tupinambá quem me disse. Então tomei coragem e abri esse jogo para continuar lembrando como fazer mandinga de travesti e feitiço de bixa.

Morrer me parece necessário

"Estou diminuindo mesmo. Só volto a crescer quando eu morrer", responde minha avó, Julite Loureiro Brasileiro, com 65 anos, quando implico com ela dizendo que está diminuindo de tamanho.

A dor da morte é azul e a vida parece vermelha. Eu sou uma trava negra, mas quero ser roxa. Misturar morrer e viver, que é a transmutação. Transmutar é a conversão de um elemento químico em outro. E, na Umbanda, aprendi com caboclos e sereias sobre seus corpos híbridos de mar, terra e ar.

Também estou trabalhando nas encruzas para continuar me transmutando, por isso torno-me contraditória na colonialidade. Sempre peço calma a Oxalá e inteligência aos marujos para viver a travestilidade sem ser refém dessa identidade. Eles me ensinam que devo preparar meu corpo. Ficar de preceito na macumba é foda, mas aprendo pra caralho. Então, o que tenho feito é viver no tempo do meu corpo transmutado, e às vezes no tempo identitário quando preciso ganhar dinheiro para fazer mistérios de *aqué*. Transmutar é isto: negociações entre morte e vida.

▶ e vez em quando ouço, em meu terreiro de macumba, este ponto exusiático: "Quem disse que o Diabo é feio, bonito que ele não é! Ele tem cara de homem e cinturinha de mulher".

Transicionei quando subi e desci a Fonte Grande. Transmutei de flor para terra quando mergulhei nas luas e aceitei: hoje sou benzedeira porque virei travesti, e antes fui sodomita porque sabia prever o futuro. Virei travesti quando acessei minha ancestralidade sodomita, e dobrei o Tempo colonial que nunca me fez sua.

Travesti não se traduz e travesti já é uma tradução. Travestilidade e espiritualidade são traduções coloniais de nossas transmutações. Como, com nosso alfabeto, conseguimos construir linguagens de fuga? Como fazer da nossa língua um órgão de insurreições?

Sou macumbeira porque sou negra. E perambulo na luz negra porque sou travesti.

Escrevo em português para dizer que macumba está no meu sangue, e se no meu sangue há mar é porque sou rio que afunda e chorou de alegria quando eu morri. Para a alquimia, transmutação é a conversão de um elemento químico em outro. Somos alquimistas porque de corpo-flor transicionamos para ametista, e na tradução colonial viramos apenas travestis.

A macumbaria é uma encruzilhada feita com Química, Física, Biologia, Medicina, Semiótica, Arte, Astrologia, Filosofia, Metalurgia, Geologia e Matemática. E a minha transmutação foi quando derreti no encontro de fogos, e neste fogaréu beijei minha pomba-gira e lhe disse: muitas *gracias*, lembrei que também sou éter, virei trava.

Foi incorporando que vivi o Tempo Espiralado e deixei minha matéria ser dilacerada pela rapidez de Gêmeos e pela ventania de Oyá. Eu morri, mas ainda não fiz o que devo fazer. Porque eu mergulhei bem fundo e gozei tendo medo. Eu não aguento mais esta década.

Em minha garganta tem um choro preso num corpo que não é mais meu. Esta noite vou girar até morrer. Morrerei me lembrando de tudo, e voltarei para buscar os instantes que não vivi por ter medo de amar. Te amo, meu preto. Te amo, vida. Amo a vida, porque não desisti de construir um corpo capaz de viver na imprevisibilidade. ■

GLICÉRIA TUPINAMBÁ

Nas formas de governo tupinambá, as mulheres são figuras fortes. Suas presenças foram registradas em pinturas e gravuras europeias, mas elas não foram respeitadas nem estudadas. Devemos mostrá-las, pois precisamos sair da moldura em que o mundo colonial nos colocou, na qual não nos encaixamos.

O TERRITÓRIO SONHA

Moema foi eternizada como a mulher que correu para dentro do mar e acabou morrendo afogada por causa de um homem, Caramuru. A literatura conta que ele foi embora, atravessando o oceano, e Moema tentou ir ao seu encontro nadando em direção à sua embarcação, mas eu não acredito nisso. Ela morre afogada por amor e fim da história? Eu duvido disso! Parece que ela nunca teve família, que não teve filhos... Ela foi colocada no lugar de figura secundária.

Madalena Caramuru, filha de Moema Paraguaçu e Diogo Álvares Correia, o Caramuru, aparece depois reivindicando o direito dos indígenas à educação, a aprender a ler e a escrever. Ela foi alfabetizada pelo marido português, ainda no século XVI. Temos representações femininas ainda naquela época, mas pouca gente conhece. Não se fala da luta de Madalena pela educação indígena, mesmo que os indígenas estivessem na condição de escravizados. Havia mulheres com espaços demarcados, mas que foram invisibilizadas.

Catarina Paraguaçu foi a esposa tupinambá de Caramuru. Ela ocupa um lugar importante na Corte da Rainha. Apesar disso, ela não é vista. Esse lugar permanece secundário porque as pessoas se deslumbram com Caramuru, e isso tira a atenção que deveria ser dada a ela. O que marca Catarina Paraguaçu são seus sonhos. Ela sonha muito, e não são simplesmente sonhos vazios. Ela sonha com uma imagem e coloca as pessoas para buscarem aquela imagem até achá-la. Quando encontram, ela manda construir uma igreja. Ela é guiada pelos sonhos, e uma pessoa que é guiada pelos sonhos não é qualquer pessoa. Por mais que tivesse optado por uma religião, que tivesse sido convertida ao catolicismo, ela tinha o lugar do sonho. As pessoas na aldeia tupinambá sonham até hoje para garantir o território.

A invisibilidade de Moema, Catarina, Madalena e tantas outras tirou o brilho das duas formas de governo que sempre tivemos entre nós, Tupinambá: o autogoverno e o alto governo. A história ainda não abordou de maneira apropriada estas duas formas de governo, fundamentais na negociação territorial. O autogoverno tupinambá é nossa maneira de vivermos entre nós; o alto governo diz respeito às negociações que estabelecemos com os outros. Em ambas as formas de governo, as mulheres são figuras fortes que não foram levadas em conta. Suas presenças foram frequentemente registradas em pinturas e gravuras europeias, mas elas não foram respeitadas nem estudadas – e isso diz respeito não só às mulheres Tupinambá, mas também às mulheres dos demais povos indígenas. Devemos mostrá-las, pois precisamos sair da moldura em que o mundo colonial nos colocou, na qual não nos encaixamos.

Nas narrativas do padre João de Azpilcueta Navarro, do século XVI, encontramos na *okara* – o espaço central da aldeia, onde se realizam as assembleias e onde as decisões são tomadas – a disposição do autogoverno por meio da presença dos mantos tupinambás. Temos ali três Pajés, quatro Caciques e seis ou sete Mulheres. Questões como a expansão territorial, a guerra, a alimentação e o plantio eram estabelecidas na *okara*, onde havia grande representatividade feminina, invisibilizada no entanto pela óptica do viajante estrangeiro. O olhar do padre, deslumbrado por outros detalhes, acabou não vendo o todo que ali acontecia, e ele leu e reproduziu a narrativa em que acabavam por prevalecer os homens nos lugares de poder e tomada de decisão.

Em *Colóquio da entrada ou chegada na terra do Brasil, entre as pessoas do país chamadas Tupinambá e Tupiniquins em língua selvagem e Francês*, escrito por Jean de Léry, em 1580, encontro o relato de uma liderança que fala sobre a existência de uma mulher com poder entre o povo tupinambá. Como isso passou despercebido? Por que as mulheres foram vistas como se não tivessem nenhum poder de decisão entre seu povo? Poçanga-Iguara, a guardiã dos remédios, tem o poder da cura – cura dos espíritos, cura das ervas. Ela conhece as raízes e sabe fazer as poções e os remédios. Ela foi desenhada por Jean Desmarets de Saint-Sorlin, no século XVII, com o manto, a capanga e o cocar. Ela cata as sementes e as coloca na bolsa; está conectada com o território, com a mata, com a caça. Onde estão mulheres como esta, que desapareceram da história? No cotidiano tupinambá, elas estão sempre presentes e são respeitadas por seu povo.

No livro *História Natural do Brasil*, de 1648, há desenhos dos cientistas que estiveram no Nordeste junto de Maurício de Nassau, e ali aparece mais uma mulher. O livro, de Guilherme Piso e George Marcgrave, traz a imagem de uma mulher tupinambá usando um manto verde. Sabemos que na *okara* cada uma das participantes usava um manto de cor diferente. As mulheres, com seus mantos coloridos, feitos de penas de pássaros de diferentes texturas, foram sendo diluídas e apagadas da história. No imaginário das pessoas, formou-se um padrão no qual o manto é sempre de uma cor: ele é vermelho e feito de penas de guará, um pássaro raro. Isto porque as imagens que circularam amplamente e se tornaram mais conhecidas foram aquelas publicadas na versão em preto e branco do livro, feita por outro editor, que desistiu de fazer os desenhos coloridos, como conta a pesquisadora Mariana Françozo. Eu não vejo o manto verde – pintado de verde nos quinze exemplares do livro anteriormente publicados em cores – apenas como uma preferência dos desenhistas. Eles estiveram no Brasil. As imagens não são representações feitas em solo europeu a partir de relatos. O manto verde provavelmente é de penas de papagaio e testemunha que mantos de diferentes pássaros e suas diferentes cores existiram entre os Tupinambá. Quais seriam os seus significados?

Quando estive no Palácio de Versalhes, vi na cúpula da Sala de Apolo a representação da América, na qual está uma mulher. Ela veste um manto vermelho, como o manto que foi guardado por séculos no Museu Nacional da Dinamarca, em Copenhague. É a representação de uma mulher guerreira, com arco e flecha, com a borduna aos pés e um jacaré ao lado. Ela está ali com o poder de negociar. Contudo, na história, ninguém lhe concedeu este poder. Ninguém narrou e empoderou nenhuma das mulheres tupinambás como negociantes. A elas é sempre atribuído um papel secundário e subalterno.

O autogoverno e o alto governo estão conectados à questão do território e da demarcação do território. A imagem da mulher tupinambá que está na Sala de Apolo do Palácio de Versalhes me parece muito importante. O artista poderia ter pintado um homem, mas pintou uma mulher – ainda que representada sob o padrão estético clássico. Mas uma coisa é fundamental: ele registrou uma mulher com um manto feito de penas. A figura de uma mulher em um lugar como aquele, lugar de decisões, acolhimento e vaidade do rei torna visível a importância que as mulheres tinham.

Em Versalhes, fizemos um passeio maravilhoso: todos nos falavam sobre como a França tinha orgulho de ter estabelecido uma parceria com os Tupinambás, uma relação diplomática. Em todo lugar havia registros e marcas da presença dos Tupinambás, eles tinham importância histórica. Foi bonito ver isso, a aliança francesa que foi feita tempos atrás e que, aparentemente, ainda é guardada pelas pessoas.

Depois, em visita à exposição *La haine des clans: Guerres de religion 1559-1610*, no Museu do Exército, ouvimos a leitura de Frank Lestringant, professor de literatura francesa da Universidade Paris IV-Sorbonne e especialista em narrativas de viagem do século XVI, sobre uma imagem histórica do Guerreiro Tupinambá. Ele contou a história através da imagem e, em seguida, eu falei: "Posso ler também?". E fiz a minha leitura. Como ele podia falar do meu povo? Ele pegou a minha mão e disse: "Realmente!". Ele ficou impressionado.

Ainda no Museu do Exército, encontrei outra mulher tupinambá, desenhada no mapa da França Antártica. Perguntamos a Lestringant, que naquele momento estava nos guiando na visita: "E aquela mulher, perdida na cena, usando um manto?

Ela tem um maracá em uma mão e uma cruz na outra. Quem é?". Ele sabia explicar tudo sobre aquele mapa, menos a função daquela mulher. Disse que era aleatório, que o desenhista simplesmente quis colocar uma mulher na ilustração. Retruquei: "Não, ninguém desenharia uma coisa aleatória, solta, num mapa tão significativo, feito a várias mãos!". No mapa há uma mulher, e ela está usando um manto.

Eu já tinha sonhado com essa mulher antes de chegar à França. Ela me dizia que eu a conhecia e que sabia da sua capacidade. No sonho, alguma coisa me fez levitar do chão e foi me arrastando, me arremessando contra as paredes. Eu, desesperada, não conseguia me controlar, até o momento em que foi gerada dentro de mim uma força, uma grande energia. Tive a sensação de que era dona de mim, de que detinha a minha própria decisão, a minha própria direção, e que aquela coisa não podia ficar me jogando de um lado para o outro. Naquele momento, saiu de mim um grito e a coisa desapareceu. Logo chegaram duas mulheres. Uma delas me pediu que olhasse para ela. Quando olhei, ela disse que era um espírito e que as pessoas podiam chamá-la como quisessem, mas que não sabiam sua força, não sabiam quem ela era. No entanto, eu sabia. "Você me conhece", ela me disse. As pessoas a agradavam, cuidavam dela, mas na verdade não sabiam nada sobre ela. Quem seria aquela mulher? Acordei e fiquei pensando. Viajei para a França e me deparei com ela no mapa da França Antártica. Uma mulher muito forte, com o maracá e com a cruz, portando o manto.

Os franceses, os alemães, os holandeses e os suíços registraram essas mulheres em imagens históricas que, para mim, aparecem como peças de um quebra-cabeça. São fragmentos soltos, deixados ali, peças que não foram percebidas. As imagens aparecem como elementos desconectados, mas me dizem da ação das mulheres, desde aquele período, para manter a existência do seu povo. Acho que em muitas partes elas também se camuflam, elas se protegem. Estou me encontrando com elas.

Ainda na Europa, visitamos também a seção de livros raros da Biblioteca de Oxford. Lá havia o desenho de um grupo de mulheres em volta de uma borduna. Uma delas, como se segurasse uma caneta ou um lápis, assina a borduna. Por mais que a borduna seja um instrumento forte, cortado pelos homens, ela passa pelas mãos das mulheres na preparação dos enfeites e na pintura da assinatura. Depois, a borduna é levada para uma oca, a *tejupá*, e as mulheres dançam em volta dela, fazendo com que o instrumento ganhe uma agência. A partir dali a borduna não é mais um objeto e passa a ser um instrumento. Ela passa a ter uma espiritualidade, que é alimentada de acordo com o que as pessoas gostam, sentem vontade e acham que o espírito vai gostar. As pessoas levam para as suas bordunas todas as frutas colhidas, os alimentos preparados, as bebidas, o maracá, a *ybyrapema*... As mulheres, que pareciam ter um papel secundário, têm, portanto, uma agência muito maior, um papel fundamental. É em torno delas que a sociedade tupinambá existe e vai girando. São elas que fazem as coisas andarem e crescerem, que dão as direções. Não consigo pensar a vida sem a agência delas.

Os fragmentos das imagens se complementam e falam sobre o alto governo tupinambá. As pessoas não tiveram interesse em nos ver – elas só quiseram perceber a colonização, a forma como fomos escravizados e desapropriados. Parecia que havíamos vendido a terra... Havia sido estipulado, nessa "guerra justa", que todo foco de aldeia tupinambá deveria ser destruído. Os Tupinambá, diante de todas as leis com as quais vieram para cima de nós, tentaram resistir e garantir o território.

Éramos, desde aquela época, um povo altamente organizado, com hierarquias. O cacique falava por no mínimo três horas e seu interlocutor tinha que ouvir por essas três horas, mas também teria o direito de falar para, em seguida, baseados em todas as possibilidades, chegarem juntos a uma decisão coerente. E, no entanto, até hoje nenhum Tupinambá tem terras demarcadas! Estamos na luta pela demarcação, mas as nossas terras ainda não estão demarcadas.

Hoje fui colocada no lugar de artista, mas a única coisa que eu realmente sei fazer é lutar pelo meu território. Nós somos pessoas que sonham no território, e o território sonha junto com a gente. Se ele se sente ameaçado, se se sente agredido, ele vai falar conosco, e todos da aldeia vão ter o mesmo sonho. Como abelhas em uma colmeia. Se acontecer alguma coisa com um de nós, todos ali estarão sintonizados. Mesmo que eu esteja fora do meu território, se algo estiver acontecendo lá, eu sonho, e em seguida pergunto para os parentes: "O que está acontecendo? Aconteceu isto, aconteceu aquilo?". O lugar do sonho nos conecta.

O sonho nos fala que o lugar em que estamos também é aldeia. O território onde estou é aldeia também, para além das fronteiras imaginárias que foram criadas para ele, para além dos muros invisíveis criados para nos separar, para nos dividir ou para nos limitar. Muros criados para nos colocarem dentro de um zoológico, de um quadro, de um quadradinho, enquanto na verdade, para os Tupinambá, a terra é plural e coletiva. Se os Tupinambá capturavam um inimigo de outra etnia, o traziam para viver com eles. Ele encontrava uma mulher para se casar com quem teria filhos, passavam-lhe conhecimentos e, depois de um período de sete anos, era feito o ritual. Após o ritual, as crianças que ficavam eram tupinambás. Os Tupinambá já trabalhavam com a ideia da mistura, da diversidade. Quando o inimigo capturado, depois de sete anos, ia para o ritual, ele tinha direito ao choro. A família tinha direito de chorar o seu velório. Quem é que faz a justiça de permitir que o outro chore?

Eu sou o resultado de um ritual antropofágico. O meu avô casou-se com a mãe do meu pai. A mulher o largou e deixou ele com o filho. Painho é o quê? Tupinambá. Por parte de pai. Ele foi criado na cultura indígena. Ele não sabe nada sobre a cultura afro da mãe, mas sabe tudo sobre a cultura do pai. Então meu pai casou-se com minha mãe. É o ritual inverso. No final das contas, os filhos também se casam, crescem e constroem família. Tornam-se guerreiros. As pessoas não observam os detalhes do ritual antropofágico, elas o veem apenas como catástrofe. A antropofagia não é catástrofe, é a possibilidade de um outro início, de uma outra condição para que um povo não chegue ao fim. É uma forma do povo se ampliar, de se moldar, sem que nada de uniforme ou sólido se imponha. Sou o resultado de um ritual antropofágico que não precisou de toda a violência: sou filha de um casamento entre membros de duas nações em que um deles vai embora e o outro fica. Como esses filhos são criados? Como são conduzidos? Eles pertencem a um povo e não pertencem ao outro. Incorporam a sua cultura.

Paralelamente, havia a outra estratégia, dos europeus: a de fazer casamentos para tornar as pessoas híbridas, para criar corpos híbridos. Essas pessoas e corpos poderiam então ser classificados como mamelucos, cafuzos etc. As categorias criadas podiam ser usadas como armas, e as pessoas não pertenciam a nenhum mundo. Isso é completamente diferente do que os Tupinambá faziam. É preciso entender essa diferença na leitura da questão territorial. São os filhos que vão fazer a luta.

A partir de 2004, com as retomadas, buscamos mapas para elaborar os projetos de demarcação. Quando observamos os mapas da década de 1980, vemos a nossa região bem verde e densa, mas é nessa época que os nossos mais velhos morrem. Durante o nosso luto, chegaram as pessoas de má-fé e tomaram posse do nosso território. Elas desmataram tudo, transformaram a vegetação. O mapa de 2004 mostra o avanço dos fazendeiros. Eles sabiam que o território é indígena e que a demarcação estava próxima. Começaram a atacar o território, a derrubar tudo o que não tinham ainda derrubado. Aumentou o desmatamento, mas naquele mesmo ano conseguimos barrá-lo.

Os mapas de 2019 e 2020 dão gosto de ver. Várias áreas estão verdes, recobertas. Já não vemos aquele chão amarelo, a vegetação já cobriu tudo. Isso influencia a questão climática, as estações e a volta dos animais. Os animais estão voltando. Se o território está sendo recuperado, com menos ações predatórias, os animais voltam. O território pode, agora, descansar e se regenerar. Ele foi muito violentado. Podemos transformar os lugares, temos essa tecnologia. Tiramos os fazendeiros, tiramos os madeireiros. E nesse curto espaço de tempo, já vemos a resposta: a mata está de pé.

A terra sonha. O rio dorme. Muita gente não sabe que o rio dorme, que a água dorme. Ela dorme às doze horas em ponto, do dia e da noite. Quem estiver à beira de um rio ou de uma cachoeira pode jogar um palitinho para ver: ela dorme por cinco minutos. O palitinho não sobe nem desce nas águas. Ele fica ali! O rio Una, no nosso território, ressona. De longe percebemos que o rio está dormindo pelo barulho do rio ressonando. Mas as pessoas não querem deixar a terra ter esse repouso. Quando a terra está bem, quando ela não está agredida, podemos sentir o vento passar em nossos rostos, vemos que os animais se sentem bem. O vento canta, as árvores nos cumprimentam. É diferente de chegar a um lugar que foi agredido. A atmosfera fica diferente em um lugar que é cuidado, onde há respeito por todos os Encantados, os protetores. Podemos sentir que a terra sonha.

Quando entramos na mata, ela nos diz boa-noite ou bom-dia. As árvores rangem, umas com as outras. Minha mãe sempre nos ensinou que quando vemos as árvores fazendo isso, elas estão falando com a gente, estão nos recebendo, então as cumprimentamos também. Algumas pessoas acham que podem entrar e sair de qualquer jeito, sem saber se são bem-vindas ali.

Junto à luta que fazemos pelo território com a proteção dos mais velhos, é interessante também observar o território a partir das crianças. As crianças não entendem a luta territorial como os grandes a entendem. Elas não entendem a necessidade da demarcação; as crianças não sabem o que é isso, mas se algo as tira de seu lugar, passam a entender como o território as afeta, como ele é importante. Sei disso porque, quando criança, me permitiram ser à vontade. Não havia cercas no território. Havia mata e a mata era de todo mundo.

Os pés de jaca eram nominados, eles tinham os nomes dos nossos tios, os nomes de parentes. Por isso não podíamos cortar. Fomos criados assim, respeitando, brincando e cuidando. Mas, de repente, nos deparamos com as cercas. Antes passávamos livremente pelo território. Íamos ao rio pescar com *yere're* na cabeça, capanga, farinha, um fósforo e facão. O trajeto costumava durar quase uma hora porque parávamos para comer banana, para subir em pé de jaca, para chupar tangerina no pé, porque tinha de tudo. Só depois tomávamos banho e pescávamos, fazíamos o fogo e comíamos o que tínhamos pescado. Na volta era a mesma coisa. Mas as cercas passaram a impedir a nossa chegada ao rio. As cercas, as cancelas, os cadeados, as correntes. Foi quando entendemos que estávamos envolvidos com um território. Se tiram o nosso território, tiram a nossa liberdade, pois, para nós, a mata era de todos. O pé de jaca é público, o rio é público. A água é de todos.

Não entendíamos as pessoas que compravam água. Como assim? Entrávamos no rio, bebíamos água, nadávamos, tomávamos banho. E no outro dia, a água estava do mesmo jeito, no mesmo lugar, maravilhosa, cheia de baratinhas azuis. Mas quando chega a noção de posse da terra, quando chegam os que vêm tomar a terra e construir cercas, o lugar da criança, lugar de liberdade, é afetado. Quando começamos a fazer as retomadas, as crianças ficaram traumatizadas com os ataques da polícia, porque se viram sem refúgio e proteção.

Hoje devolvemos às nossas crianças a liberdade de pescar, ir à mata, correr para um lado e para o outro. Conhecer isso é o que importa. Vemos que o nosso autogoverno permite que as crianças sejam, e que o território responde. Vemos que o que estamos fazendo está correto porque temos uma resposta. Os animais que estão aqui não estão se sentindo ameaçados. Os caititus vêm para o fundo das nossas casas para comer pupunha. Para nós, isso é uma alegria! Ver o mico-leão, o sagui, o bem-te-vi; ter tempo para vê-los e ouvi-los enquanto passam pelo fundo das casas. Antes isso era impossível, pois a mata estava no chão e as nascentes estavam secando. Não conseguíamos mais ouvir o rio dormindo e ressonando.

O autogoverno é governar dentro do nosso território, a partir do nosso conhecimento. Cacique Babau faz isso claramente no território da Serra do Padeiro. Temos autonomia dentro do território. Sonhamos. As mulheres e os jovens têm liberdade de se organizar, os mais velhos podem se expressar, criticar e convocar os mais jovens. Tudo é possível dentro do território.

Já o alto governo exige estar junto com o outro; estar nas instâncias de governo do país discutindo a demarcação do território. Temos esse tipo de autonomia, de chegar e exigir. Discutimos junto ao governo de igual para igual. Sentamos à mesa, dialogamos e entendemos a diplomacia. Trata-se de uma diplomacia que foi estabelecida séculos atrás por pessoas que viajaram, que atravessaram o oceano. Hoje as nossas lideranças saem das aldeias e vão para os lugares de debate para construir políticas que atendam às demandas de seu povo.

O manto tupinambá que está voltando ao Brasil da Dinamarca, devolvido pelo Museu de Copenhague, é um ancestral, não é um objeto. Ele tem a própria agência, ele fala, ele deseja. Sabemos que é costume, em qualquer diplomacia da realeza, quando um rei visita o outro, levar o que há de melhor, o que há de mais precioso. Nós não éramos apenas escravos. Tínhamos a diplomacia. Catarina Paraguaçu foi para a Europa e entregou o que havia de mais belo e de melhor para presentear a realeza do povo de lá.

Quando se estabeleciam tratados entre os indígenas norte-americanos e os colonizadores, as mulheres faziam uma tecelagem, uma grande manta. Quando os brancos assinavam os tratados, eles entregavam o papel para os indígenas e as mulheres indígenas entregavam a eles um tecido trançado pelas mãos delas. Hoje podemos ver no Museu Nacional do Índio Americano, nos Estados Unidos, o tratado e o tecido, expostos lado a lado, compondo esse lugar diplomático. O manto tupinambá não foi roubado, foi uma troca. Há muito terror, mas também há trocas. A história contém muitas informações que precisam ser questionadas. ∎

SANDRA BENITES

A mulher não pode ficar calada. Se, entre os Guarani, histórias são contadas a partir da perspectiva masculina, escrevo para incluir as mulheres como protagonistas em suas decisões e reivindicações. Como transitar entre o mundo guarani e o não indígena sem se perder entre os dois mundos?

KUNHÃ
PY'A
GUASU

Na nossa tradição oral, as versões narrativas têm que ser ditas através da óptica de cada *teko*. *Teko* é o modo de ser, o modo de estar no mundo, o modo de enxergar o mundo. O *teko* se produz e se transforma durante a caminhada de cada ser. É um processo que está sempre em movimento, e sua transformação está relacionada com a vivência e as relações com o entorno. Existem *teko* das mulheres, das mães, dos homens, das crianças, dos jovens, dos homens mais velhos, das mulheres mais velhas, das mulheres que se relacionam com outras mulheres, dos homens que se relacionam com outros homens... Suas formas de ver e estar no mundo são diferentes.

Teko porã é o que sempre buscamos, o bem-estar de todos os *teko*. Se não é dada uma voz a todos esses *teko*, eles podem ser apagados, podem sofrer uma homogeneização, como se fossem todos iguais, e ainda uma hegemonização, quando um apaga o outro. O *teko* depende do momento, de quem fala. Na narrativa oral guarani, há duas versões: a dos homens e a das mulheres. A versão das mulheres, contudo, desapareceu e a dos homens, não – e isso acontece porque geralmente eles têm mais contato com não indígenas e, assim, podem narrar a sua forma de ser.

Na maioria das vezes, só ouvimos da vida dos Guarani através de generalizações que partem de uma perspectiva masculina. As mulheres acabam invisíveis, assim como sua importância na sociedade. Escrevo para incluí-las como protagonistas em suas decisões e reivindicações. Relato minha história para que a maioria das mulheres se reconheça na minha caminhada; para que as autoridades executivas, judiciárias, legislativas, as universidades e os pesquisadores de diversas áreas reconheçam a importância do protagonismo das mulheres.

Nasci e cresci na aldeia de Porto Lindo, em Mato Grosso do Sul, onde comecei minha experiência na escola. Minha extensa família é originária do *tekoha* Porto Lindo, onde mora até hoje. Na língua guarani, *tekoha é nosso* espaço territorial. Minhas tias sempre quiseram que eu fosse uma liderança para cuidar da saúde

KUNHÃ PY'A GUASU

das crianças e das mulheres da comunidade. Eu ficava com minha *djaryi*, como chamamos as avós, para estudar, enquanto meus pais trabalhavam nas fazendas.

Minha *djaryi* foi uma pessoa fundamental para meu fortalecimento, para meu *reko*, meu ser mulher, ser mãe, ser estudante e, hoje, pesquisadora. Ela se esforçava para me mostrar que existem diferenças nos cuidados com os corpos entre meninas e meninos. Ela também sabia diferenciar os momentos específicos de cada etapa da vida, compreendendo como lidar com os processos de construção do corpo ao longo do tempo: para os meninos, enfatizava o engrossamento da voz; para as meninas, sublinhava o primeiro ciclo menstrual. Ela falava de *kunhangue arandu*, a sabedoria das mulheres, de *kunhangue reko*, o modo de vidas das mulheres, e de *kunhangue resãi rã*, o futuro bem da saúde das mulheres. Como ela era parteira, sempre dava atenção maior às meninas, nos orientando sobre como cuidar dos nossos corpos.

Foi nesse tempo que teve início minha história: me construí como *kunhã py'a guasu* – mulher com sentimento de coragem – acompanhando minha avó em suas tarefas. Ia com ela às casas toda vez que ela era chamada para fazer os partos. E, durante o trajeto, ela me contava suas tristes histórias, seus desejos e suas reais dificuldades. Contava, por exemplo, sobre a dificuldade de entender o que o grupo de reverendos conversava com meu avô quando chegavam à aldeia. Ela só falava a língua guarani, não falava nada em português.

Na sociedade guarani, o corpo e a língua são a base da sabedoria. A construção dos corpos físicos e simbólicos se faz de acordo com as necessidades e os ambientes, sempre levando em consideração a cosmologia e os costumes. As experiências vividas individualmente se refletem no coletivo, são arremessadas para o coletivo, independentemente de serem boas ou ruins. Falo a partir do olhar de uma mulher Guarani Nhandewa. Trago a fala de uma *sy*, mãe, e de uma *djaryi*, avó, ao narrar o processo do ensinamento da minha avó.

Desde a primeira menstruação, nos construímos como mulheres e aprendemos a cuidar do nosso corpo. No período da menstruação, ficamos de resguardo em casa, evitando certos tipos de alimentação, fugindo do estresse ou do barulho excessivo, mantendo o corpo aquecido. Construímos o território a partir do nosso jeito. Digo "território" porque o funcionamento do nosso corpo e o nosso jeito de ser mulher são territórios e identidades, têm relação com diferenças e especificidades. Portanto, as regras são diferentes para as mulheres, para atender às nossas demandas. A partir de nossas identidades, de nossos corpos e de nossas necessidades, podemos construir nossos direitos e nossas políticas públicas, para todas as mulheres. Isso é o que chamo de território. Percebo que essa discussão me possibilitou compreender melhor o termo *teko*, nosso modo de ser. *Tekoha* é onde se constrói esse modo de ser.

Cada corpo é um território. Procuramos sempre respeitar o *teko* do outro, mesmo que não sejamos iguais, para equilibrar o movimento do lugar. O lugar em que nos movimentamos também é movimentado pelas pessoas que estão nele. Se as pessoas não estiverem em harmonia umas com as outras, o lugar também não estará bem. Para os Guarani, o *tape porã* – ou caminho bom – se constrói a partir do outro também. Para as mulheres, entretanto, muitas vezes é difícil conciliar seus corpos com o ambiente no qual estão. Por isso, acredito que a sabedoria das mulheres guarani deve ser contada pelas próprias mulheres, já que a história mítica de Nhandesy é responsável pela forma da organização do *nhandereko*, o modo de vida guarani.

Arandu são os saberes repassados através das narrativas orais, sempre citados na história de Nhanderu Ete e Nhandesy Ete. Minha avó explicava aos meninos e às meninas que essas histórias devem ser contadas para não cometermos o mesmo equívoco de

KUNHÃ PY'A GUASU

Nhanderu Ete e Nhandesy Ete. Nhanderu criou a mulher guarani, Nhandesy, e deveria criar um homem para viver com ela na Terra para povoarem o mundo, mas não foi o que aconteceu. Não resistindo aos encantos da mulher criada por ele, Nhanderu se transformou em homem para morar com a mulher na Terra, mesmo sabendo que não poderia ficar ali.

Minha avó contava que Nhanderu é um ser espírito parecido com o ar, não tem corpo nem lugar fixo, por isso não podemos vê-lo nem tocá-lo, só o sentimos. Já a mulher é da terra, tem corpo concreto. Nhanderu, então, teve que voltar para o lugar divino. Nhandesy, sem entender o que tinha acontecido, iniciou o *Hete Omonhono*, ou a caminhada em busca do esposo. Por não conseguir achar Nhanderu, Nhandesy ficou muito triste e frustrada, foi vencida pelo desgosto e se perdeu no caminho. Por isso, minha avó dizia que homem verdadeiro é aquele que fala a verdade para a mulher. Os meninos e os homens que desrespeitam uma mulher agridem e enganam os próprios corpos.

As mulheres precisam, primeiro, ter cuidado com elas mesmas, pois são a "alegria da casa", como diziam meus tios. Se as pessoas em torno não tiverem paciência com a mulher, ela será uma mulher revoltada, perdida, como aconteceu com Nhandesy Ete por causa de Nhanderu. E isso vai contaminando as pessoas ao seu lado. Mulheres não podem assumir todas as responsabilidades sozinhas. Na maioria das vezes, as mulheres são excessivamente cobradas e têm que cobrar dos filhos também, dos maridos, dos irmãos. Por isso, a mulher não pode ter medo nem vergonha: se não ensinarmos aos nossos filhos, nossos irmãos e nossos maridos, há risco de *joawy*, de desequilíbrio. Minha avó dizia que, se uma mulher ficar sobrecarregada, ela pode ficar *py'a tarowa*, com um sentimento de pavor. E vai descontar nas pessoas que estão em volta.

No costume guarani, de modo geral, o bem-estar de um depende do outro, pois para não haver *joawy* é necessário que as comunidades estejam *joorãmi meme* – iguais. O *guarani arandu* é um conhecimento que requer cuidado com o outro, e cuidar bem do outro significa cuidar de si próprio, porque numa comunidade a ação de um indivíduo sempre reflete no outro involuntariamente. A ação de cada um se lança para o coletivo para que o ritmo seja o da comunidade. O sofrimento de alguém sempre está ligado ao outro. Uma mudança de aldeia, por exemplo, acontece para evitar provocar sofrimento e dor no outro. Por isso, é importante ouvir todos: se um falhar, todos sofrem. Não há como pensar nada em termos individuais. Essa prática ocorre a partir da escuta.

Quando me deparei com a história de Nhandesy contada apenas da perspectiva dos homens, me senti obrigada a falar sobre o nosso conhecimento. Como, para os Guarani, anarrativa da Nhandesy tem poder, ela não poderia ser contada apenas por homens, já que funcionaria como uma forma de domínio sobre as mulheres. A história é diferente quando abordada a partir do olhar da mulher guarani. E a mesma coisa acontece nas escolas e universidades.

Quando cheguei às cidades, tive muita dificuldade para me acostumar. Precisei compreender o *juruá reko* – o comportamento dos não indígenas –, e meus limites para aceitar esse outro *teko*. Isso não significa que eu me tornei *juruá*, mas que aprendi a questionar até onde posso ir. Posso abrir mão de alguma coisa, mas não posso me esquecer de mim e agir como mulheres *juruá* que correm para lá e para cá, se escondendo do próprio corpo, agindo como os homens, como se elas não existissem em um lugar próprio.

A produção (do corpo e de coisas) é um processo complexo que exige vários requisitos distribuídos pelas etapas de vida e pelos momentos vividos. O tempo de cada mulher é sempre baseado no contexto em que ela se encontra: se está grávida, menstruada, estudando, trabalhando. Cada momento da experiência requer um tipo de *arandu*, de conhecimento. A relação com a terra e com o território, bem como com seus recursos, é extremamente importante para manter o *arandu*, inclusive o das mulheres.

KUNHÃ PY'A GUASU

Os lugares que as mulheres ocupam nas instituições *juruá* e os lugares por onde circulam na sociedade *juruá* não são pensados para o corpo de uma figura de mulher. Não há uma preocupação para atender à demanda de um corpo diferente. São sistemas únicos, pensados para os homens. São lugares pensados para o corpo de uma figura masculina, como se todos tivessem um corpo de homem.

Ao ocupar espaços fora da aldeia, minha *py'apy*, minha preocupação, aumentou por causa da minha incerteza por conviver no meio dos *juruá*, que pouco ou nada falam de questões femininas como a menstruação, o cuidado com o corpo, o resguardo das mulheres. As mulheres *juruá* não têm resguardo como nós, mulheres guarani. Como praticar a relação do micro *teko* (individual) para o macro *teko* (coletivo) nos *tekoha* dos *juruá*, em que o universo é tão forte que se sobrepõe ao *arandu* das mulheres? Como manter nossos microcosmos, mesmo longe dos nossos grupos familiares? Sem tomar chimarrão, sem cozinhar o próprio alimento em torno de uma fogueira, sem ouvir a contação de histórias de vida?

É fora da aldeia, para trabalhar e estudar, que a mulher guarani encontra a dominação masculina, *kuimba'e kuera pu'aka*, já que seu *arandu* não é reconhecido nem respeitado numa sociedade que parece ser só de homens. As mulheres sempre precisaram cuidar dos filhos, da rotina familiar e delas mesmas, e nos dias de hoje precisam trabalhar e estudar como as mulheres não indígenas. Assim, nós, mulheres guarani, nos apresentamos em outros espaços adotando outra imagem e nos adaptando a ela. Isso leva a uma violência contra o ser feminino guarani, que menstrua, engravida, dá à luz, que é mãe e que fala como mulher.

Nosso corpo é lugar de nosso conhecimento. Cada corpo tem o próprio *reko*, as próprias demandas durante sua caminhada. Cada tempo tem suas simbologias, suas necessidades nos espaços, seja para a mulher, *kunhã*, o homem, *kuimba'e*, a criança, *mitã*, ou velhos e velhas, *kyringue* e *tudjakue*. As pessoas em torno devem respeitar e contribuir para que as mulheres construam corpos saudáveis. Construir corpos saudáveis não depende de uma pessoa só, depende de todos e todas. Depende, principalmente, dos homens. Por isso, a mulher não pode ficar calada.

Nhandesy é concreta, prática, é vivida. É um corpo que ocupa o espaço, enquanto Nhanderu é o ar. Se os homens começarem a desrespeitar o chão, acontecerá um desastre de muito impacto, e o chão deve estar bem para a gente pisar. O chão é onde pisamos, onde o corpo vive. Por isso, é preciso um cuidado maior e concreto com o corpo de Nhandesy, para não acontecer o que minha avó dizia, para as mulheres não ficarem doentes: "Doentes não como um corpo doente, mas *py'a tarowa*, confusas, apavoradas". Sem ser desrespeitado, o corpo da mulher causa um impacto melhor sobre o mundo. Quando Nhandesy fica revoltada, o mundo fica doente. Se Nhandesy não viver em paz, o mundo não vai viver em paz, porque ela é chão concreto, é terra.

Entender o significado de *arandu* é também entender nossas narrativas, principalmente o *oreipyrã*, que é nossa narrativa de como surgiu o mundo. Com essa compreensão guarani sobre o surgimento do mundo, compartilhamos nossa memória coletivamente, o que chamamos de "educação coletiva", que proporciona que nossa narrativa seja incorporada. Essa é nossa possibilidade de dizer para os outros como nós somos. A partir disso, vão se construindo outros saberes, como o *teko porã rã*, nosso bem-estar futuro, considerando essas narrativas que foram contadas pelos mais velhos e pelas mulheres.

Em minha pesquisa, procuro relatar a compreensão de uma mulher guarani sobre o sistema de educação escolar nas aldeias, visto que a educação escolar é uma instituição externa, aceita, mas não gerenciada pelas comunidades guarani. Muitas memórias de violência me incentivaram a descrever a forma como eram tratadas as crianças na época em que eu era aluna, algo que ainda permanece. Com frequência, as comunidades se queixavam (e ainda se queixam) da forma como são tratadas pelas instituições escolares. Desde criança, eu ouvia e participava da conversa dos mais velhos em torno das preocupações sobre o *nhandereko* e percebi que as práticas escolares geram perplexidade, aflição e constrangimento nas crianças indígenas, que não conseguem entender os motivos pelos quais estão sendo desrespeitadas. Especialmente por não compreender a língua imposta em suas aldeias, encontram-se na posição de subalternas e dominadas, sem condições de se manifestar e viver com autonomia.

Lembro-me de quando chegou minha hora de ir para a escola. Eu era criança, não sabia falar português e fiquei assustada, com medo. Como era obrigada a ir, tive que tomar coragem. O que eu mais queria era aprender a ler e a escrever, para mostrar para meus pais, para todos. E me esforçava para aprender, mesmo não sabendo nada de português. Hoje entendo essa angústia e o atrito entre a educação guarani e a educação escolar. A minha mão chegava a doer de tanto copiar do quadro, mas o pior não era copiar. O pior era não saber nada daquilo que estava copiando. Nós éramos crianças monolíngues em guarani, copiando palavras inúteis. Esse método continua nas escolas guarani, continua *mondyi*, assustando.

Mbo'e – ensinar, educar – não é apenas contar o que está no papel; educar em Guarani é fazer juntos, demonstrar, praticar e aprender fazendo. O conceito de *mbo'e* é preparar para a vida, explorar as competências de cada *teko* individual, oferecer ao aluno o fortalecimento dos conhecimentos que ele já traz para a escola. As crianças não vêm para a escola para serem instruídas, guiadas, direcionadas, como se estivessem perdidas. Elas vêm para a escola para reforçar os conhecimentos do seu povo, para fortalecer sua identidade cultural, sua língua materna, e para falar da própria história vivida.

Hoje é também importante saber sobre a história dos não indígenas, para entender o *juruá reko*, mas o que eu percebo, depois de andar no meio dos *juruá*, é que educar na visão do *juruá* é outra coisa. A palavra "educar" vem do latim *educere*, que significa, literalmente, "conduzir para fora" ou "direcionar para fora". O termo em latim é composto pela união do prefixo *ex*, que significa "fora", e pelo verbo *ducere*, que quer dizer "conduzir" ou "levar". Mesmo com alguns direitos garantidos, a escola ainda é um "sistema único" e percebo que a educação escolar de indígenas, no Brasil, segue o mesmo sistema da escola dos *juruá*, imposto aos *juruá*, aumentando, assim, os mecanismos que nos silenciam e que distorcem nossos costumes.

Em 2004, fui chamada para assumir uma sala de aula multisseriada na aldeia Três Palmeiras, no Espírito Santo. Em minha experiência como educadora guarani, a escola seguia o conceito do latim. Não é por acaso que o tempo todo estamos em choque com essa forma de educação. A escola é mais um instrumento para nos negar, se não nos preocuparmos em informar aos *juruá* sobre nós. Estamos nos esforçando muito mais por medo de sermos mais excluídos, em vez de para sermos incluídos. Somos cercados de leis que tentam nos salvar, mas que, ao mesmo tempo, nos negam.

Na época em que lecionava, tínhamos uma proposta curricular bastante acolhedora, que permitia que conversássemos sobre assuntos da nossa vivência, do nosso sistema, assuntos que eram importantes para nós, Guarani. Na turma em questão, a maioria das meninas estava na idade de menstruar. Para nós, logo após a primeira menstruação, a menina precisa descansar durante três meses, no mínimo – o tempo de descanso varia muito de família para família. Conforme a educação tradicional indígena, ela deve receber cuidados da família e cuidar do próprio corpo nesse período. Esse processo se configura como o nosso ritual de passagem. A menina descansa a cabeça e escuta seu *py'a* (sentimento), para acostumar o corpo e a cabeça a ficarem calmos.

Todo esse tratamento especial, é claro, pressupõe outro processo de ensino. Ainda assim, num desses momentos, a equipe de

KUNHÃ PY'A GUASU

educação me questionou sobre que atividade eu direcionaria para aquelas crianças que estavam cumprindo o ritual de passagem e que, por isso, não frequentavam as aulas. Fiquei indignada! Foi então que entendi o tamanho da distorção. Por trás daquilo estava a compreensão de que o resguardo das alunas, seguindo nossos costumes, não é educação, mas enviar a elas um texto, um papel, isso, sim, seria uma educação de qualidade.

Os diferentes conhecimentos dos *juruá* estão no papel, ficam parados e não acompanham o movimento, *omyi wa'e*, e *guata*, o caminhar. Para nós, Guarani, certas atividades escolares não importam em períodos tão significativos como o da passagem das meninas. O que está no papel não é tão importante, pois o que causa efeitos imediatos são as práticas do dia a dia. Acreditamos em nossa história porque ela nos ensina a construir *teko porã*, o "bem viver". Minha avó dizia que não se podia acreditar muito no papel, pois o papel é cego, a escrita não tem sentimentos, não anda, não respira, é história morta. É preciso ter cuidado com o papel, embora hoje ele também faça parte da nossa vida.

Todo *arandu*, todo conhecimento, independentemente de onde venha, tem valores e ideias fundamentais para cada povo ou grupo no qual o sujeito vive, e é importante para sua formação. Entretanto nenhum conhecimento deve ser tratado como absoluto ou se deve impor o universalismo. Não há uma só forma de conhecimento, tampouco apenas um jeito de ensinar e aprender. Na escola, são reproduzidas as "verdades" que a ciência *juruá* diz ter descoberto, coisas que não podem ser alteradas. Aqui está o embate ou o choque, porque, para nós, o *teko* é dinâmico. O bem--estar coletivo depende de todos e de cada um. Por isso, entendo que ensinar requer mais esforços para convencer o aprendiz a saber lidar com o outro e, muitas vezes, a fazer sacrifícios pelo outro, e isto significa amar a si mesmo.

Para que a sabedoria das mulheres não caísse no esquecimento, afastando-as dos *teko*, me desafiei, mesmo sabendo que abriria mão de alguns costumes de mulher guarani. Foi preciso me direcionar para "atravessar a ponte". A travessia demanda uma atenção maior, para não se iludir com as coisas que estão do outro lado, com uma imagem da cidade que atrai pelas muitas coisas que não existem na aldeia. É importante saber os códigos *juruá*, mas mais importante é se fortalecer na sua base para não ser facilmente capturado. Viver na língua guarani e falar na língua guarani é fundamental para saber voltar para casa, mesmo que se fale outra língua no caminho.

Como manter minha raiz, num mundo de antenas? Lembro-me desses termos – raiz e antena – nas palavras do professor José Ribamar Bessa, que dava aulas no curso de magistério Kuaa mbo'e de formação de professores Mbya do Sul e Sudeste. Ele usava a imagem de uma árvore para falar de interculturalidade, sobre como ela poderia ser implementada no dia a dia. A raiz seria a nossa base, a nossa origem. No meu caso, o fortalecimento da identidade tradicional guarani. Minha raiz está na memória da minha avó, no conhecimento dos meus pais e naquilo que guardei comigo. Antena seria o que vem de fora ou o que está do lado de fora, o que não faz parte do sistema guarani.

Na caminhada entre a raiz e a antena, não foi e não é fácil transitar de uma cultura para outra. Ainda bem que, no meu caso, fui fortalecida na minha base para não me perder facilmente entre os dois mundos, apesar dos conflitos entre eles. Uma identidade fortalecida na raiz consegue superar os obstáculos. Falando da minha trajetória, *xerapixa kuery'i*, de mulher para mulher, posso contribuir com outras mulheres *py'a guasu*, corajosas, para que possamos seguir alcançando o que queremos. É possível manter a raiz em equilíbrio, mesmo vivendo na cidade, no atrito entre os dois mundos. Busco a força nas palavras que ouvia de minha *djaryi*.

É assim que me apresento, como *kunhã py'a guasu*, mulher com sentimento de coragem. Meu nome guarani é Ara Rete, "força do dia/céu". Sou pessoa de dentro para fora e, às vezes, de fora para dentro. A beleza está na minha essência, na minha palavra guarani, impelida pela memória da minha avó. Acredito na memória da minha raiz, não apenas nas lembranças da infância vivida. Quando lembro, lembro para refletir. Já que estou aqui, é para viver, cair, levantar, caminhar e seguir em frente. Tenho comigo, hoje, a força de Nhandesy. Para amanhã, já me reinventei.

Reinvento-me sempre quando me deparo com outra língua, com um *teko* que não conheço. Eu me perco, me procuro e me acho. Língua e *teko* estrangeiros pedem um pouco mais de mim. Ainda bem que sou complexa, sou mistura, sou mulher guarani, às vezes com cara de mulher *juruá*. É minha forma de resistência. Eu me vejo como uma ponte. Estou entre aldeia e cidade. Isso não é uma tarefa fácil para mim, mas é uma forma que encontro para continuar dialogando com esses dois mundos. Minha reinvenção é um elemento de resistência que uso para me fortalecer e somar à minha experiência, sem perder minha essência, mas usando os elementos da língua portuguesa. ∎

WENDERSON CARNEIRA

Aqui, ainda se vive o sonho de alcançar o progresso branco e a infraestrutura dita necessária para se viver bem, num imaginário de mundo desenvolvido. São inúmeras as temporalidades negligenciadas que se cruzam no avanço, cada vez mais rápido, da humanidade.

UMA PAUSA NO TEMPO DE OGUM

Onde nasci nasce também a energia de Ogum; no estado em que nasci nasce também a energia de Ogum. O carvão vegetal, mineral, o ferro e o aço. Em outros estados existem petróleo, portos e contêineres. Estações de pouso, veículos, matrizes de eletricidade e localização, minhocas gigantes que atravessam a terra. O que vejo em todos esses lugares são máquinas de guerra ainda coloniais e modernas. Afinal, estamos lutando contra quem? Estamos lutando contra a própria humanidade?

"O planeta está nos dizendo: 'Vocês piraram, se esqueceram quem são e agora estão perdidos, achando que conquistaram algo com os brinquedos de vocês'. Pois a verdade é que tudo que a técnica nos deu foram brinquedos. O mais sofisticado que conseguimos é esse que bota gente no espaço; e também o mais caro. É um brinquedo que só dá para uns trinta, quarenta caras brincarem. E, claro, tem uns bilionários querendo brincar disso", escreveu Ailton Krenak no livro *A vida não é útil*.

A cultura modernista e contemporânea colonial não consegue abranger nossas existências e está destruindo o mundo que conhecemos junto à branquitude que se espalha pelo continente. Estou tentando entender um corpo que nega as normas de gênero e sai de meios rurais colonialistas em direção às cidades e metrópoles como forma referencial de se existir. Eu acreditava que parar o mundo iria transformá-lo em algo melhor, em outra possibilidade de vida. O mundo "parou" com a pandemia de Covid-19 e, no entanto, continuamos alienados, sem nos entender diante da sociedade. Digo continuamos porque os formatos de agir e existir continuam os mesmos.

Sou principiante na umbanda, e antes da Covid-19 chegar ao Brasil, começava a manifestar minhas conversas e modos de sentir com as entidades. Nascendo como nasci, em uma comunidade cristã e rural, ainda sob rígidos moldes coloniais, demorei a perceber o arranjo global da minha região e do mundo. Junto às entidades, anunciei em mim esse arranjo e a energia de Ogum que me iniciava. Sou uma engrenagem pequena nesse fluxo, uma gota de sangue no meio desse mar global de ferro. A internet, para mim, tem sido fundamental.

O que vivo aqui, todavia, são inúmeros anos e tempos, não contabilizados pela internet ou pelo tempo colonial e ultrarrápido contemporâneo. O que tenho vivido é a potência de me alinhar à força global de Ogum, dos primórdios da produção do ferro à produção do aço e a toda a tecnologia que experimentamos neste plano carnal e material. Escrevo de um ponto de vista comunitário, ancestral e espiritual, e tento abandonar aqui os academicismos que a arquitetura, o design e o urbanismo me ensinaram.

Não me considero filha de Ogum – não, pelo menos, no sentido oficial que isso tem no candomblé ou na umbanda, não tenho a cabeça feita, não cresci aprendendo de formas nomeadas. Pelo contrário, nascemos aqui esquecidas; nasci pequena, sucessora de acordos e violências passadas a mim. Considero Ogum um de meus pais, assim como outros orixás, pais e mães que me ensinam sobre ancestralidade e sobre formas de viver.

Nasci em meio à precariedade social e global do vale do Jequitinhonha, historicamente extraído pela colonialidade e a neocolonialidade. Os mais velhos aqui ainda acreditam no que foi imposto pelos tropeiros anos atrás, de um modo que só é possível graças à vivência rígida e contínua de dizimação, desinformação e pobreza. A branquitude, junto às empresas que aqui se instalaram no século passado, aparece como forma de ascensão, de alcançar educação, emprego e acesso. A ultrainformação deste século aparece como forma de elucidar nossa vivência, estagnada em séculos passados, mas também de confundir.

Depois de me entender nesse contexto, minha luta passou a ser contra os moldes de branquitude cristã que me adoeciam dentro da própria família. É difícil dialogar com meus antepassados, que me causaram dor e trouxeram brutalidade ao nosso convívio, e que em meio a planos de sobrevivência se recusam ao novo por não suportar mais violência ou desgaste psicológico.

Sou o pico dessa alta montanha. É extremamente desgastante traçar estratégias de sobrevivência e ascensão em um contexto de exploração ainda vivo e presente, que se apoia na pobreza informacional e no apagamento histórico. Traçar estratégias de acesso educacional nacional e global é ainda mais complicado.

Depois de anos morando na capital do estado de Minas Gerais, com a pandemia voltei a viver na minha cidade natal. Por meses tenho lido e entendido os métodos vitoriosos de sobrevivência regional e, no histórico da minha família, também os erros de embranquecimento pelos quais as pessoas passaram. Os moldes do mundo moderno e contemporâneo foram demais para o entendimento dos antepassados envoltos em um cotidiano rural colonial cristão resistente. Me questiono até que ponto devo tocá-los com todas as questões que hoje me atravessam, essa bagagem e essa linguagem metropolitanas, que não são daqui e que chegam para modificá-los novamente.

Entendo tudo isso ao me ver sozinha e não posso culpá-los por terem se submetido a uma socialização de embranquecimento – necessária e advinda tanto da colonialidade como das empresas que dominam a região – mas os tenho alertado. Sobreviver e ansiar por conhecimento, estabilidade e acesso não pode ser uma culpa. Aqui tenho presenciado algumas estratégias que me ajudam a entender a nossa história e não continuar a replicá-la.

Nosso embranquecimento e todo esse replicar vieram da entrega do nosso povo aos moldes da desinformação e do deslumbre que o enriquecimento e o capital criam sobre as mentes. Da entrega também a tantas armas e estratégias de adequação: a igreja, o capital, a arquitetura, o academicismo, a política, o empreendedorismo, a economia, a sexualidade e o gênero. Se não há espaço para discutir de maneira ampla outras formas de vivência e ascensão além daquelas que conhecemos por meio da branquitude, como então se reconhecer e modificar a própria vida neste país em que finalmente conseguiram emergir consideravelmente algumas reais necessidades e imagens do social? Falo dos cargos, das novelas e do audiovisual brasileiro. Essas foram algumas das poucas ferramentas que me trouxeram até aqui, em meio a uma comunidade com um histórico como o nosso.

Não culpo minha mãe, meu pai ou meus avós por não terem entendido tudo isso – até mesmo para mim, em pleno contato com a informação e os estudo acadêmicos, ainda é difícil. Também não posso culpar as gerações futuras que chegam a este mundo caótico e veloz e não conseguem entendê-lo. Nós lhes devemos essa pausa.

Uma vez ouvi das entidades que minha força de alcance e resistência vem do nosso povo e da capacidade de transformar terra, água, ar e fogo em plantações, barro, carvão e aço. Além de tudo que nos acomete, há também o longo processo histórico de resistência do Vale do Jequitinhonha. Nosso psicológico foi construído assim. A partir de então, passei a ver tudo de forma diferente. A resistência de meu pai, operário do sistema de extração, permanecendo firme frente às máquinas gigantes mecânicas e eletrônicas. Consegui ver a resistência de minha mãe diante da força de homens operários e mecanizados. Vi também a resistência de minhas irmãs ao confrontarem a sociabilização machista. Percebi como nosso povo mostra força ao lidar com dinâmicas impostas desde a criação do Vale do Jequitinhonha e com todo o maquinário necessário para ali existir, trabalhar e conseguir dinheiro, educação e vida digna. Conectando campo, cidades, metrópoles e globalização, vejo como o mundo e os corpos têm criado resistências ao maquinário inventado para que estejamos aqui.

Às vezes sinto que a energia e a responsabilidade de Ogum são densas demais para mim. Estou envolta em quilômetros de plantações de eucalipto, fornos de barro, máquinas, metalúrgicas, poeira e fuligem. Quando olho por cima disso tudo, vejo um corpo sensível lutando contra a resistência corpórea, psicológica e mecânica de um lugar. O rio que corre no meio da cidade é sujo e estou a quilômetros de mares, florestas naturais e alguma fonte limpa de energia. O que resta é o fogo.

Estou cansada de usar a resistência do meu corpo, da minha mente e do lugar para conseguir me renovar e não morrer sufocada na solidão identitária que me lembra a infância.

Hoje me denomino jequitinhonhense como forma de recriar uma identidade apagada do Vale pela branquitude global. Aqui, ainda se vive o sonho de alcançar o progresso branco e a infraestrutura dita necessária para se viver bem, num imaginário de mundo desenvolvido. São inúmeras as temporalidades negligenciadas que se cruzam no avanço, cada vez mais rápido, da humanidade. Eu, no entanto, vejo o tempo como grandes veias.

Ser jequitinhonhense é ser atravessada pelas rotas de bandeirantes tropeiros e pelo embranquecimento imposto a aldeias, quilombos e comunidades remanescentes indígenas e negras. É estar imersa na imposição da urbanização, permeada pela mineração e pelo extrativismo, mergulhada em empobrecimento. É olhar para uma restituição nunca acontecida, um cotidiano vazio de novas memórias informacionais e culturais. Projetos coloniais passados residem em diversos níveis de tempo e em diversos espaços, metrópoles, cidades, distritos, vilas e vilarejos espalhados pelo Brasil. As interdições de acesso ainda controlam os fluxos informacionais de limpeza colonial e de modificação da norma passada e presente.

Ainda assim, tento vivenciar a essência de um corpo que se recusa à binaridade, à diferença *queer* e a todo e qualquer sistema de categorização humana. Que recusa a estranheza que a sistematização em uma sigla ou palavra pode causar. As poucas leis que sigo são as da transformação energética que acontece no meu interior e as de não alienação a nada. Sem alinhamentos, mas inspirações, pulsações e autocombustões constantes.

O que permanece ainda em mim é a caracterização de onde nasci e as cargas às quais fui exposta desde a infância. A constru-

UMA PAUSA NO TEMPO DE OGUM

ção humana do "primeiro mundo" nada mais é que a representação de uma civilidade branca distante de minhas origens e de tantas outras neste país-continente.

Ainda quero caminhar para um lugar onde poderei abandonar tudo isso por um momento e viver as singularidades que escolhi junto às minhas irmãs, que também se despertam, neste momento, neste mundo, em diferentes locais e de diferentes formas em nossa revolução global. Para abandonar tudo e parar o mundo cruel, preciso evidenciar a força de Ogum, evidenciar os caminhos de seu andamento no mundo. Um mundo ainda em construção.

"As diferentes narrativas indígenas sobre a origem da vida e nossa transformação aqui na Terra são memórias de quando éramos, por exemplo, peixes. Porque tem gente que era peixe, tem gente que era árvore antes de se imaginar humano", continua Ailton Krenak. Vou sendo conduzida com maestria por planos antepassados. Os espíritos das florestas, das terras, das águas e os caboclos me protegem enquanto estou imersa em florestas artificiais fundiárias e plantações extrativistas do aço global. Escrevo honrando as linhas e as correntes energéticas que adentram as vastas veias e plantações da civilização. Continuo a pulsar.

Tenho reivindicado esses espaços como nossos, entendido o histórico de sangue ancestral derramado por mãos europeias, multinacionais, corporativas. Somos historicamente pertencentes a este continente e é nosso tudo o que o futuro nos reservará por direito. Me fazem cabocla de aço rompendo em ferro este tempo e aqueles que nos devem. O tempo que habitamos não é apenas o tempo do agora, dos planos que fazemos para daqui a dois ou três anos, mas o tempo ancestral.

Ogum são os caminhos da civilização. Ogum também são minhas estradas de nascença. Ogum é o meu guia de entendimento da civilização que é e que virá. Ogunhê pai, saudações mãe, lhes ofertarei esta carne que aqui está em troca do pedido de um mundo novo. Enquanto isso, lutarei com ela pelo mundo em que acredito. Um dia não serei mais este corpo armadura que transita por uma sociedade armadura. Matarei a carne que vive em mim e me transformarei em algo que virá.

Pai Ogum, o humano se perdeu. Os humanos estão lutando um contra o outro, um contra a fortuna do outro. Enquanto isso, usam o resto de nós, aprisionam meu corpo nesta casca de homem. Eu me recuso a ser homem, eu me recuso a viver esse sistema de gente gananciosa e burra.

Feche os caminhos dessa civilização doente, impeça-os de destruir a terra como a conhecemos.

Que haja pausa no tempo dos homens, que haja pausa no tempo daqueles que nos administram de forma gananciosa e ordinária. Eles ainda não sabem viver em harmonia, eles ainda não sabem viver juntos sem destruir a terra, sem destruir o outro, sem destruir a diversidade.

Ogum, construtor dos caminhos deste mundo inteiro, permita que nos embelezemos e nos melhoremos como seres vivos antes do fim e que deixemos de ser tais humanos.

Não é necessário explicar a desgraça a que fomos submetidas nos últimos tempos pela ganância corporativa e pela organização humana. Minas Gerais se viu enlameada pela exploração mineral, nos endividamos tentando acompanhar o mundo, criamos todo tipo de estratégia sistêmica para viver, intoxicamos a terra, poluímos os mares com plásticos e aquecemos e sujamos o ar como nunca antes. Estamos lutando contra distopias e desgraças maiores.

Como as cidades podem nos sustentar sem se sucatear? Como podemos criar uma experiência e uma civilidade não branca eurocêntrica? Precisamos realmente de sistemas que sabem tudo que fazemos e que nos controlam? A humanidade branca criou todo tipo de controle para estagnar sua própria força de destruição?

Precisamos de uma pausa no tempo de Ogum até que os humanos tenham consciência do universo e da destruição que vêm causando. Haverá trajetos que façam esses humanos entenderem a vida de forma diversa, digna e preservada, tanto quanto o será a nossa evolução. Agimos como se precisássemos construir mais estruturas ao invés de nos transformarmos em estruturas necessárias à adaptação. Não precisamos de mais, precisamos acordar o que já existe.

A sabedoria do aço, ciberenergia, chegou ao mundo. Estamos lidando com uma velocidade e uma organização estrutural inéditas neste planeta. Revolucionamos a indústria, produzimos da terra sistemas que nos conectam e nos trazem rapidamente notícias de todas as formas de vida e, ao mesmo tempo, nos alienamos frente à destruição. O Antropoceno, o tempo do ferro e da cibernética, nos fez seres funcionais, nos impôs ainda mais filhos homens e mulheres, nos fez reprodutores de lixo.

O progresso hegemônico branco e disciplinado mata a biodiversidade e a diversidade, a tecnologia reitera a ilusão e a falta de verdade com o todo.

São veias abertas. O lixo não é apenas ocidental, vem de todas as partes, inclusive nas enormes cargas de tecnologia que chegam do Oriente. Este continente, que se esvai em trilhos e contêineres, precisa saber o que daqui sai e o que poderia ser construído com o que é nosso. Saber também sobre o que entra, de forma silenciosa.

O mundo projetado para daqui a cem anos não me agrada, a sistematização do meu corpo não me agrada e as tecnologias ultrainteligentes me parecem mais uma forma de normatizar um humano esvaziado de vivências e emoções. Tecnologias que criam suas bases em reações sintéticas e superficiais, sobre moldes ideológicos e imagéticos de uma minoria privilegiada, eurocêntrica, estadunidense e agora oriental – etnocida. Os privilégios passam a ser informacionais e regidos pela quantidade de dados que cada um consegue processar. Nossa consciência é comercializada em dados e a gamificação da vida recompensa nossos cérebros com competições sistemáticas.

Estamos falando sobre o futuro e como isso pode nos afetar, afetar corpos que não veem o avanço tecnológico como uma possibilidade para a vida. Esse avanço pode representar a radicalização do controle social que já vivemos, governos cada vez mais autoritários e formas não democráticas de acesso e sociabilidade. Ainda não começamos a discutir como tratar a tecnologia e a urbanidade de forma mais democrática e ampla, como repensar e pausar o desenvolvimento rápido e compulsório.

A América Latina vem evidenciando políticas tecnológicas que não consideram corpos dissidentes. A urbanização compulsória está produzindo corpos funcionais cada vez mais embranquecidos em seus padrões de vida globalizados e consumistas. Meu corpo, fora de padrões de gênero, deve ser categorizado e enquadrado em uma norma e sistematizado?

O mundo se lança em prever futuros cada vez mais tecnológicos focados na nossa baixa qualidade de vida, no controle e no esgotamento dos recursos naturais. O imperialismo assume novas faces diante das necessidades de produção do capital: as redes sociais, os padrões de vida, as marcas e todo o aparato de territorialização dos países ditos desenvolvidos são jogados num mesmo espaço de forma silenciosa.

Utilizam a nossa terra e o nosso território, e suas leis de consumo criam destruição em nossos ecossistemas e em nossas etnocaracterísticas, sem que ninguém se importe com as entidades e existências que escapam à norma humana ocidental. As singularidades de um corpo cada vez menos humano como o meu parecem ter prazo de validade, prazo de extinção.

Encontro um exemplo imagético maximizado de tudo isso no jogo *Cyberpunk 2077*. O jogo evidencia a vida sintética tecnológica energética robótica em nossos corpos e a precariedade e o

UMA PAUSA NO TEMPO DE OGUM

sucateamento humanos diante do capitalismo e do desenvolvimento artificial num presente-futuro distópico. Intencionalmente, propõe representar a maximização do controle e do poder de corporações e de super-ricos que baseiam ideologicamente suas produções no "melhoramento" e na potencialização das funções fisiológicas desses corpos sintetizados, bem como na modificação dos espaços urbanos para se adequar às suas necessidades.

Com a consolidação do capitalismo na América Latina, estamos presenciando o surgimento dessas estéticas, formas de vida e sistematizações; o corporativismo, a gamificação das cidades e da vida, o pensamento anticomunitário, hierárquico e violento, a disputa por espaços exponencialmente maiores de audiência e exibição da espetacularização do jogo capitalista.

No último centenário, a Times Square, em Nova York, conhecida como a encruzilhada tecnológica do mundo, foi a representação concreta desse tipo de desenvolvimento na América contemporânea. Aprendemos a reverenciar o consumo e seus impactos urbanos e globais em termos de espaço, energia, rejeitos, circulação, visibilidade e engajamento, sem que saibamos ao certo quais são suas consequências ecossistêmicas sobre os corpos e as mentes. Somos influenciadas e levadas por uma onda de frenesi desajustada, esquecidas da nossa real vontade de regeneração e objeção ao histórico colonial.

Cidades cada vez mais sucateadas em cimento e metal, corpos e morte biológica. A memória é cada vez mais fragmentada pela informação e pela quantidade de caracteres e espaços digitais disponíveis. Os carros voadores são a nova promessa do capital para quem ainda não sabe nem ao menos lidar com os próprios viadutos e rios encanados. Enquanto isso, as naves que saem da terra deixam seu rastro e a funcionalidade do aço parece servir apenas ao progresso encantador do metrô.

Pensar florestamento, ciclofaixas, mobilidade e saneamento básico para metrópoles tão vastas para além dos centros. Parece mais um assunto a ser engavetado pelo Estado e por quem tem poder de decidir o nosso desenvolvimento. O centro é bonito, turístico e rentável... mas eu não quero andar de *bike* só no centro.

As cidades que imagino são trans, travestis e transmutadas. São feitas de barro, tijolo e metal, marrons como a terra que as proveu, tecnológicas como qualquer outro prédio branco e espelhado. Vivas, abundantes, pulsantes como nosso sangue, coloridas como nossas peles, energizadas e floridas como nossas corpas-flores. São cibermacumbeiras, caboclas e camaleoas. O que mais poderíamos fazer com todas as habilidades que reunimos até aqui para sobreviver ao fim do mundo?

Sei que pai Ogum tem muitos planetas, mas neste eu me recuso a ser um ser funcional de aço. Quero continuar de barro e carne, abandonar a carne, sentir a terra e me embelezar de Oshun, de Tupã, das matas de Oxóssi e do que mais me foi tirado. Quero brilhar com a bioluminescência da terra, da vida natural e orgânica das matrizes que se refazem.

Sustentar em nossos corpos essa energia elétrica ainda não é possível. Meu corpo não é máquina de aço, mesmo sendo sentinela. Mas há de ser híbrido e sustentável. Há de ser possível um dia descobrir em nossas corpas e mentes essa energia. A ciberenergia estará em meu corpo e me fará brilhar um dia, meu pai, mas nós humanos ainda não temos o conhecimento que nos faça entendê-la e recebê-la em comunidade.

Quero poder precipitar nosso futuro em chuvas abundantes e terras férteis, nós que estamos vivenciando desgraças sem precedentes e feridas profundas. Quero precipitar caminhos regionais, continentais e globais de cura. Temos todos os recursos para nos remontarmos no novo, no primeiro, na origem do nosso primeiro mundo. Abya Yala. Precisamos da pausa, pai Ogum. ∎

UMA PAUSA NO TEMPO DE OGUM

VENTURA PROFANA

Vamos voltar a nos enxergar na escala que as coisas realmente têm. Rio tem que tomar tudo que é de rio, mar tem que tomar tudo que é de mar, mato tem que tomar tudo que é de mato, e a gente tem que voltar a ser bicho. E como se volta a ser bicho? Virando travesti! Travesti não é humana. Travesti é sobrenatural. Para tudo isso, o macho vai ter que cair.

PROFECIA
DE VIDA

á pouco tempo, um *boy* me perguntou como me vejo e o que penso para daqui a três anos. "Bixa", eu respondi, "estamos trabalhando num projeto de mundo para daqui a cem anos!". De um ponto de vista bem cartesiano, o que é que nos incomoda? Os Bolsonaro? Nossos problemas vão muito além! Parece que, todo o tempo, tudo se resume a isso. Como se todas as questões a serem resolvidas se resumissem a eleições ou a cargos políticos. Três anos? Em três anos quero ter feito algumas coisinhas – ter lançado meu álbum, ter ido a mil lugares – mas meu projeto é maior.

Tenho um mundo para construir. E não estou esperando este mundo acabar para começar outro – nós, travas, já iniciamos essa construção. Estou erguendo uma igreja, uma congregação, que é para o Brasil daqui a cem anos. Daqui a cem anos, quero uma nação com travas no comando. Uma presidenta travesti. Trabalho para isso, para ver uma travesti subindo a rampa do Planalto, pegando aquela maldita faixa e enfiando no cu dela. Quero que ela faça o que quiser com a faixa. Que use de *top*, de maiô... de repente que esteja nua! Que faça a faixa de triquíni.

A Bíblia foi traduzida para o português há duzentos anos, em 1819. O estrago foi feito muito rapidamente, mas isso não quer dizer que, daqui a outros duzentos anos, não possamos ter a *nossa* Bíblia sendo o livro mais vendido do mundo e ocupando o lugar da Bíblia dos bofes. Vai ser o *Livro da vida*, o *Livro delas*. Sou muito tinhosa, sou capricorniana, já nasci assim, querendo muita coisa.

Nasci em Salvador, mas minha família é de uma cidade na entrada para o sertão da Bahia chamada Catu. O fluxo econômico de Catu era voltado para a extração de petróleo e minerais e todas as pessoas à minha volta trabalhavam para empresas que prestavam serviços para a Petrobras e tinham como objetivo trabalhar nas plataformas. Morei ali até os onze anos, quando nos mudamos para o Rio.

As coisas mais bonitas que carrego, o que há de mais precioso para mim, pertencem àquele lugar. Minhas raízes, minhas memórias de infância. Amava, e amo até hoje, a igreja de Catu. Meus amigos e minhas amigas de infância, todo mundo que eu amava era dali. Quando penso no pôr do sol – nasci no pôr do sol e sempre volto a este momento, um momento de choque, quando o sol se torna lua e há uma explosão de cores –, nas coisas mais bonitas, nos cantos mais bonitos, tudo isso tem a ver com Catu, mas só consegui perceber isso depois de um violento processo de adaptação ao Rio de Janeiro.

Quando comecei, bem mais tarde, a estudar o evangelicalismo e percebi que meu trabalho e minha vida estavam extremamente entrelaçados ao cristianismo e às doutrinas evangélicas, já entendia minha negridade. Foi então que tentei entender como e quando minha família passou a demonizar o que é preto ou vem de preto. O que é a fé? A preta fé? Foi então que descobri que minha bisavó era nascida e criada no terreiro e que passou por um processo de catequese e evangelização muito estranho, com um missionário norte-americano, exatamente quando a Petrobras chegou à cidade e começou a exploração da terra. As coisas, então, começaram a fazer sentido.

A maior parte da minha família é crente. Alguns frequentam a igreja Batista – mais tradicional, pomposa, de origem norte-americana – e a família do meu pai é mais do "reteté", de doutrinas mais arrochadas e severas, como a Assembleia de Deus e a Deus é Amor. Ali, as gatas não podem cortar o cabelo nem usar brinco, é esse o *mood*.

Os corpos pretos que deixaram os terreiros de Candomblé e migraram para essas igrejas, como a minha bisavó, mantêm a memória da manifestação espiritual. É estranho ir a um culto desses. "O que está acontecendo? Por que a galera está rodando? Estão caindo no chão, com a mão na cabeça!" Há vários elementos do Candomblé que se repetem nas igrejas neopentecostais. Até mesmo o status do transe – o corpo que entra em transe, que é tocado e que acolhe o espírito de Deus.

inha chegada ao Rio coincidiu com o início da adolescência. Foi quando passei a me perceber como um corpo estranho, meio horrendo: me achava horrorosa, grotesca. Eu era gorda, baiana, com sotaque, enquanto todos os outros eram tão "perfeitos". No Rio, até mesmo no subúrbio, todo mundo era meio Projac. Era duro ser este corpo. Passei muito tempo achando horrível ser de Catu. Contava mil mentiras para não ser esta pessoa. Queria ser carioca como todo mundo no Rio. Obviamente, nunca fui bem-sucedida, mas isso me possibilitou achar a mim mesma e vislumbrar o que poderia ser – e sou infinita.

Na igreja, porém, eu não era uma aberração. Ao negar a mim mesma e tomar minha cruz, tornava-me uma peça estratégica, porque minha fé estava explícita, vividamente incorporada. Se você está negando, sofrendo, sacrificando-se, se todos conseguem ver sua dor, seu choro, então você é útil. E eu era muito útil. Comecei a ter poder na igreja, a fazer coisas, a assumir grandes responsabilidades.

A igreja Nova Vida funcionava, como muitas outras, no edifício de um antigo cinema. Quando chegamos ao Rio, visitamos algumas igrejas até chegarmos àquela, que tinha poltronas vermelhas poderosíssimas. Quando eu vi aquilo, não tive dúvidas. "É esta!", eu disse para minha mãe. Todo mundo era meio legal. Falso, mas legal. Minha tia morava conosco naquela época e começamos a nos envolver na produção de uma festa, espécie de quermesse. "Celebrando uma nova vida em Cristo." E aí, acabou! Duas semanas antes da festa, eu estava todo dia na igreja com as velhinhas, cortando camarão para fazer bobó, cortando carne e aipim, conversando com o pastor. Comecei a me movimentar, a igreja foi se tornando o melhor lugar do mundo para mim.

Eu estudava em uma escola que tinha pencas de viados. Era horrível! Eu dizia: "Caralha, é o diabo na minha frente!". E preferia ir à igreja porque ali tinha tudo sob controle. Comecei a trabalhar muito na igreja, a produzir cultos. Escolhia o tema, conversava com o pastor, definia a data e trabalhava na produ-

PROFECIA DE VIDA

ção. Em Catu, minha mãe era do ministério da programação, por isso acabei ganhando alguma experiência com entretenimento de igreja. Meu tio Flávio escrevia muitas peças, e nós sempre atuávamos. Era tudo!

Eu sempre interpretava um mendigo ou um enfermo. E, depois que cheguei ao Rio, geralmente eu era o demônio. Minha mãe fazia a macumbeira. Nas peças da igreja havia sempre a macumbeira, o indígena e o preto, caracterizados sempre aos farrapos. Esses eram os nossos papéis. Mesmo assim, poder atuar era tudo! Eu não podia fazer coreografias porque elas eram só para as *amapoas*, para as *rachas*. Mas criança podia e, enquanto ainda era criança, ia nervosa para os ensaios das *amapoas*.

A *amapoa* que fazia a coreografia era a Suleide. Suleide também cantava e, quando cantava, era *close*. Suleide era uma diva pop na igreja. Com pencas de acessórios, pencas de roupa, a Suleide ainda metia um saltão. Era o *look* de cantar no domingo à noite, era destas coisas que eu mais gostava quando estava na igreja. Isso me movia, eu vivia por isso e, no segundo ano, faltava à aula para ir à igreja.

A reprovação na escola mudou minha vida. Foi quando nasci mesmo. Minha mãe dizia que me espancaria se eu levasse bomba, então não contei a ela que tinha repetido. Abandonei a escola, mas fui inventando coisas para fazer. Fui estudar design, arte e fiz um monte de coisas para parecer que estava na faculdade. Mas nunca entrava na porra da faculdade porque nunca ia resolver o bafo do diploma! E caí no mundo.

O tempo foi passando e fui construindo a bonita que sou hoje. Comecei meu processo de autorregistro. Eu me achava horrível, feia, gorda, mas um dia eu disse: "Não, tem alguma coisa aqui que é bonita". Se tinha bofe na rua querendo, tinha que ter alguma coisa boa neste corpo! E descobri que era minha bunda. Comecei a fazer fotos da minha bunda e isto foi me fortalecendo, ao mesmo tempo que comecei a escrever. O registro da minha bunda e a escrita abriram um canal de transformação.

Em 2012 postei a minha primeira foto de bunda no Facebook e as pessoas ficaram passadas. Foi o caos e foi a minha marca: me marquei com aquilo. Depois disso, em todo lugar a que eu ia, a cada momento, fazia fotos da minha bunda. Tenho muitas – amo! Fiz uma série com minha bunda em vários suportes quadrados (geralmente eram lugares para ar-condicionado).

Em 2015, ganhei um edital da Escola de Arte e Tecnologia Oi Kabum! e fui para Belo Horizonte. Aprendi o básico de edição, conquistei uma escrita mais solta e comecei a experimentar. Terminei meu livro, mas, quando o lancei, já não gostava muito dele. Preferia as novas coisas que tinha passado a escrever, que eram mais livres, mais sacanas, mais políticas. Quando saí do Rio para o lançamento do livro em Belo Horizonte, saí como uma pessoa e cheguei Ventura. Eu me tornei Ventura no começo de 2016. Antes disso, assinava as coisas que escrevia como "por Ventura". Não era a mesma coisa.

Quando cheguei a Belo Horizonte, encontrei mulheres e homens trans com quem vivenciei um processo de cura lindo. A Beyoncé lançou *Lemonade* no mesmo ano. Entendi depois que o que estava se passando comigo era um processo muito parecido com o de *Lemonade*. Esse processo incluiu banhos de ervas, banhos de cachoeira, fumar uma taba, escutar um bom vinil, dançar, me apaixonar, ser amada... Passei por tudo isso. E lancei o livro. Havia me tornado Ventura Profana. Ninguém me conhecia em Belo Horizonte por outro nome.

Quando voltei para o Rio, foi duro convencer as pessoas. "Não me chama assim! Esse não é meu nome! Eu não sou mais essa gata!" Muita gente se recusou a me aceitar e eu disse: "Foda-se, um beijo!".

Na noite em que viajei para Belo Horizonte, tive uma briga com minha mãe. Foi horrível. Disse a ela que não queria que ela fosse ao lançamento do livro. Mas ela é a pessoa mais importante da minha vida, a pessoa que mais amo, que me guia. Ela tinha razão sobre muitas coisas que dizia, inclusive quando falava que a arte

PROFECIA DE VIDA

acabou com a minha vida. "Quando você começou a estudar arte, sua vida acabou!", ela dizia. E acho que acabou mesmo, acabou para que outra começasse.

Minha mãe é muito lúcida. E meu processo de vida trouxe emancipações para ela também. Hoje ela tem posicionamentos mais firmes e feministas, se coloca contra muita coisa, inclusive na igreja. Enquanto estive no Rio, procurei estar próxima a ela, na casa da minha família, tentando mediar nossos mundos. Isso foi muito importante para mim, até porque eu acordava o tempo todo ouvindo louvor. Eu não conseguia me livrar da igreja. A igreja estava sempre ali, ao meu redor, em mim.

Mesmo depois de desviada, já com acesso a outros lugares e informações, a presença da igreja estava sempre me confrontando, me machucando. E comecei a elaborar estratégias de sobrevivência que acabaram se transformando em um plano de salvação. É este o lugar em que estou hoje: elaborando um plano de salvação baseado e nutrido por estudos das metodologias e da história do evangelicalismo no Brasil.

Sabe-se bem que todo veneno é também antídoto, e tenho trabalhado na produção desse antídoto. Hoje, passo cerca de 70% do meu dia pensando na igreja e ouvindo louvores. No meu Spotify tenho toda a discografia da Ana Paula Valadão. Isso me fortalece em vez de enfraquecer. Enquanto consumo o veneno, vou me fortalecendo.

Recentemente viajei para a Bahia, cercada de gente de axé. Fui para a festa de Iemanjá, mas só vi gente branca. Gente branca passando vergonha! Não era Iemanjá, era puro sereísmo. Aquilo me deixou puta, e me dei conta de que um novo êxodo é necessário. Nós, pretas, precisamos romper com o Senhor e voltar à Kalunga, aos nossos terreiros. Ao mesmo tempo, entendi que a maneira como aprendi a viver é cristã. Estava perdendo força ao me distanciar da Bíblia. Estava distante do lugar que me traz força, que me traz de volta ao eixo. E que me foi totalmente negado.

É um quebra-cabeça muito estranho, porque me guio pela fé, mas o tempo todo essa fé está sendo derrubada e reconstruída. Posso tomar qualquer coisa como religião – qualquer coisa mesmo. Vou montando um lugar que é sagrado, lugar do corpo que busca a plenitude espiritual. Eu me empenho em ser uma pessoa plena espiritualmente. Acredito que esta é a única maneira de lutar de verdade, sendo uma travesti preta: lutar com as armas espirituais.

Sempre digo, sempre canto: "Arme-se com poderes espirituais". Não é arma de fogo que vai me salvar – ou melhor, sim, também, em determinados contextos. Precisamos pensar sobre o saber bélico. Quando eu penso na igreja que estou construindo, penso numa igreja que entende, pratica e se relaciona com todo e qualquer saber, inclusive o bélico. Nossa congregação é de base travesti. Para além disso, todo e qualquer saber me interessa, e interessa à constituição desta congregação.

Foi durante um aniversário do TransVest, sentada numa mesa de bar com gente como Indianara Siqueira, Luciana Vasconcellos, Titi Rivotril e muitas outras travestis e *boycetas* maravilhosos, que compreendi. Olhei em volta e entendi pela primeira vez: Deus é travesti. Se somos feitos à imagem e semelhança de Deus, e temos duas representações biológicas de espécie (homem e mulher), então Deus só pode ser a mistura dessas duas configurações. Logo, Deus é uma travesti. Ou um *boyceta*. E está aí o que se expande para o campo da infinitude divina.

Em 2016, fiz uma performance que se chamava *Bixa apocalipse*, em que segurava placas de "Arrependam-se, o fim está chegando. Bixa apocalipse" pelo Rio. Fiquei na pira de que o apocalipse tinha chegado e o povo arrebatado éramos nós, as travas. Quando esse povo saísse deste plano espiritual, a tristeza, o cinza e a frustração tomariam conta deste espaço, enquanto nós estaríamos pintando, descobrindo galáxias e desfilando em passarelas quilométricas pelo universo.

Os cus dos que ficassem seriam costurados de forma que eles teriam que vomitar seus dejetos e sentir o sabor da censura e o aroma da morte. Tinha um pouco desse cenário que hoje temos visto de fato acontecer. Depois de *Bixa apocalipse* veio *Bixa é coisa séria*, em que começo a falar sobre a seriedade de ser e sobre de onde viemos. Esses dois textos marcam o momento em que parto para outro lugar de escrita, de reapropriação da Bíblia. Começo a chamar esse processo de *A vida obsoleta das subcelebridades*, o que depois vai virar o *Livro da vida*.

Depois fiz uma nova performance, uma procissão, na qual, junto a outras travestis, eu carregava uma cruz vermelha, cantando "Espírito, espírito que desce como fogo, vem como em Pentecostes e enche-me de novo". É um cântico lindo, que se chama "Eu navegarei". Vestíamos calcinhas com a logo da Igreja Universal e a frase "Universal é o Reino das Bixas". Depois fiz outra versão, a "Igreja Pentecostal Deus é Trava", com a logo da igreja Deus é Amor. Tudo era feito com outras travas, e isso trazia a energia de um importante trabalho sendo feito. A Rainha Favelada usava um véu de renda vermelha e uma vela e ficava rezando. Eu ficava de quatro sobre a cruz, crucificada de quatro, enquanto as outras meninas preparavam uma argamassa e começavam a construir, no meu cu, uma igreja.

Estávamos na rua como queríamos, no auge da fé, do êxtase da vida, causando. Todas as gatas estavam falando sobre unhas, Linn da Quebrada falava sobre garras, Lyz falava sobre o poder da manicure. Pensávamos todas sobre isso e sobre um monte de outras coisas. Nessa época, Matheusa escreveu *O Rio de Janeiro continua lindo e opressor* e, depois, o *Trabalho de vida*, seu último trabalho.

Já estávamos no movimento de recusa à morte quando Matheusa foi assassinada. Passamos a falar sobre profecia de vida. *Trabalho de vida* me marcou muito porque era sobre a trajetória dela até ali, uma espécie de Gênesis. Se formos construir uma Bíblia travesti, o texto da Matheusa deverá ser o ponto de partida.

Antes, eu passava muito tempo falando sobre o paralelo entre a crucificação de Cristo e nossa condenação como corpos dissidentes. A cruz representa a salvação para alguns e a condenação para outros. Eu falava muito sobre a cruz, coisa que hoje já não faço, porque me parece muito mais urgente dizer: "Eis que tudo novo se fez, eis que tudo trava se fez". É preciso falar sobre o pós-apocalipse! Temos que começar a profetizar. As gatas que escrevem são profetizas. Não dá mais para ficar velando e falando sobre morte. Para isso, basta ligar o telejornal.

Fui estuprada quando era criança na Bahia, mais de uma vez e por mais de um homem. Para mim era muito confuso lidar com isso. Achava que o fato de ter sido estuprada não havia mudado em nada minha vida, porque me achava uma pessoa feliz. Não pensei nisso nem mesmo quando estive depressiva, sem gostar de mim, quando quis morrer.

Mas o estupro não só me mudou como me conectou à minha mãe e à minha avó e, provavelmente, à minha bisavó. Essa é também uma maneira de entender o processo de embranquecimento do Brasil como política pública de colonização. Somos todas filhas do "Brasil-estupro". Quando procuro entender a cor da minha pele, por exemplo, chego ao estupro. Sou preta de pele clara. Por que minha pele é clara? Porque sou filha de um país em que estupro é política pública. O bofe chegou, pegou minha bisavó no mato, meteu, meteu, meteu e pronto, estou aqui. É pesado. É babado. Não é à toa que estamos tentando aliviar.

Tudo isso vai fazendo muito sentido à medida que vou montando meu quebra-cabeça. O petróleo, a igreja, o estupro, a cor da pele, o terreiro sendo demonizado, o mundo dos homens. Hoje acho que homem é sinônimo de pecado. A machice é o pecado. A machice é a grande causa de tudo que há de ruim. Todas nós fomos condenadas à machice. Nascemos condenadas à machice. Os bofes também estão condenados, porque a machice é um pecado que entristece a alma. É o abominável, é o que nos afasta de uma conexão plena espiritual com o que há de divino – com o que há de divina.

PROFECIA DE VIDA

Há mais de quinhentos anos vivemos uma guerra, um plano de extermínio contra tudo o que é preto, travesti, índio, dissidente. Contra tudo o que não é branco, que não é heteronormativo, que não é macho. Mas, apesar desse plano, tem-se levantado uma geração de profetisas, de travas fantásticas, com fogo, unção. Daqui a cem, duzentos anos, quando estivermos no poder, quando o mundo for das travas, imagino um mundo cheio de mata para todo lado. Plantas e bichos tomando conta de nossas cidades, deste concreto todo. Vou poder vestir uma bonita saia esvoaçante, vou andar descalça, com cabelos ao vento, sem tanto reboco na cara – só uma sombra de urucum, uma coisa mais *natural girl*.

A natureza vai tomar conta. Tudo o que foi aterrado, o mar vai tomar de volta. Vamos voltar a nos enxergar na escala que as coisas realmente têm. Rio tem que tomar tudo que é de rio, mar tem que tomar tudo que é de mar, mato tem que tomar tudo que é de mato, e a gente tem que voltar a ser bicho. E como se volta a ser bicho? Virando travesti! Travesti não é humana. Travesti é sobrenatural. Para tudo isso, o macho vai ter que cair.

Quando a igreja foi construída no meu cu, ela realmente começou em mim. Isso foi em 2018. Fui para São Paulo, fiz o vídeo *Profecia de vida* e comecei a falar sobre profetizar vidas. Tudo o que aprendi na igreja, eu tenho praticado, mas depois de um processo de centrifugação babado, depois de muita destruição. Quando falo do plano de salvação, trago isto da igreja batista e da igreja presbiteriana, que sempre vão falar de plano de salvação, porque partem do princípio de que todos somos condenados e de que há um plano de salvação para os escolhidos, para aqueles que se sacrificam. O plano é basicamente se submeter a um processo de higienização e embranquecimento.

Aprendi desde pequena sobre isso. Minhas avós e minha mãe me projetaram assim no mundo. Elas me criaram para que eu fosse pastora, ministra de música, uma pessoa que se relacionasse com a Bíblia, com a palavra de Deus. Cumpro muito dos sonhos e das expectativas que foram guiadas por minhas ancestrais. Em algum momento me dei conta disso e, hoje, consigo usar algumas dessas sabedorias. Mas existem inúmeras coisas que não sei e inúmeras pessoas que sabem de muitas outras coisas, e acho que a nossa igreja vai se construindo assim: pelo que trago, mas também pelo que todas as gatas trazem. É como o Espírito, que fala no particular, de maneira única, em cada uma.

Como cuidar da fé? Como cuidar desse campo de vida das pessoas? Quais são as nossas referências? Elas existem, estão aí, só precisamos buscar. Quando procurarmos entender a maneira como a fé – o cuidado com a fé, a vivência da fé – é construída na pajelança, por exemplo, nossas percepções se ampliarão. A fé também se vive em gratidão, se relacionando com a terra, falando com a terra, rezando para a terra, cuidando de si com banhos de ervas. Aprendo com as parentes indígenas, com minhas avós, com minhas mães, com mulheres pretas.

Não desprezo nenhuma manifestação espiritual e nenhuma maneira de saber diferente da minha. Hoje, por exemplo, tento ser carranca, vir na frente da embarcação quebrando mar e rompendo vento, gemendo e gritando, fazendo cara feia e espantando espírito ruim. Nossa igreja vai ter pencas de carrancas! Na entrada vai ter um assentamento para Exu. É necessário, não tem como ignorar, não tem como dizer que não. Não podemos lidar com essas energias e com essas forças de qualquer maneira.

O Tabernáculo é uma espécie de santuário que, durante a travessia do povo de Israel – ou o que convencionam chamar de povo de Israel – pelo deserto, que durou quarenta anos, funcionava como uma espécie de templo móvel. Eles andavam e paravam, era uma coisa meio nômade, e quando paravam, montavam o Tabernáculo, que era uma série de tendas onde ficava a arca da aliança e onde o sacerdote se comunicava com Deus. Naquela época, o relacionamento entre o homem e Deus havia sido rompido e só o sacerdote prestava esse tipo de serviço. Biblicamente, a igreja não é um templo. A Bíblia diz: "Onde estiverem dois ou três reunidos em meu nome, ali eu estarei". Isso é a igreja.

Penso muito neste momento do Brasil, um momento de perseguição em que somos alvo, temos nossas caras expostas e toda a coragem para que sejamos mortas é ativada e atiçada. É uma existência de quem caminha no deserto. E, caminhando no deserto, acho que temos sobrevivido até hoje por milagre. Quem opera milagres mesmo são as pretas, as travas, quem não tem nada. Nós vivemos operando milagres, multiplicando o pão, transformando água em vinho, andando sobre as águas porque temos que correr. Por isso é importante termos um templo.

É importante que uma trava reivindique o lugar do pastor. Porque o Senhor é um pastor. Quando me torno pastora, tenho o poder de acabar com o Senhor. Afinal, o que é o Senhor? O Senhor é o senhor, "o" senhor. Temos que matar o senhor. Quando me torno pastora, consequentemente destituo o senhor de seu lugar. E ser pastora requer responsabilidades absurdas. A pastora administra espiritualmente as pessoas, e isso é uma responsabilidade da porra.

Acho que tenho e tive um chamado, me sinto chamada para essa obra, me sinto um canal. Outras pessoas também são, sou só mais uma das que foram levantadas. Mas tenho uma responsabilidade – um trabalho que, se eu não fizer, levo uma coça. Não tenho escolha.

Um dia desses, uma gata me disse: "Ventura, tu tá pegando até a estética das manas da coreografia, né?". Eu estava vestindo uma roupa meio *sport*-crente, mesmo.

Se existem lobos em peles de cordeiro, é crucial que sejamos, então, cordeiras em pele de loba. Para mim, ter pele de loba é ser uma igreja. É ter a cara da igreja, é parecer um templo, parecer crente. Eu quero parecer cada vez mais crente.

Os fariseus e falsos profetas ofertam a salvação, manipulando a massa para servir aos próprios interesses financeiros e transformando-a em um exército fascista. Eles estão cegando os nossos. Há um trabalho em processo, de cegueira e manutenção da escravização em nossas famílias, partindo do plano espiritual.

O trabalho de conversão almeja alcançar esse objetivo: você se senta à mesa de quem te mata e assina embaixo do extermínio dos seus, inconscientemente.

Se você é o alvo de quem mata e se transforma em quem mata, passa a ter o poder sobre a cruz, sobre quem morre. Quando você tem o poder de criar o plano de salvação, você passa a dizer quem é condenado e quem não é. Quero disputar o poder sobre a salvação, sobre a mensagem de luz, sobre o certo e o errado. O que se faz com ovelhas? Para que criamos ovelhas? Para matar. Por isso acho importante tomar o altar e o púlpito para nós. Sempre quis ser espiã e este não deixa de ser um trabalho de espionagem – preciso me infiltrar, me disfarçar.

Quem está no poder? Eu estou no poder! Estou no poder quando há confusão, quando estou vestida em pele de loba. Não tenho medo da igreja, eu *sou* a igreja! Ela não pode me atingir. Com o vocabulário pentecostal, consigo acessá-los, consigo dialogar, consigo convencê-los. Eu consigo fazer uma pessoa crente não me matar. Você consegue? Eu, meu amor, não tenho o que temer. Eu amo, não tenho medo. ■

PROFECIA DE VIDA

GIL AMÂNCIO

Os portugueses foram buscar na África mão de obra especializada e tecnologias que simplesmente não dominavam. Agora, é necessário um trabalho de arqueologia e memória pessoal. Cabe a nós *hackear* os códigos coloniais com os nossos dispositivos ancestrais.

Um fundamento importante da diáspora é a terreiralização como maneira de assentar os nossos conhecimentos de forma física e simbólica. Enquanto olhava para o meu quintal, observei como fui assentando ali os conhecimentos dos quais, ao longo de décadas, eu tomava consciência e com os quais ia criando e chamando outros artistas para criar. À medida que me alimentava dos conhecimentos afrodiaspóricos, fui gerando movimento naquele espaço e ganhando força de atração. Pois outro princípio importante do pensamento da diáspora africana é o movimento espiralar, o redemoinho. É um movimento que ativa a força de atração, mas que, para nós, é força de chamamento.

Em 2007, transformei o meu quintal no NEGA, Núcleo Experimental de Arte Negra e Tecnologia. Quando se entra ali, vê-se uma escultura de madeira do Seu Rubens, ogan que mora na vizinhança. Um dia ele me perguntou se eu queria comprar uma escultura que ele tinha feito – um preto velho, lembrança e presença dos ancestrais do Atlântico Negro. Passou um tempo, e Seu Rubens chega com a figura de um indígena, para nos lembrar dos povos indígenas, os donos desta terra que hoje chamamos Brasil. No mesmo quintal, ao fundo, perto das bananeiras, símbolos da constante recriação da vida, está a escultura de uma mulher, também trazida por Seu Rubens. O poder ancestral feminino que nos garante a vida.

Ocupei o barracão que fica ao lado da minha casa com ferramentas para a criação, o registro e a conexão com o mundo – computadores, instrumentos musicais, livros, vídeos, CDs, enxadas, martelos, alicates, serrotes. No NEGA, não queríamos usar a tecnologia como efeito cênico, queríamos criar uma linguagem que produzisse encantamento. Como os artistas negros poderiam se apropriar daquelas ferramentas?

Tudo começa com um simples ponto
Mas um ponto sozinho não gera encantamento
É preciso vários pontos para se formar uma linha
E várias linhas formam um ponto riscado.

Um texto sobre os pontos riscados da umbanda foi a inspiração para fazer a conexão entre o *hip hop* e a cultura dos terreiros. Naquele momento surgia a figura do vj, que durante o baile produzia imagens que interagiam ao vivo com a música. O vj era fruto do desenvolvimento das novas tecnologias digitais de som e imagem que propiciavam às pessoas ligadas à produção audiovisual fazer com a imagem as manobras que os djs faziam com o som dos discos de vinil.

O nega inaugurava assim a sua vocação como espaço de criação e ao mesmo tempo de formação. Estávamos criando uma nova linguagem e também formando artistas para pensar a transposição da linguagem das danças urbanas para o palco, o uso das novas tecnologias digitais de som e imagem e a conexão entre o *hip hop* e a umbanda. Trabalhávamos com o *software* Toonloop, que possibilitava a relação entre o dançarino e a artista visual. Junto às danças urbanas, trazíamos para o quintal as histórias dos orixás contadas pelos corpos negros. Estudamos as histórias, os ritmos e as danças de cada orixá e depois nos aprofundamos também nos estilos de dança de cada um dos dançarinos e dançarinas para ver qual estilo de dança expressava melhor o temperamento de cada orixá.

Assim surge no quintal o Coletivo Black Horizonte, como uma brincadeira com o nome Belo Horizonte, expressando o nosso desejo de escurecer a cidade. Em 2011 começo a convidar amigos e amigas negros e negras para comer uma farofa de carne seca, tomar uma cachaça e conversar sobre a produção da arte negra e dos espaços dirigidos por negros e negras na cidade desde o final da década de 1990. Um dia, durante um ensaio, olhando para o quintal e vendo todos aqueles computadores, caixas de som, tambores e controladores *midi*, falei: "Isto aqui está parecendo um ciberterreiro!".

Percebi que o nega estava terreiralizando os seus conhecimentos, e ele ganhou o seu oriki – um poema-nome em constante transformação. Ciberterreiro é um conceito-ação aberto, em expansão, um mergulho nas artes e culturas afrodiaspóricas. Um território transiente onde a produção e a transmissão do conhecimento se dá a partir da performance e das corpografias sonoras que utilizam dispositivos ancestrais para *hackear* os códigos coloniais.

O quintal era afrofuturista! Não no sentido do uso de tecnologias digitais, mas no sentido de que ainda não havíamos tido a oportunidade de experimentar a vida a partir dos conhecimentos ancestrais que possibilitaram que os africanos, as africanas e seus e suas descendentes pudessem sobreviver à travessia do Atlântico Negro, como diz Paul Gilroy em seu livro de mesmo nome, e criar instituições fortes como os terreiros, as irmandades, os quilombos e as favelas e manter nossos conhecimentos e nossas artes vivas até hoje.

O meu pai se chamava Thomaz e a minha mãe se chama Gabriela. As experiências que vivi na infância com os meus pais e parentes, o ambiente festivo e as cantorias sempre presentes contribuíram para a minha formação musical. Zé Grandioso, meu tio, tinha um caminhão. Junto com outro tio, Zé Amâncio, costumavam passar pela nossa casa e fazer serenatas para a minha mãe. Acordávamos com a cantoria e mamãe fazia café para todos. Depois da serenata, subíamos no caminhão e íamos para a casa de outro parente, onde todos desciam, cantavam e tomavam café ou cachaça, para em seguida subir novamente no caminhão e seguir com a peregrinação. Era uma festa!

Quando o tio Zé Amâncio chegava à nossa casa e começava a tocar violão, eu montava uma bateria com as panelas da mamãe e ia tocar com ele. Todas as vezes que ele chegava à minha casa para tocar violão, eu ouvia: "Chama o Gilberto com as panelas!". Meu pai também gostava de tocar violão e, mais tarde, violino. Herdou isso do meu avô Thomaz que, além de tocar violão, amava o circo. Quando jovem, meu pai aprendeu com o tio Zé Nabor a trabalhar com madeira e construía os próprios violões e violinos.

CIBERTERREIRO

Quando se casou, deixou a arte de lado. Na família, sou então a terceira geração daqueles atraídos pela arte e o primeiro a assumir a arte como modo de vida.

Meu pai era muito sério e sistemático mas, de repente, podia se transformar em outra pessoa. Sumia e voltava com um chapéu de palha de lado na cabeça e um paletó mal-ajambrado e chegava na sala fazendo graça, cheio de trejeitos... Eu e meus irmãos ríamos muito, às vezes debochávamos dele e ficávamos envergonhados quando tinha alguém de fora em nossa casa. Anos depois, quando fui para o Congado, pude perceber que os trejeitos de corpo que meu pai fazia eram muito parecidos com o jeito dos congadeiros dançarem. O que meu pai fazia tinha raízes na tradição do Congado. Aquilo, de alguma forma, tinha entrado na minha família. Há uma forma teatral nossa, forma que vi no meu pai e que encontramos, principalmente, nos nossos mais velhos. Uma teatralidade que pouco estudamos ou exploramos. Grande Otelo soube utilizar muito bem esse jeito de corpo enquanto linguagem do teatro negro a ser investigada, porém ela ainda não faz parte de nossa formação.

Em 1979, uma nave aterrissava em Belo Horizonte. Uma rainha descia e evocava os seus guerreiros e as suas guerreiras para a criação de um quilombo urbano: a Academia de Dança Afro Marlene Silva. Marlene inaugurou na cidade o movimento de dança afro e provocou, nos artistas e intelectuais que se envolveram com ela, a necessidade de conhecer e pesquisar. A dança afro exigia vigor. Exigia o diálogo do dançarino com os tambores. Exigia uma precisão rítmica que não fazia parte da formação das escolas de dança clássica e moderna e que demandava, ao mesmo tempo, a formação de músicos preparados para a composição e a execução adequadas às coreografias.

Durante os ensaios, ouvíamos a percussão vocal de Al Jarreau; o som das congas de Mongo Santamaría, Sheila Escovedo, Naná Vasconcelos; escutávamos a música percussiva de Marlos Nobre, a Congada, o Maracatu de Chico Rei de Mignone; e pesquisando podíamos conhecer os toques, as danças, as canções dos orixás e das guardas de Congo e Moçambique. Na Academia de Marlene Silva fiz a reconexão com a cultura negra. Antes dali, ainda me eram fortes os valores oriundos da criação católica e a atuação no movimento de jovens da igreja, assim como o envolvimento com a cultura oriental, a meditação e a comida integral. Acabei, com isso, me distanciando do universo negro.

Na Academia de Dança Afro, junto com os negros e as negras, pude me lembrar da minha adolescência e juventude, em que dançava James Brown. Pude ir pela primeira vez, levado por Marlene Silva, a uma saída de orixá. Foi uma emoção inexplicável. A beleza das roupas, dos cantos e dos movimentos... Aquele acontecimento foi decisivo para despertar em mim o desejo de conhecer mais sobre o universo dos terreiros de Candomblé e das festas do Reinado. A Academia era um terreiro de confluências onde artistas e intelectuais negros e negras conversavam sobre arte e cultura negra, estimulando o surgimento de uma música e uma dança negras contemporâneas na cidade.

Com um pé nas artes cênicas e outro no terreiro, eu acompanhava de perto o debate da arte contemporânea. Na saída de orixá, encontrei o que os artistas procuravam. O corpo que recriava, a partir do movimento, a narrativa dos mitos africanos, tinha conexão profunda com os músicos, com o espaço e com as pessoas presentes no ritual. O cenário estava totalmente integrado à dinâmica do ritual e a vocalização dos textos era marcada por uma musicalidade entre o canto e o canto falado. O que a arte contemporânea buscava estava ali, diante de meus olhos e ouvidos!

Comecei então a problematizar a história oficial da arte e a focar na produção musical negra e em sua conexão com os movimentos da contracultura que emergem nas Américas como consequência da escravização dos povos africanos. A partir da pesquisa nos terreiros, comecei a me dar conta do que estava

CIBERTERREIRO

acontecendo ali musicalmente e no campo da dança. Fui mergulhando no universo dos sons dos atabaques, aprendi a identificar as maneiras de tocar o tambor e os diferentes cantos. Tinha um toque para Xangô, outro para Ogum. Identificava a relação da percussão com a dança, conhecia os ritmos brasileiros que não tocavam no rádio ou na televisão.

Pontos básicos da minha formação haviam sido negados. Quando eu propunha um tipo de dança que para mim eram saberes inscritos no corpo, era comum alguém tratá-lo como intuitivo, sensorial, emocional ou primitivo. Naquele tempo, quando me perguntavam sobre a minha formação, costumava dizer que era autodidata. Percebi, contudo, que ao agir assim, na verdade estava negando o meu percurso e o processo de aprendizado que tive na minha família, nos terreiros, nos congados. Afirmando ser autodidata, definia que havia aprendido sozinho tudo o que eu sabia fazer. Ora, a avaliação que tomava como base o padrão da cultura dita erudita ou clássica, de base europeia, não poderia ser a minha referência.

Seu Raimundo Nonato, Rei Congo de Minas Gerais, contribuiu muito para que eu pudesse rever a ideia de me afirmar autodidata. Foi na convivência com ele, uma pessoa maravilhosa, um grande artista que tive a chance de conhecer, que questionei essa definição. Sempre me lembro do dia em que fui encontrá-lo pela primeira vez. Sentado na varanda de sua casa, ele me perguntou se eu queria mesmo aprender a cantar. Como fui convicto na minha afirmação, ele me chamou para entrar e pediu à sua companheira, dona Custódia, para preparar uma panela de feijão com farinha e arroz. Depois de tudo pronto, levou-me até o quintal. Lá tinha um tronco onde nos sentamos. Seu Raimundo me contou que ali era o lugar onde ele gostava de se sentar para comer. Sentamos, comemos e conversamos. Só quando terminarmos de comer é que ele começou a cantar, uma canção depois da outra, cada uma mais bonita que a anterior. Lembro com tanta perfeição, que quando canto hoje é como se Seu Raimundo Nonato estivesse aqui me ensinando a cantar: "Eh... quando eu sento no pé de ngoma... Eh...".

Seu timbre de voz era meio rouco e anasalado. Com ele, descobri outra sonoridade. Desde a infância, minhas referências eram as vozes de Cauby Peixoto, Nelson Gonçalves, Ângela Maria, Elis Regina, Gal Costa, Milton Nascimento. As belas vozes, limpas e claras, que, para o trabalho que eu desejava fazer, não ajudavam. Eu precisava de outras texturas vocais, e as encontrei com Seu Raimundo Nonato, sentado no quintal com uma tigelinha de feijão, arroz e farofa, me ensinando a entender a sonoridade do Congado e o lugar de onde cantam. Como ele não formalizou os nossos encontros como "oficina de técnica vocal", eu nunca me lembrava de colocá-lo no meu currículo. Hoje sei que a minha expressão vocal tem relação direta com todas as horas que convivi com esse grande mestre.

Quando Seu Raimundo perguntou se eu queria aprender a cantar, ele não buscou um método de canto nem disse que me ensinaria a cantar. Ele simplesmente cantou. Hoje vejo que sua performance me dizia: "O cantor sou eu, me escuta, veja como eu faço". Ele apostava na transmissão de conhecimento daquela forma. As dimensões que queria me passar jamais poderiam ser transmitidas somente pela escrita. Comer aquele arroz com feijão, sentados no tronco do quintal sob a luz da tarde, é muito diferente de pegar um texto para ler em uma sala de aula. A sonoridade que ele fazia tinha relação com aquele lugar.

Percebi algo parecido nas minhas pesquisas. Eu chegava para conversar com o pessoal do Congado, do Candomblé ou dos batuques do interior e ia logo fazendo perguntas, mas eles desviavam o assunto. Convidavam para tomar um café ou para acompanhá-los até a horta. Isso sempre me pareceu sem sentido, ficava desesperado, eu queria saber de música e não de horta! Hoje aprendi que o caminho para se chegar a alguma coisa não é uma linha reta. O que eles fazem não tem a secura e objetividade da pesquisa científica. Há o interesse em saber primeiro quem é você, em qual lugar está. Há todo um ritual da transmissão do conhecimento que, se você não passar por ele, não funciona!

Demorei muito tempo para perceber todo o conhecimento que Seu Raimundo havia transmitido para mim de forma tão natural, a cada encontro que tivemos. Hoje sou muito atento às situações não socialmente reconhecidas como momentos de aprendizagem. Decididamente, eu não sou autodidata. É meu dever nomear os meus mestres e as minhas mestras. Nomear as pessoas que encontrei no meu caminho e que abriram os meus sentidos para perceber o mundo de outras formas.

Comecei a imaginar um outro lugar possível na cena artística. Um lugar que se aproximava mais da maneira dos(as) congadeiros(as), partideiros(as) e capoeiristas de fazer arte. O lugar do "performadô/performadêra", termo proposto por Ricardo Aleixo para se referir ao performer na cultura afro-brasileira, cujos personagens são híbridos e habitam as encruzilhadas.

Temos uma forma específica de aprender e precisamos falar disso nas escolas. São séculos de música clássica na cabeça! Precisamos falar disso entre nós, negros e negras, que muitas vezes não consideramos nosso modo de transmissão como um valor. Precisamos falar do universo afrodiaspórico não como o lugar do exótico, do folclórico, mas como produtor de uma experiência estética sofisticada, partindo do resgate de nossas memórias de negros urbanos. Percebi que era necessário um trabalho de arqueologia e memória pessoal. Improvisar a partir do que íamos nos lembrando das festas de família, das rodas de samba na casa de amigos, das horas dançantes e dos bailes. Era necessário olhar para as artes produzidas pelos grupos de periferia. Pessoas falando de seu cotidiano, de sua vida, de sua maneira de viver.

No final dos anos 1990, me aproximei do rap. Os jovens queriam aulas de percussão e expressão corporal, mas só ouviam rap. O diálogo se fazia impossível, então resolvi ouvir o rap que ouviam. Notei que misturavam os sons eletrônicos com o berimbau e com *samples* de grupos vocais da África do Sul. Fui pontuando essas referências e mostrando que os caras que eles curtiam escutavam outras coisas também. E tudo mudou. Passamos a ouvir músicas africanas, repente, coco de embolada e eles iam identificando esses ritmos no rap. Começamos a falar de poesia. Se por um lado os meninos se dispuseram a conhecer outro universo musical, por outro, passei a descobrir a riqueza musical e poética do rap.

Para gravar um CD de rap naqueles anos, o DJ criava as bases eletrônicas, convidava os músicos para fazer as linhas de baixo e/ou de sopro e depois o rapper e seu grupo iam para o estúdio colocar as vozes. Todo o processo era separado. Quando fui convidado pelo NUC, Negros da Unidade Consciente, para fazer a produção musical do disco deles, propus então que envolvêssemos a musicalidade já existente na própria comunidade – em vez de trabalhar exclusivamente com as bases eletrônicas. Eu e o NUC convidamos então o Grupo de Capoeira que havia no bairro para tocar as bases de percussão; o grupo Meninas de Sinhá para cantar cantigas de roda, como *backing vocals*; e o Trio Senzala para trazer o samba.

Renegado, compositor e rapper do grupo, foi um dia à minha casa. Mostrei o computador que eu usava para fazer música. Ele ficou tão fascinado que comprou um computador financiado em 36 vezes e construiu, no barraco onde morava, um estúdio de gravação. Eu ia até lá quase todos os dias, conversávamos sobre produção musical e *softwares*. Fazíamos experimentações utilizando os diferentes ritmos de música do nosso país e do mundo.

No Brasil, temos a dança afro, mas, quando perguntados pelos africanos e pelas africanas sobre o que é essa dança afro, de que país ela de fato vem, nós não sabemos responder. Nos foi negado o acesso à informação sobre a nossa própria história. A abordagem sociológica, religiosa e política da nossa produção acabou deixando em segundo plano as discussões estéticas e econômicas que envolvem a produção cultural africana da diáspora.

CIBERTERREIRO

Quando esteve no Brasil em 2003, Sheila Walker me presenteou com o seu livro *African Roots/American Cultures*. No livro, ela fala da transferência de tecnologias africanas nos campos da mineração, da agricultura, do cuidado de si e dos outros, da culinária e das artes, promovida pela escravização do povo africano. A partir de suas pesquisas, ela traça as rotas de onde vinham e para onde iam as pessoas escravizadas. Por exemplo, as pessoas que vieram para a região de Minas Gerais eram aquelas que, em suas terras de origem, trabalhavam na mineração e tinham o conhecimento do ferro e da criação de joias. O mesmo vai acontecer com a produção agrícola: o livro mostra que a tecnologia do cultivo do arroz é africana.

Mateus, meu filho mais velho, me apresentou o livro *African Fractals*, do matemático Ron Eglash. Nele, o autor mostra que grandes matemáticos europeus se tornaram inovadores no campo da matemática a partir de conhecimentos avançados presentes nas culturas africanas. Na África, a matemática fractal já atuava nas estruturas de construção das aldeias, no desenho das tranças dos cabelos e na composição da música.

Acostumados a ouvir a história de que os portugueses precisavam de mão de obra e, como não conseguiram escravizar os indígenas, foram buscar os africanos para o trabalho braçal, Sheila Walker nos chama a atenção para outra realidade. Os portugueses foram buscar na África mão de obra especializada e tecnologias que simplesmente não dominavam. Agora, cabe a nós, nos rituais de transfluência de que fala Nego Bispo, *hackear* os códigos coloniais com os nossos dispositivos ancestrais. ∎

ESTER CARRO

A palavra comunidade tem um peso e uma importância muito grande para nós. Eu uso muito a palavra favela, não tenho nenhum problema quanto a isso, mas vejo o Jardim Colombo como uma comunidade, porque, apesar de todos os problemas que enfrentamos, de todas as carências e dificuldades, sinto que podemos sempre contar uns com os outros.

FAZEN-
DINHANDO

Eu sempre disse a mim mesma que a profissão que decidisse seguir, independentemente de qual fosse, teria que impactar o lugar de onde vim. Eu não queria que nenhuma criança passasse pelo que passei na infância. De início, pensei que seria professora. Uma amiga querida, que de alguma maneira enxergou isso em mim, me sugeriu cursar arquitetura. Contei para minha mãe e minha avó sobre essa possibilidade. Minha avó era empregada doméstica, e as patroas sempre doavam revistas para ela – *Casa Vogue*, *Casa Claudia* e outras revistas de decoração – e ela passou a me dar as revistas que ganhava. Eu achava tudo muito bonito, muito bacana, mas não entendia como um arquiteto podia ajudar as pessoas.

Nasci no Jardim Colombo, um bairro que faz parte do complexo de Paraisópolis, e que está situado na Zona Oeste de São Paulo, junto ao Morumbi. Existe esse enorme contraste entre o nosso bairro e as grandes construções, as escolas, as quadras poliesportivas – todas particulares. Nossa experiência sempre foi de muita escassez.

Há um córrego no Jardim Colombo que corta toda a comunidade e que alaga quando chove. Nossa casa nem ficava tão próxima do córrego, mas sofríamos por causa dos alagamentos. Minha irmã e eu brincávamos com a água suja que entrava em casa, o que para nós era uma espécie de piscina. Se hoje digo isso brincando, tem também um lado muito triste, pois muitas pessoas perdiam seus pertences. Toda vez que chegava a época de chuva, era um desespero! Além disso, na frente da nossa casa tinha um lixão, que hoje não está mais lá. O lixo atraía ratos e baratas que acabavam entrando em nossa casa, e tínhamos muito medo. Até hoje tenho medo de ratos por causa do que vivemos na infância.

Dentro do Jardim Colombo também nunca houve uma escola. A escola mais próxima ficava a cerca de trinta minutos andando, e para acessá-la havia um percurso complicado, principalmente nos dias de chuva. O caminho era ruim, e tínhamos medo dos

FAZENDINHANDO

abusadores que ficavam em carros, à espreita. Tentávamos ir sempre em grupos de crianças para que não acontecesse nada.

No último ano do ensino médio, tive que fazer uma pesquisa sobre a profissão que gostaria de seguir. Para isso, me aproximei de alguns arquitetos que estavam trabalhando para a prefeitura em projetos de urbanização e paisagismo dentro do complexo Paraisópolis. Lembro que, ao caminhar pela comunidade com uma das arquitetas, comecei a entender o potencial daquela profissão: sim, eu poderia mudar a vida de muita gente.

Já na faculdade, apesar das ferramentas e técnicas que estava aprendendo, rapidamente percebi que não teria contato com projetos específicos para favelas. Simplesmente não se falava sobre esse assunto. Todos os arquitetos que estudávamos eram grandes arquitetos ou arquitetos de fora do Brasil, e era muito sucinta a forma com que eram discutidas as comunidades. No máximo, passávamos pelo tema de forma ampla e distanciada nas aulas de planejamento urbano, sem estudar nada sobre elas em outras escalas. As favelas nem eram consideradas de fato como parte do território. Não foi fácil seguir adiante no curso, pensei várias vezes em desistir. O material era caro e os estudos exigiam muito tempo.

"Nossa, eu não imaginaria que isso acontecia, que as coisas são assim!", me diziam muitas vezes meus colegas, que ficavam surpresos com as informações que eu trazia. Sei muita coisa sobre esses territórios e essas comunidades por causa da minha experiência. A maioria das pessoas não sabe que nós temos problemas como asma, sinusite, bronquite, rinite, que são causados pela forma como moramos. Eu sou prova disso: a casa em que morávamos quando criança me causou problemas respiratórios que hoje não tenho mais. Nossa saúde está muito atrelada à maneira como moramos, como vivemos, ao contato que temos com o espaço público, com as áreas verdes. Estamos falando de questões de sobrevivência.

É preciso falar sobre isso, mostrar nas universidades que nem todos precisam construir casas de 400 m², que nem todo mundo vai trabalhar com decoração. Hoje não podemos olhar a cidade informal e a cidade formal de forma separada. Elas são uma coisa só, e precisamos estudar os dois lados. É preciso ter disciplinas que tratem desses assuntos. É preciso também tornar visível o trabalho de arquitetos que atuam diretamente com favelas, que pensam o empreendedorismo social. E esse tipo de debate deveria começar nas escolas, antes mesmo que nas universidades.

Ainda há muita gente que não sabe o que acontece numa comunidade. Muitos só souberam recentemente, durante a pandemia, que existe fome; que o saneamento básico ainda é quase inexistente em muitos lugares; que tem gente que precisa compartilhar o banheiro com o vizinho ou com outra família; que entram ratos e baratas dentro de casa com frequência. São coisas que ainda acontecem, que ainda existem, e muitas pessoas não têm noção de que o problema está lá. É muito cruel. Elas não têm noção do que cada morador carrega dentro de si.

Eu me formei em 2017. Naquela época, meu pai, que é presidente da União de Moradores, estava em contato com a plataforma Arq. Futuro, que estuda o planejamento e o futuro das cidades. Meu pai conheceu o Arq. Futuro numa palestra que foi convidado a fazer. Trocaram contatos e eles foram visitar a comunidade. Na visita, conheceram a Fazendinha. Começamos a conversar, eles passaram a nos apoiar e, juntos, pensamos em alternativas para aquele espaço.

A Fazendinha era um dos poucos espaços urbanos livres no complexo de Paraisópolis e na cidade de São Paulo, mas estava tomado por uma quantidade enorme de lixo. Eles ficaram espantados com aquilo e nos contaram de um projeto que havia sido feito pelo Mauro Quintanilha na favela do Vidigal, no Rio de Janeiro. Ele havia transformado um lixão com uma área quase oito vezes maior do que a nossa.

FAZENDINHANDO

O Jardim Colombo, antigamente, era composto por várias chácaras. Com o tempo, foram acontecendo as ocupações que alteraram o perfil do bairro. Quando eu era criança, naquele terreno ainda morava o Seu Chico. Ele cuidava de animais – vacas e galinhas –, e por isso todos na comunidade conheciam o espaço do Seu Chico como Fazendinha.

Foi muito difícil conseguir caminhões para tirar todo aquele lixo. Tivemos que bater à porta da subprefeitura do Butantã que, de início, não queria nos ajudar, embora o terreno fosse dela. Só depois de muita insistência disponibilizaram caminhões. Marcamos um primeiro mutirão com a comunidade, mas no dia marcado estávamos só eu, meu pai e outro morador. Ficamos desesperados! Foi quando voluntários externos do Arq. Futuro começaram a chegar e a colocar a mão na massa, conosco.

Para tirar o lixo do terreno e levá-lo aos caminhões era preciso passar por uma viela estreita. Não foi fácil, mas não paramos. Passamos os meses de dezembro de 2017 e janeiro de 2018 organizando mutirões para levar o lixo até os caminhões. Foram mais de quarenta caminhões cheios de lixo, só naquele primeiro momento de mutirão – e tudo tirado no braço!

Até ali, não tínhamos tido uma grande participação dos moradores. Chegamos à conclusão de que era porque estavam cansados de projetos apresentados a eles que ficavam só no papel. Isso acontece com muita frequência, principalmente com projetos vindos da prefeitura. Tínhamos que mostrar a eles que agora era diferente, que realmente estávamos querendo uma mudança. Foi quando, no final de maio, chegou à comunidade Antonio Moya-Latorre, ex-aluno do MIT, propondo trabalhar com a cultura como infraestrutura de territórios vulneráveis. Durante dois meses trabalhamos juntos e criamos nosso primeiro Festival de Arte.

Para que o Festival acontecesse, porém, tínhamos que avançar com as obras. O terreno da Fazendinha tem um declive de dezoito metros do ponto mais alto ao ponto mais baixo, e decidimos criar plataformas. O Mauro Quintanilha sugeriu que a contenção poderia ser feita com pneus, e logo fomos atrás dos pneus. As empresas às quais solicitávamos ajuda não respondiam, então procuramos pneus na comunidade mesmo, engajando as pessoas.

Criamos um pré-festival com oficinas de fotografia, de marcenaria com *pallets*, de vasos de cimento. Fizemos um *tour* com as crianças pela comunidade, conversando sobre questões ambientais. O mais interessante, no entanto, foi que começamos a escutar os moradores. Visitamos muitas casas e perguntamos o que as pessoas achavam interessante ter no Festival.

Quando o Festival aconteceu, utilizamos não só a Fazendinha, mas também a rua paralela a ela. Tivemos um grande almoço, teatro, jiu-jítsu, oficina de horta, de reciclagem. Fechamos a rua para os veículos e abrimos a rua para a cultura. Uma das oficinas se chamava Fazendinhando, e nela levamos uma maquete para que as crianças percebessem o terreno e pudessem desenhar em folhas de papel o que desejavam para aquele espaço.

Apesar de termos arquitetos envolvidos, era também muito importante para nós entender o que a comunidade esperava da Fazendinha. Em 2019 realizamos uma pesquisa chamada Escuta Ativa, na qual conversamos com moradores de ponta a ponta da comunidade – crianças, idosos, homens, mulheres e jovens – para entender o que estavam achando das transformações, se queriam ajudar, quais eram suas expectativas.

O primeiro Festival de Arte nos mostrou que não era possível pensar apenas a transformação física daquele lugar; precisaríamos pensar as questões e transformações culturais, desde a conscientização até o envolvimento. Começamos, então, a organizar mensalmente oficinas na Fazendinha. Os moradores começaram a sentir que eram parte daquilo, que seus filhos também faziam parte.

A logomarca do Fazendinhando foi trabalhada com as crianças, que escolheram as cores e o desenho que desejavam, e nós simplesmente replicamos o que elas fizeram. As crianças pe-

FAZENDINHANDO

diram muito uma quadra, então inserimos uma na parte mais plana, bem como um muro de escalada, um escorregador, um *playground*. Tudo foi feito com base no que as crianças pediram.

Nunca é fácil trabalhar com poucos recursos. E também não foi fácil entender como engajar os moradores e como fazê-los participar, falar, entender que são agentes transformadores com enorme potencial. Nas comunidades, as pessoas costumam achar que não têm potencial, que precisam se limitar, e o que nós temos buscado mostrar é que elas podem, sim, alcançar seus objetivos, buscar seus sonhos. As pessoas precisam crescer, acreditar, e às vezes o que falta é só um empurrãozinho!

Hoje temos grupos de WhatsApp e, por meio deles, nos comunicamos com os moradores. Alimentamos frequentemente os grupos, procurando manter o apoio e o engajamento. E buscamos também ter sempre atividades para oferecer. As pequenas mudanças fazem diferença, e quanto mais pessoas estiverem fazendo um pouquinho, este pouquinho vai se transformar em muito. Começamos com a transformação de um lixão em um parque e hoje já estamos lidando com muitos outros projetos.

A palavra "comunidade" tem um peso e uma importância muito grande para nós. Eu uso muito a palavra "favela", não tenho nenhum problema quanto a isso, mas vejo o Jardim Colombo como uma comunidade, porque, apesar de todos os problemas que enfrentamos, de todas as carências e dificuldades, sinto que podemos sempre contar uns com os outros. Gosto de reforçar essa palavra, reforçar que na comunidade há afeto, há luta, há persistência e que, apesar de todos os medos, de todas as angústias, de todas as coisas ruins que acontecem, as comunidades são fortes quando as pessoas se unem.

Em março de 2020 fizemos nosso último mutirão. Naquele momento estávamos assustados, porque, com a Covid-19, muitos moradores vinham falar conosco pedindo ajuda. Estavam perdendo seus empregos e muitos já não tinham o que comer dentro de casa. Desesperados, tínhamos que encontrar novas alternativas para ajudar o Jardim Colombo. A primeira campanha que realizamos foi pequena: compramos 28 cestas básicas que não iriam conseguir alimentar as quase 5 mil famílias que delas precisavam, mas tínhamos que começar de algum modo.

Foi desanimador quando começamos a distribuir as cestas de casa em casa: as casas se encontravam em estados muito precários, e as pessoas realmente não tinham o que comer. Então, para nossa surpresa, uma rede de solidariedade começou a surgir dentro do Jardim Colombo. As doações começaram a aumentar graças às redes que estávamos criando ao longo desses anos por meio de uma gestão horizontal e compartilhada, e começamos a realizar um trabalho com a comunidade. Fizemos *flyers* pedindo para que as pessoas ficassem em casa; criamos um *flyer* específico explicando protocolos de higiene e também improvisamos uma moto de um morador com uma caixa de som acoplada para disseminar informações verdadeiras para a comunidade, já que havia uma série de *fake news* circulando e as pessoas não sabiam que informações escutar.

Na nossa segunda entrega tínhamos cerca de quinhentas cestas básicas, mas foi um desastre total! Os moradores estavam sem máscaras, havia muita aglomeração, nós não sabíamos o que fazer e os moradores não paravam de falar: "Cadê minha cesta? Eu estou precisando! Como é que vou fazer?". Era muita gente pedindo, muita gente angustiada, preocupada, com medo de ficar sem cesta. Paramos naquele mesmo dia e concluímos que seria necessário encontrar algum meio de melhorar aquilo.

Realizamos, então, a formação de uma equipe de cerca de cinquenta voluntários que fizeram um cadastro de casa em casa, de viela em viela, de porta em porta do Jardim Colombo. Nesse cadastro constava a quantidade de pessoas na casa, com nome, documento, endereço, renda da família, status da propriedade, telefone. A partir daí, começamos a elaborar listas em que cons-

FAZENDINHANDO

tavam as famílias que seriam atendidas a cada dia. Criamos cinco grupos de WhatsApp, cada um com cerca de duzentas pessoas. Isso ajudou muito, porque uma ia contando para a outra: "Olha, seu nome hoje está na lista!". Distribuímos, com a lista, uma senha que a pessoa precisava apresentar quando chegava à portaria, onde tínhamos também o cadastramento para famílias que, por acaso, não tivessem sido contempladas no mapeamento.

Montamos um espaço que servia não apenas para a retirada das cestas, mas também para abastecimento, montagem e controle de produtos. Um grupo de pessoas ficava responsável pelas assinaturas de termos que comprovavam que cada pessoa havia recebido a sua cesta. Foi quase uma multiplicação do pão e dos peixes, porque, das 28 cestas básicas que tínhamos no início, conseguimos 25 mil cestas básicas, além de uma quantidade muito grande de produtos de higiene e limpeza, fraldas, cestas de legumes, doações de roupas.

Tínhamos um local para deixar as crianças e também uma cozinha comunitária desativada que reativamos, de forma que conseguimos gerar renda para cinco mulheres da comunidade com a produção de marmitas, focando principalmente os moradores em situação de rua e os idosos. Ao final, conseguimos atender não só toda a comunidade do Jardim Colombo, como também outras treze comunidades no estado de São Paulo.

Alguns casos nos assustaram, como o de um senhor que mora com o irmão numa casa que não tem água. É impossível não se perguntar como, em pleno século XXI, na região do Morumbi, temos famílias que não têm água em casa, não é? A casa desse senhor parecia o cenário de um filme... Já entrei em muitas casas ruins na minha vida, mas naquele barraco de madeira eu mal consegui entrar. Perguntamos como faziam para tomar banho ou beber água, e nos contaram que colocam baldes no quintal para captar a água da chuva. Quando não chove, eles pedem para os vizinhos.

Só foi possível descobrir casos como aquele por causa desse trabalho minucioso feito pelos voluntários. O impressionante é que a prefeitura e outros órgãos públicos não têm noção dessas coisas! Nesse mesmo levantamento percebemos que havia um número muito grande de mulheres desempregadas, mães solteiras pagando aluguel, passando por várias dificuldades. Nós não podíamos deixar essas mulheres desamparadas, e acabamos criando um projeto chamado Fazendeiras, que lida com a qualificação das mulheres nos campos da gastronomia e da construção civil. Para além da formação (muitas delas nunca tinham feito qualquer curso na vida), o mais interessante foi o elo que se estabeleceu entre elas. Hoje, quando uma fazendeira precisa de apoio em casa, ela anuncia no grupo e as outras fazendeiras ajudam imediatamente.

Com todas essas ações, muitas pessoas passaram a enxergar em si um potencial que achavam que não tinham. De alguma maneira nós estávamos potencializando o que estava guardado, fechado dentro desses moradores. Quando eles começaram a participar e se engajar, passaram a entender que podem mudar a realidade deles e da comunidade.

A pandemia mostrou para todos nós que não podemos mais viver em bolhas, que precisamos construir pontes. Um dia, em algum momento, isso vai bater à porta de todo mundo. Se toda essa miséria, todas as coisas terríveis que têm acontecido nos territórios vulneráveis ainda não bateram à sua porta, elas vão bater em algum momento. Não podemos mais pensar numa vida sem colaboração, sem processos participativos, sem união, sem solidariedade. O que temos na nossa comunidade é valioso, e é preciso ajudar as pessoas de fora da comunidade a enxergar isso.

Como pesquisadora, busco levar isso para a universidade sempre que posso. Tenho circulado por várias escolas de arquitetura e não me canso de dizer que a universidade deve atuar nesses territórios, deve ser um dos pilares dessas transformações. A universidade tem um potencial muito grande de produzir conteúdo e pesquisas que expliquem e cataloguem essas metodologias e que as coloquem em contato com seus alunos para que debatam e falem cada vez mais sobre esses assuntos. Nós temos as soluções, sabemos o que queremos e o que precisamos fazer – o que nos falta, na maioria das vezes, é apoio e suporte.

A linguagem dentro de uma comunidade é muito diferente da linguagem acadêmica. As pessoas não entendem o que é produzido na academia, está tudo muito distante da linguagem que as comunidades conhecem e com a qual trabalham. Os moradores estão mais acostumados a ver imagens, a trabalhar com grafite, com arte, com dança, com música. Como fazer chegar um artigo acadêmico aos moradores? Tem gente ali que mal sabe ler ou que simplesmente não vai ler. Eu tento de alguma maneira falar também sobre isso na universidade, sobre a linguagem que queremos usar para falar com as comunidades. É evidente que há todo um conhecimento técnico extremamente importante, mas que ainda está sendo produzido de um lugar muito distante. Por isso precisamos ter, dentro da academia, mais pessoas desses territórios.

Sou a primeira pessoa do Jardim Colombo, que tem 5 mil famílias, e provavelmente de todo o complexo de Paraisópolis, a fazer um mestrado. Precisamos ter mais diversidade com urgência, e precisamos debater isso, porque trocas são importantes e muito ricas. Quero ver cada vez mais pessoas como eu entrando nas universidades. Quero ver jovens retribuindo para suas comunidades, se formando, mas não se esquecendo de suas origens.

Nunca tive uma referência de arquiteto ou arquiteta durante minha graduação, nem mesmo durante o mestrado. Sempre admirei vários arquitetos, mas nunca houve um com o qual pudesse me identificar, que visse como uma fonte de inspiração. Foi a minha professora de inglês quem me recomendou, certa vez, um vídeo de Francis Kéré, um arquiteto que nasceu na África, em uma comunidade muito pequena em que não havia escola, não havia infraestrutura, não havia quase nada. Ele foi estudar arquitetura na Alemanha, abriu um escritório de arquitetura e um instituto, e voltou para o lugar de onde veio. Lá, ele construiu a primeira escola, e foi a pessoa responsável por levar água à comunidade. Ele trabalha com projetos sustentáveis, usando materiais locais. Quando descobri o trabalho de Kéré, fiquei muito impressionada! Como é que na faculdade ninguém nunca havia me falado dele?

A experiência na Fazendinha nos mostrou que existem outras Fazendinhas em outros locais, e por isso comecei, há pouco, a fazer um mapeamento desses locais na cidade de São Paulo. Existem outros espaços que estão degradados e que não têm recebido atenção. É fundamental começarmos a olhar para eles, até porque isso nos leva à questão da mudança climática. São Paulo é uma cidade muito adensada e muito impermeável, e a cada dia perdemos áreas livres e verdes que poderiam ser hortas e espaços de convivência. As pessoas precisam desses espaços, esses vazios são muito importantes, principalmente em territórios tão densamente ocupados como costumam ser as comunidades, com uma casa em cima da outra e pouquíssimos espaços livres.

Não podemos mais pensar nas cidades sem levar em consideração as questões climáticas, sem pensar que nossa forma de vida vai acarretar uma série de problemas no futuro. Nesse sentido, sinto que o Jardim Colombo tem o enorme potencial de ser uma comunidade modelo, até porque ele mostra que essas transformações não requerem muito dinheiro. No projeto de urbanização proposto pela prefeitura está previsto um parque linear que vai percorrer toda a comunidade e, se isso acontecer mesmo, vai ser extremamente importante – mas poderíamos também ter uma escola. Poderíamos ser referência em reciclagem de lixo. Poderíamos limpar a nascente do córrego que fica no bairro. Poderíamos ver esse córrego limpo algum dia, cheio de peixes. Esses são meus sonhos. ■

FAZENDINHANDO

NEI LEITE XAKRIABÁ

No passado, tínhamos acesso a um rio que hoje está nas mãos dos fazendeiros. O nome Xakriabá significa "bom de remo", mas hoje estamos a cerca de quarenta quilômetros do rio São Francisco. Além da retomada do território, estamos fazendo a retomada da língua xakriabá também. Pesquisando com os nossos mais velhos, buscamos trazer de volta as palavras que eles guardaram em segredo durante todo esse tempo.

ENSINAR SEM ENSINAR

uando vamos à cidade, muitas pessoas dizem: "Olha aí, estão chegando os ladrões de terra!". Não sabem que o território xakriabá foi demarcado em 1987, com apenas um terço do tamanho do território tradicional, após uma chacina. Foi a primeira chacina reconhecida como genocídio após a Constituição de 1988, na qual mataram inclusive o vice-cacique. Hoje, quando fazemos as retomadas do território tradicional, nos chamam de ladrões de terra. Não entendem que estamos retomando algo que era nosso. Acham que não precisamos da terra e que vamos atrapalhar o desenvolvimento do país, que somos um entrave porque não plantaremos soja nem exploraremos os minérios da terra. Na verdade, é o contrário: nós preservamos o território. Vivemos ali de maneira sustentável cuidando das nascentes, das florestas e dos animais – o território é sagrado para o nosso povo.

Temos registros de mais de trezentos anos de contato com os não indígenas, um tempo que resultou numa série de violências e proibições. Fomos proibidos, inclusive, de falar a língua xakriabá. Primeiro vieram os missionários com o objetivo de catequizar os indígenas e ensinar as suas crenças; em seguida chegaram os bandeirantes e, por último, apareceram os fazendeiros. Por isso, além da retomada do território, estamos fazendo a retomada da língua xakriabá também. Pesquisando com os nossos mais velhos, buscamos trazer de volta as palavras que eles guardaram em segredo durante todo esse tempo.

No passado, tínhamos acesso a um rio que hoje está nas mãos dos fazendeiros. O nome Xakriabá significa "bom de remo", mas hoje estamos a cerca de quarenta quilômetros do rio São Francisco. Temos um grave problema de escassez com relação às águas, precisamos coletar água da chuva. Ultimamente, com a crise climática, tem chovido cada vez menos e várias nascentes secaram. A água dos poços abertos apresenta muito calcário em sua composição e não é indicada para o consumo. Ao fazermos retomadas territoriais em direção ao São Francisco, recebemos muitas ameaças, mas não desanimamos. Somos aproximada-

ENSINAR SEM ENSINAR

mente doze mil indígenas, a maior etnia em número de pessoas do estado de Minas Gerais. Estamos aqui até hoje porque fomos resistentes e vamos continuar sendo.

Assim como a língua, a cerâmica xakriabá também foi ficando esquecida ao longo dos séculos, a ponto de não haver mais ninguém produzindo ou usando peças cerâmicas no dia a dia das aldeias. Quando me tornei professor de arte na escola indígena, resolvi escutar os mais velhos da comunidade. Para saber sobre a cerâmica xakriabá, procurei minha mãe. Ela me contou que aprendeu imitando uma tia e começou, assim, a produzir os próprios brinquedos de argila. A tia não ensinou, minha mãe a viu fazendo, de longe, e achou incríveis os seus bichos de barro.

As crianças, desde muito cedo, aprendem brincando com barro, lambuzando-se na terra, vadiando com a terra, aprendendo que a terra é a nossa mãe. Aprendem a respeitar os ciclos da natureza, o tempo da lua, o tempo da chuva, o período do broto. Percebem que quando a terra está brotando, o barro fica mais fraco e as peças de cerâmica acabam rachando. É desse modo que vão aprendendo, pouco a pouco, a valorizar e a respeitar a natureza.

Esperamos a lua certa para tirar o barro. As mulheres, quando estão menstruadas, não devem pegar no barro. Nos três ou quatro meses após o parto, também ficam impedidas de lidar com o barro. Já apareceram lojistas na nossa aldeia pedindo a produção urgente de peças, querendo tudo no tempo deles, sem conhecer ou considerar o tempo do barro, o tempo que compreendemos, respeitamos e que vem desde os nossos antepassados.

O meu avô era caçador e, quando saía para o mato, ficava lá por três dias até voltar com algum animal que seria parte do alimento da família. Foi assim que minha mãe teve contato com muitos animais e que começou a fazer os seus bichinhos: fazia pássaros, tatu, gavião, onça, veado... os animais que meu avô trazia de suas caçadas. Minha mãe fazia peças apenas para mostrar para as outras pessoas, porque ainda não tinha aprendido a queimar as peças e elas, assim, não tinham resistência.

Aprendi cerâmica fazendo os bichinhos de argila, como minha mãe, e depois comecei a fazer moringas. Cursando a Licenciatura Indígena na Faculdade de Educação da Universidade Federal de Minas Gerais, decidi me aprofundar na pesquisa sobre a cerâmica xakriabá e entrevistei vários ceramistas mais velhos do nosso povo, também chamados de "livros vivos".

Entre nós havia o costume de presentear os noivos, em seus casamentos, com objetos artesanais de cerâmica. Uma das estratégias de retomada da cerâmica foi transferir a nossa pintura corporal para os objetos de cerâmica, usando figuras de animais do cerrado como tampa para as moringas que seriam presenteadas. As moringas que os nossos mais velhos faziam tinham tampas mais simples, mas como eu tinha um vínculo familiar com esses animais, resolvi colocá-los como tampa. Fiz moringas de jacus, tatus-bola, gaviões e onças. A onça, por exemplo, é um animal importante para a cultura xakriabá. A Iaiá Cabocla, uma onça encantada, é nossa protetora. Os pajés se comunicam com ela. Tudo isso despertou o interesse não só da comunidade, mas também das pessoas de fora, levando para além do território um pouco da nossa história. Hoje a cerâmica voltou com muita força entre os Xakriabá.

Retomamos uma queima a céu aberto que muitas pessoas não conheciam mais, apenas alguns dos nossos mais velhos se lembravam. Eles faziam a queima a céu aberto com um tipo de casca de árvore que era bastante comum naqueles tempos, mas que hoje não é mais. Não conseguimos utilizar as mesmas cascas e lenhas. A exploração dos fazendeiros destruiu tudo e temos dificuldade em conseguir muitos materiais para produzir não só a cerâmica, mas também as fibras para fazer outros tipos de artesanato. Fazemos a queima a céu aberto de tempos em tempos, mas, no dia a dia, utilizamos tipos de queima que aproveitam apenas as árvores secas trazidas da mata.

Os mais velhos recomendavam que fizéssemos a queima a céu aberto no meio da mata, afastados de outras pessoas, porque ali ventava menos. Diziam também que o isolamento evitava o que conhecemos como "olho ruim": se certo alguém chega enquanto fazemos a queima, ela pode não dar certo só porque aquela pessoa chegou e olhou para a fornada.

Tivemos que fazer adaptações para conseguir retomar a queima tradicional a céu aberto. O forno a céu aberto consome muita lenha. Você faz uma fogueira enorme e parte da caloria vai embora. Pesquisadores parceiros foram nos mostrando tecnologias que agregamos às nossas. Em 2004, Rogério Godoy, professor da Universidade Federal de São João Del Rei, fez uma pesquisa caracterizando a argila e a cerâmica xakriabás. Passou por cada aldeia coletando as diferentes argilas. Observou qual era a temperatura em que cada argila, proveniente de cada aldeia, queimava, e de que cor elas ficavam. E construiu um forno, o forno catenária, ao lado da nossa Casa de Cultura, onde se reúnem, de tempos em tempos, os artesãos das aldeias e acontecem os intercâmbios com artesãos de fora também.

Certa vez vieram as mulheres artesãs do Candeal, uma comunidade vizinha ao território xakriabá. Elas saíram do nosso território tempos atrás, para morar no município de Cônego Marinho, mas mantiveram a tradição da cerâmica em sua comunidade. Fizemos esse intercâmbio porque elas tinham parentes aqui no território, eram de uma família que tinha saído da comunidade xakriabá. Tudo isso tem contribuído para as retomadas das práticas tradicionais: aprender com os nossos mais velhos, fazer oficinas e cursos e trazer conhecimentos que juntamos e elaboramos em novas práticas.

Hoje usamos o forno catenária construído por Godoy. Pesquisando as argilas xakriabás, ele percebeu a dificuldade que temos em conseguir lenha no nosso território. O forno catenária é um forno de chaminé, que tem como principal característica a economia de lenha. Com pouca lenha ele consegue chegar a uma temperatura alta e estabilizar a temperatura dentro do forno. As novas tecnologias vêm, assim, para contribuir com os processos de retomada.

A escola indígena diferenciada surgiu há mais de vinte anos da luta de todas as lideranças para que a escola do território xakriabá tivesse modos próprios de ensino e aprendizagem, para que a escola respeitasse as nossas práticas e a nossa realidade, dentro de um calendário próprio. Antes, os professores vinham da cidade. Eram contratados pelo prefeito, que era envolvido com os conflitos locais de terra, o que fazia com que os professores não valorizassem as nossas práticas, e chegassem até mesmo a proibir a manifestação de muitas dessas práticas nos espaços da escola.

No início, tivemos algumas dificuldades, pois a Secretaria de Educação estava acostumada com as aulas entre quatro paredes. Uma aula com cadeira, professor, aluno e quadro. Ao chegar na escola e ver que o professor não estava ali nos horários estabelecidos, começaram a questionar, até que entenderam que a nossa escola é diferente e que temos outros jeitos de ensinar. O nosso povo tem formas diferentes de ensinar e aprender – costumamos dizer que é um "ensinar sem ensinar". As crianças aprendem simplesmente observando uma pessoa mais velha fazendo o seu trabalho. Aprendem brincando, vadiando.

Uma vez, a inspetora questionou a direção porque chegou à escola no dia de um velório e não encontrou nenhum aluno na escola. Por que eles não estavam ali? Temos muito respeito por todos da comunidade e, quando morre algum de nós, a escola para e todos vão ao velório. O velório também é um lugar de aprendizagem, onde o aluno vai aprender a se comportar durante o processo, vai aprender sobre a alimentação e sobre os cantos específicos para aquele dia. Vai saber o que pode ser feito e o que não pode. Se ficasse na escola, como ele poderia aprender sobre todas essas coisas?

Hoje os professores da escola são todos da aldeia, envolvidos com as práticas da comunidade, e temos enfrentado juntos os desafios para trabalhar as nossas práticas ancestrais. Quando uma inspetora se acostumava com o nosso jeito de ensinar, terminava seu período de atuação e uma nova inspetora aparecia e o ciclo recomeçava. Atualmente, alguns dos inspetores têm chegado com a mente mais aberta para essas questões, mas sempre há conflitos. Como não conhecem por dentro a nossa realidade, acabam atropelando o nosso jeito de organizar e pensar a educação que queremos para os alunos da nossa aldeia. Célia Xakriabá foi bem precisa em sua expressão do "amansamento do giz", que se refere ao gesto da escola que passou a valorizar as nossas práticas.

Quando, em 2007, foi criado o cargo de professor de cultura, essa conquista nos fortaleceu. Foi uma luta para que o Estado reconhecesse que pessoas que não sabiam ler nem escrever podiam ser professores também. Se, para o Estado, alguém que não tinha escolaridade não deveria ser professor, para nós é o contrário: eles são justamente os nossos sábios, e temos muito orgulho desta conquista.

Os professores da escola diferenciada não escolhem serem professores, são escolhidos pela comunidade para fortalecer as práticas tradicionais. Os nossos mais velhos não sabem escrever, mas sabem muitas outras coisas. São pessoas que têm experiência e vivência, que dominam um conhecimento amplo, reconhecem as plantas medicinais e seus usos, as práticas artesanais e a história das lutas. Alguns deles são pajés, sabedores das práticas ancestrais. Hoje temos também professores de cultura jovens, aprendizes desses mestres.

Muitas vezes, quando trabalhávamos alguma das práticas tradicionais, os professores tinham que ir para o espaço da calçada da escola, porque não havia espaços próprios para elas, não havia lugares na escola onde fosse possível fazer a corrida do maracá, o cabo de guerra, a luta do toco, o treinamento de arco e flecha... ou onde pudéssemos fazer os nossos artesanatos e deixá-los expostos para que todos os alunos vissem, como uma forma de incentivar o envolvimento.

Os professores de cultura tinham somente duas horas de aula para ensinar práticas tradicionais como a pintura corporal e a música ou para sair com os alunos e levá-los para conhecer os remédios naturais no mato. Os demais professores tinham que arranjar algum momento em suas disciplinas específicas para trabalhar as questões diferenciadas, pois o Estado vinha periodicamente avaliar se o aluno conhecia certas coisas como a luz amarela, vermelha e verde do farol de trânsito! E, quando os alunos tiravam uma nota ruim, éramos chamados pela Secretaria de Educação, que nos questionava, cobrava e reclamava.

Logo percebi que as aulas protocolares de cinquenta minutos, apenas lendo ou falando sobre a cerâmica, não traziam resultados efetivos. Resolvi, então, trazer os alunos para o espaço onde trabalho, na minha casa, na minha oficina de cerâmica. Condensamos as aulas de todo o mês nos finais de semana, e assim não ficávamos mais preocupados com a hora do relógio. O que passa a determinar a hora da aula é o barro, seguimos a hora do barro.

A lua domina a terra, e isso é um ponto muito importante para nós. Observamos as fases da lua. Seguimos as fases da lua para fazer quase todas as nossas atividades. O aluno aprende, assim, a coletar e a preparar o barro, a saber o que deve ser feito antes de começar a fazer a cerâmica. E após a modelagem e o acabamento das peças, os alunos levam os objetos produzidos para que sejam utilizados em suas casas, para darem de presente ou para fazerem trocas.

A nossa escola tem uma realidade própria e objetivos próprios. As crianças vão crescendo e desenvolvem a ideia de pertencimento à comunidade. Não abandonamos os conhecimentos de fora da aldeia, mas o principal conhecimento para nós é o do nosso povo. Queremos preparar os nossos alunos para viverem na terra, e não para saírem da terra.

ENSINAR SEM ENSINAR

Aqui, muitas pessoas acabam saindo do território para trabalhar no corte de cana, na colheita do café no sul de Minas, em São Paulo e no Mato Grosso, e alguns não retornam, ficam morando por lá. Outros voltam mortos, porque acabam tendo contato com a violência dos grandes centros urbanos, e outros, ainda, retornam com problemas com drogas. As mulheres acabam ficando um ano distantes de seus esposos que estão trabalhando fora. Por isso, a nossa ideia é que seja possível sobreviver no próprio território. A ideia é aproveitar as matérias-primas existentes aqui, é estimular a nossa arte como forma de geração de renda.

As informações sobre os povos indígenas, na maioria das vezes, são informações distorcidas, com uma visão atrasada, do indígena do passado – aquele ser que não pode evoluir, não pode usar celular, não pode usar roupa. Se usar, está deixando de ser indígena. Essa é uma visão generalizada também, que acha que todos os indígenas são iguais, que desconhece que somos mais de trezentos povos de culturas diferentes, com artes e crenças diferentes, que falam mais de 250 línguas.

Na cidade, é comum ouvirmos as pessoas duvidando que há indígenas em Minas Gerais. Às vezes nos perguntam se viemos da Amazônia, e quando respondemos que somos de Minas, ficam assustadas, dizendo que não sabiam que havia povos indígenas no estado. Sofremos toda a sorte de preconceitos e estereótipos. A bancada ruralista acha que estamos atrasando o país, que somos um impedimento – e muita gente cresce com isso. Já ouvi muitas pessoas dizendo que não gostam da gente porque o governo nos sustenta. Que somos preguiçosos e não fazemos nada. Eu já cansei de ouvir isso! Essas pessoas, de certa forma, também são vítimas de um sistema, crescem ouvindo isso e acabam achando que é assim. E se tornam vereadores, prefeitos, deputados, senadores, presidentes e vão conduzindo a população para essa mesma direção.

Nos livros didáticos, há pouca informação sobre a cultura indígena, principalmente sobre a arte indígena. Em um livro com duzentas páginas, encontramos não mais do que três páginas tratando da arte indígena, e muitas vezes de forma muito equivocada. Conhecemos muito mais a cultura e a arte europeia ou estadunidense do que o que está ao nosso lado, a arte dos nossos povos. Por isso é muito importante estarmos presentes nas universidades, nos museus e em outros espaços expositivos, para mostrar um pouco da nossa história.

Nem sempre, quando os outros falam por nós, o fazem de forma real, por mais bem-intencionados que sejam. Muitas vezes cometem equívocos. Agora é a hora de começarmos a falar por nós mesmos. A universidade precisa conhecer melhor as nossas práticas. Uma forma de contribuirmos para que essas informações circulem é ocupar esses espaços, começar a falar, a escrever e a mostrar o que fazemos. Os nossos filósofos indígenas, nossos pensadores, não são reconhecidos. A universidade precisa olhar para essas pessoas e começar a tratar as questões que elas trazem em suas salas de aula, em suas disciplinas. Durante muitos anos, a universidade enviou alunos e professores para fazer pesquisas sobre nós. Hoje somos também pesquisadores do nosso povo.

Sou o primeiro Xakriabá a fazer mestrado, na Escola de Belas Artes da UFMG, e não posso ocupar esse espaço de qualquer forma, tenho que corresponder às expectativas da minha comunidade. Eu tenho que ir para a universidade, mas depois tenho que voltar para a aldeia trazendo essas contribuições, porque estou na universidade fazendo mestrado não por uma luta minha, mas pela luta do meu povo.

A arte, para nós, tem forte ligação com a vida, com o nosso dia a dia. As pessoas que não nos conhecem veem um indígena pintado e imaginam que a pintura busca simplesmente uma beleza para o corpo mas, na verdade, além da beleza, os traços representam proteção e a tinta traz energias. Todos os objetos produzidos têm uma função para a nossa vida. Um colar, um penacho, uma pulseira, um vaso de cerâmica – tudo traz significados e uma história que vai além da beleza envolvida. São objetos utilitários e que, ao mesmo tempo, têm outras funções.

A nossa arte é também ativista, porque de certa forma leva a informação do nosso povo, denuncia as violências sofridas, carrega a história da nossa luta e do nosso território. Nas viagens que temos feito percebemos o quanto o trabalho artístico é importante, pois muitas pessoas passaram a nos conhecer através da nossa arte.

Quando fiz minha licenciatura, eu não queria escrever um texto que ficasse engavetado, sem que mais pessoas tivessem acesso. Queria produzir um manual de cerâmica xakriabá e fazer uma exposição com as peças que eu estava produzido durante a pesquisa. Estava envolvido com projetos da aldeia e, ao mesmo tempo, com projetos de extensão que a universidade estava fazendo aqui também, que incluíam a construção da Casa de Cultura e oficinas de cerâmica. Produzi, assim, um manual de cerâmica xakriabá que está circulando por todas as aldeias do território, ensinando o passo a passo da cerâmica. As pessoas que não conseguem ler também podem aprender apenas olhando as imagens. Foi uma pesquisa prática e envolvida com as práticas comunitárias.

O trabalho que fiz durante a licenciatura, nesse sentido, é muito distinto da leitura de textos de filósofos que encontrei no mestrado. Muitas vezes não consigo dar conta do que eles querem expressar. Os filósofos de séculos atrás tratam da própria arte e falam de algo que é bem diferente da nossa arte. Fico me perguntando por que os nossos filósofos xakriabás não fazem parte dessas disciplinas. Por que os estudantes não acessam seus pensamentos e o modo como funciona a nossa arte? Por que temos sempre que ler sobre pessoas de tão longe, tão distantes de nós?

Minha experiência mostra que não adianta apenas haver vagas indígenas oferecidas pela universidade, sem que tenhamos também as condições para que possamos fazer o curso. Eu tenho família, eu tenho um emprego, e não é fácil ir para a cidade, passar um ano morando lá. Também não gostamos de ficar muito tempo na cidade, um mês já nos parece uma eternidade! Para nós, é importante estar em ligação com as nossas raízes, manter o contato com a terra. Manter o contato não só com a natureza, mas com os nossos antepassados, com outras energias, com os encantados. Por esses motivos, muitas pessoas da aldeia acabam decidindo não fazer esses cursos.

Esperamos que a universidade possa, cada vez mais, facilitar e flexibilizar os trâmites para garantir a entrada dos povos indígenas em seus espaços. Da mesma forma que, para nós, essa é uma contribuição – aprendemos muito ao ir para a universidade –, a universidade também pode aprender muito conosco. Trata-se de uma troca recíproca. Temos que pensar em práticas que venham a contribuir para um mundo para as próximas gerações, para depois de nós. Serão os nossos filhos, os nossos netos, os nossos bisnetos que estarão por aqui. Nada é feito só para nós. ■

OREMV IKPVNG

As lideranças, os caciques e a comunidade xinguana começaram a perceber as mudanças dos sinais, no clima, no ciclo das chuvas, na umidade cada vez menor, na vazão prolongada e nas novas praias que apareciam no rio, na cor da água. Na cultura Ikpeng, nunca se pensou que seria necessário, um dia, plantar a floresta de volta. Olhávamos o infinito-floresta e falávamos: "Isto não vai acabar, nós somos a floresta, e a floresta somos nós. Se a floresta acabar, a gente acaba".

AQUELES QUE ANDAM JUNTOS

As formigas *yarang* saem todas juntinhas, buscam folhas, sementes e galhos, vêm com tudo na cabeça, levam para casa e beneficiam. É assim que fazem essas formigas, conhecidas na língua portuguesa como cortadeiras ou saúvas, e também as Mulheres Yarang que compõem a Rede de Sementes do Xingu. O nome desse grupo de mulheres foi escolhido entre *yarang*, *rere* e *kurigre* – *rere* é morcego e *kurigre* é esquilo na língua Ikpeng.

O Movimento das Mulheres Yarang começou em 2009. Eram apenas quinze coletoras na época, em sua maioria mulheres mais velhas. Elas coletaram mais de quinhentos quilos de sementes de quarenta espécies. Ainda não estavam muito organizadas mas, agora, mais de dez anos depois da fundação do movimento, já acumulam mais de três toneladas de sementes florestais coletadas e mais de 1 milhão de árvores plantadas.

Atualmente, as coletoras *yarang* que vêm entregar as sementes coletadas são 74, mas na verdade a comunidade toda participa – os maridos, as filhas e os filhos. As sementes das coletoras são exclusivamente para reflorestamento, não são para cosmética nem para alimentação. Comercializamos sementes também para artesanato e cosmética, mas temos protocolos para que as sementes destas indígenas sejam exclusivamente para o reflorestamento.

Nas aldeias, conversamos sobre reprodução, qualidade e logística das sementes. No ano passado, a Rede de Sementes do Xingu ganhou o Ashden Awards, prêmio internacional para soluções climáticas. Fomos reconhecidos internacionalmente como a maior rede de sementes do Brasil e estamos ajudando a formar outras redes, como a Rede de Sementes do Rio Doce, no norte de Minas Gerais.

A Rede de Sementes do Xingu ultrapassou fronteiras e hoje vai da Bacia do Xingu à Bacia do Araguaia, e também atende a demandas em Goiás. Hoje temos mais de quinhentos coletores: são coletores urbanos, não indígenas que moram na cidade, coletores de pequenas agriculturas familiares, coletores de assentamentos e coletores indígenas. Cerca de 60% dos coletores são mulheres. Nossos clientes ou parceiros são, principalmente, pessoas envolvidas com barragens e criadores de gado, que compram as sementes e reflorestam.

Quem desmatou é o cliente que compra as sementes e que agora está reflorestando – e pagando às coletoras. As Mulheres Yarang falam que o trabalho com sementes independe da questão financeira, pois se pensassem só em ganhar dinheiro, não iriam coletar, porque o pagamento não é mensal, é anual. As Mulheres Yarang e a Rede de Sementes do Xingu integram e sustentam uma economia com a floresta de pé.

A maioria das Mulheres Yarang não fala português, por isso falo por elas, com a permissão delas. Ouço as mulheres na condição de filho, sobrinho, genro. Não sou chefe das mulheres, elas é que são minhas chefes, o meu trabalho existe porque o trabalho delas existe. Eu sou apenas a voz, mas acredito que, num futuro próximo, estará aqui uma mulher Ikpeng, no meu lugar. Hoje sou eu quem faz a ligação, a tradução para o português. Por exemplo, na matemática, o Ikpeng conta um, que é *nane*, dois, que é *arak*, e para o três dizemos *arak-ewari-wïngpe*, ou seja, "uma dupla e um sem par", na tradução. O quatro é *arakne*, ou seja, "dois pares"; cinco é *arakne-nane-ewari-wïngpe*, "quatro par e um sem par". Quando passa de dez, já é muito, *iting*. Quando pergunto sobre o preço da semente, elas dizem: "Isto aqui é *yawuga*". *Yawuga* é o mico-leão-dourado, que está na nota de dinheiro. Se as sementes são *yawuga*, valem o equivalente a vinte reais. Se equivalem a uma onça, o valor é cinquenta reais. As coletoras não falam "cinquenta reais", elas falam *akari*, que é onça, ou *yawuga*, que é mico.

Apesar de não falarem português e não estudarem, as mulheres Ikpeng são muito sábias: não precisam de calendário nem fazem anotações. A ideia de que você tem que estudar para ser alguma coisa é uma ideia preconceituosa. Ninguém precisa estudar para ser alguém. A pessoa precisa estudar para se qualificar, mas dizer que ela precisa estudar para ser alguém é como dizer que ela não é nada. No conhecimento ocidental, a maioria das escolas e universidades é formadora de competidores de mercado, quando deveriam ser espaços para formar cidadãos capazes de se integrar em uma sociedade harmônica – não consumidores nem competidores de mercado. O sucesso do projeto das mulheres se dá porque elas não levam em consideração apenas o *money*; elas levam em consideração outros resultados. Consideram a importância do que fazem não só para o Xingu e para seus povos. Vivem a alegria dos encontros e o convívio presente nas coletas feitas coletivamente.

Existem vários tipos de sementes: sementes que devem ser colhidas no pé (você sobe e colhe) e outras que são colhidas no chão; sementes que já pegamos limpas e só passamos na peneira; sementes que temos que quebrar, tirar a polpa, secar. Olho de cabra é um exemplo de semente que só precisa ser catada e passada na peneira. Isso tudo não é ensinado: a Rede de Sementes não tinha referências para pesquisar sobre o manejo, o beneficiamento ou a coleta de sementes, porque era uma coisa nova. Aprendemos com a experiência das Mulheres Yarang. Elas são cientistas que vão descobrindo e adaptando as coisas. Se uma semente está com caruncho, temos que respeitar aquele caruncho, porque ele é o dono, em vez de ficar passando veneno. O que para os brancos é praga, para nós é o espírito dono. Toda vida é vida, e tudo tem seu dono. A gente nasce, vive, envelhece e morre. A árvore também nasce, dá fruta, envelhece e morre. É essa a ciência que as coletoras respeitam.

Os animais participam também. O maior plantador, por exemplo, é a cotia. A cotia pega uma semente, enterra, pega outra, enterra. Vai enterrando, enterrando, enterrando, para depois voltar e pegar, mas como ela enterra muitas sementes, depois não se lembra onde enterrou, e as sementes acabam nascendo e virando mais árvores para ela. Quando reflorestamos, temos que dar condições para que a vida prospere naquele lugar, plantar sementes que vão atrair passarinhos, morcegos, formigas – e eles farão a parte deles. A floresta é dinâmica. O que é fraco morre, o que é forte cresce. E o que morre vira adubo para outros. Nós temos sementes de árvores pioneiras, que crescem e morrem rápido, temos as secundárias, de árvores que duram mais tempo, mas que também vão embora, e depois temos o clímax, árvores centenárias, gigantes. Para uma área de reflorestamento virar uma mata, leva entre vinte e trinta anos. Em dez anos já se pode notar uma diferença; em quinze anos vemos que a terra está melhor e as árvores estão mais altas mas, para vermos uma mata de verdade, são necessários trinta anos. Aí, sim, teremos reflorestado uma mata. Primeiro virão os pássaros, os morcegos e os insetos e, depois, conforme a dinâmica, chegarão os roedores e os macacos.

Enquanto os não indígenas precisam de calendário para marcar a colheita, a natureza fala conosco, ela dá sinais. Ela está falando a todo momento, mas só quem está preparado consegue ouvir. Quando me perguntam "Como é estar preparado para ouvir a voz da natureza?", respondo que, "se esperar que a natureza fale bom-dia ou boa-noite, não vai ouvir nunca", mas a floração de ipê indica a chegada de chuva, que para nós é época de queimar roça, e as borboletas amarelas voando são sinal de que chegou o fim da chuva e de que vai secar.

Foi em 2002 que as lideranças, os caciques e a comunidade xinguana começaram a perceber as mudanças dos sinais, no clima, no ciclo das chuvas, na umidade cada vez menor, na vazão prolongada e nas novas praias que apareciam no rio, na cor da água que foi de transparente para turva. Antes eram seis meses de chuva e seis meses de seca, mas agora são oito meses de seca e quatro de chuva. E toda a comunidade percebeu também o aparecimento de doenças que não havia antes.

Para debater esses problemas, no mesmo ano aconteceu o 1º Encontro Nascentes do Xingu, na cidade de Canarana, no Mato Grosso, com a participação do governo do estado, das universidades, de agências governamentais como a Agência Nacional de Águas (ANA), do Ministério da Agricultura, das prefeituras dos municípios em torno do Xingu e, principalmente, com a participação de ongs como o Instituto Socioambiental (ISA), um parceiro histórico do Xingu. Como as cabeceiras e as nascentes do rio estão fora do Território Indígena do Xingu, tudo o que acontecia lá fora vinha para o Xingu. Era uma época de modernização de produtos e *commodities* do Mato Grosso, que estava se tornando o maior produtor de grãos e, ao mesmo tempo, o maior desmatador do Brasil. Então a proposta era que pensássemos uma possível solução para refazer a floresta.

Em 2007 surgiria a Rede de Sementes do Xingu. Era hora de efetivar iniciativas para a solução dos problemas, e o maior deles era o reflorestamento. A Rede de Sementes do Xingu foi apresentada na ocasião do 2º Encontro de Nascentes do Xingu e da 1ª Feira de Iniciativas Socioambientais, em 2008. Fizemos a campanha *Y Ikatu Xingu*, que na língua kamaiurá significa "Salve a água boa do Xingu", com o objetivo de reflorestar cabeceiras e nascentes de rios, especialmente do rio Xingu. Mas onde coletar as sementes, se o Mato Grosso estava desmatado, se era o maior produtor de grãos, o maior produtor de agrotóxicos? Os próprios indígenas começaram, então, a coletar as sementes para a campanha de reflorestamento.

Além do reflorestamento, a coleta trazia também um apoio à renda com a comercialização das sementes, que começou a ser necessária. Antes, as comunidades do Xingu não precisavam de dinheiro porque as coisas ocidentais estavam distantes. Agora, que precisamos, como conseguir dinheiro de forma sustentável? Era uma iniciativa muito inovadora, mas inicialmente tivemos certa desconfiança: quem iria comprar as sementes? Quem iria querer reflorestar, se é muito mais lucrativo desmatar tudo e plantar soja?

Existem muitos proprietários rurais ignorantes que pensam que o reflorestamento é bobagem, que mudança climática não existe, mas há também aqueles que o aceitam como exigência do mercado: "Estou produzindo comida, tenho que aceitar as exigências do mercado". Como por meio de mudas era muito caro, nasceu a ideia do reflorestamento por *muvuca*. Adaptamos as ferramentas antes utilizadas para a plantação agrícola e diminuímos, assim, os custos. Muvuca é uma gíria carioca que quer dizer bagunça ou multidão, e muvuca, para nós, da Rede de Sementes do Xingu, é a mistura de várias sementes na areia, para reflorestamento.

O Território Indígena do Xingu, também chamado de Terra Indígena do Xingu ou Parque Nacional do Xingu, compreende dezesseis povos indígenas, cada um com sua língua, sua cultura, suas tradições e religiões. Atualmente, chamamos de Território Indígena do Xingu porque são várias *terras* juntas: tem a Terra Indígena Naruvôtu, a Terra Indígena Batovi, a Terra Indígena Wawi, a Terra Indígena Capoto Djaryina... São 120 aldeias, com mais de 8 mil xinguanos. O Xingu foi criado em 1961 e corresponde à primeira terra indígena demarcada no Brasil. São 2,8 milhões de hectares. Quando se fala do Xingu, geralmente refere-se ao Alto Xingu, mais conhecido e famoso, embora o Xingu seja dividido em quatro regiões: o Alto Xingu, o Baixo Xingu, o Leste Xingu e o Médio Xingu. Eu estou no Médio Xingu. O Alto Xingu é o mais aberto e acessível, com mais trânsito de não indígenas. As demais regiões são mais isoladas e muita gente não as conhece.

Os irmãos Villas-Bôas fizeram contato primeiro com os alto-
-xinguanos, que eram mais receptivos e não ofereceram muita resistência, ao contrário dos Xavantes, com quem foi difícil fazer contato, assim como conosco. Orlando Villas-Bôas recebia apoio financeiro e equipamentos de não indígenas que queriam visitar o Xingu, e os alto-xinguanos eram as pessoas que recebiam esses visitantes. No Alto Xingu foi mais fácil fazer estradas e já havia a pista de pouso. Havia também o ritual do *Quarup*, que ficou muito conhecido e trouxe ganhos financeiros, pois atualmente as pes-

soas que vão ao Alto Xingu pagam, gerando toda uma economia para o alto-xinguano. O Alto Xingu se tornou assim um lugar de mais acesso, uma comunidade sem muitas restrições, enquanto para entrar nas outras regiões do Xingu, era necessário ter um objetivo. "O fulano vai entrar", e a comunidade decidia se aceitava ou não. A Fundação Nacional dos Povos Indígenas (Funai) também costumava acompanhar esses processos. Era difícil e, na verdade, ainda é difícil acessar o Médio, o Leste ou o Baixo Xingu.

Os Kawaiweté, os Kaiabi e os Yudjá foram para o Baixo Xingu, os Ikpeng e os Trumai foram para o Médio, onde estamos, e os Kisêdjê Suyá foram para o Leste Xingu, lugares que não tinham acesso fácil. Quando chegamos ao Xingu, já moravam aqui os alto-xinguanos. Os povos que vieram trazidos depois fomos nós, Ikpeng, os Kaiabi, os Juruna, os Tapayuna e os Panará, sendo que estes últimos conseguiram retornar para sua terra de origem. Nós, Ikpeng, éramos inimigos dos alto-xinguanos, geralmente atacávamos as aldeias deles. Paralelamente, os irmãos Villas-Bôas perceberam que os Ikpeng e também outras etnias, como os Kaiabi, tinham facilidade para absorver as coisas, aprendiam rápido. E, do mesmo jeito que poderiam aprender coisas boas, poderiam aprender coisas ruins também. Por isso fomos reservados, isolados num local específico, que não permitia visitas.

O primeiro contato do povo Ikpeng foi em 18 de outubro de 1964, às dez horas da manhã. Um avião sobrevoou a aldeia e filmou o contato. Não eram só brasileiros que estavam no avião. O contato do povo Ikpeng foi patrocinado pelos belgas. O rei da Bélgica, Leopoldo III, veio visitar o Xingu e participou, junto com os irmãos Villas-Bôas, do contato com algumas etnias, dentre elas a Ikpeng. Morávamos na margem do que hoje é o Parque Nacional do Xingu, fora dos seus limites, no rio Jatobá, um afluente do Xingu. Chamamos a nossa terra de Roro-Walu, ou Rio do Papagaio. Como o Xingu já tinha sido demarcado como terra em que ninguém podia mexer, e os territórios em torno dele já tinham sido loteados e leiloados para grandes fazendeiros, o governo mato-grossense, na época do governo militar, deu uma advertência para os irmãos Villas-Bôas. Eles deveriam fazer contato conosco e nos levar para o Xingu. Como precisavam de recursos para fazer contato, entraram os belgas, que cederam as aeronaves e o dinheiro para a compra de materiais que seriam oferecidos a nós. A condição era de que um cineasta belga fizesse a filmagem.

Os irmãos Villas-Bôas sabiam que os Ikpeng eram um povo nômade, guerreiro, que não ia ceder fácil, que ia lançar muita flechada, mas eles não se intimidaram. O nome Ikpeng quer dizer "bando", ou "marimbondos bravos", ou "aqueles que andam juntos". Os Ikpeng eram como marimbondos que atacam juntos e vão atrás de você; se você encontrar um ninho e mexer com eles, eles vão atrás de você aonde você for! Antes do contato, costumávamos invadir outras aldeias para intimidar os outros, para que não se aproximassem do nosso território. Daí o receio do Orlando Villas-Bôas de os belgas levarem flechada.

O povo Ikpeng, também conhecido como Txicão, nome dado pelos sertanistas, foi descrito pelo antropólogo francês Patrick Menget como "um povo que tem fala forte e provocante, e que para muitos pode parecer arrogante, [...] um povo que reconhece, no sentido da guerra, um meio de reprodução da vida social". Os Ikpeng, porém, cederam. O avião pousou no campo trazendo machados, chapéus, camisas, e os Ikpeng acabaram cedendo. Depois de três anos, fomos transferidos para o Xingu. Era novembro de 1967.

Deixamos para trás nossos túmulos, nossos lugares sagrados, nossos rituais, nossa agricultura, e viemos para cá, nos instalamos no Xingu. No início do contato éramos cerca de sessenta indivíduos. Ficamos doentes, com doenças que não conhecíamos, trazidas pelos não indígenas, doenças que a nossa medicina não curava porque eram doenças europeias. Como no Xingu estavam nossos inimigos históricos, no início eles não aceitaram bem a ideia. Agora, depois de mais de trinta anos, já há casamentos entre as etnias, nos respeitamos, somos mais amistosos. Inicialmente, como tínhamos conflitos, foi bem difícil conviver, era uma coisa nova para todos. Orlando Villas-Bôas teve muito trabalho para deixar a gente em ordem. Fomos para o Médio Xingu, onde a população aumentou, e hoje somos mais de quinhentos Ikpeng, falantes da língua Ikpeng, do tronco linguístico Karib. Hoje temos consciência da parceria, já vivemos em comunidade, já falamos que somos "xinguanos".

Nós, os Ikpeng, começamos a flexibilizar e a interagir mais com o mundo externo a partir de 2012. Atualmente recebemos visitas, estamos mais acessíveis, já existem estradas no Médio Xingu e os municípios ficaram mais próximos. A fama do xinguano é grande, e sempre tem alguém que quer conhecer mais. Apesar de ainda não ser fácil, não é tão difícil como antes. Dizem que viajar para a Europa é mais barato do que vir para o Xingu, pela logística, porque não temos estrutura, não temos transporte como ônibus ou carro. Quem faz esse trabalho são os freteiros, por isso fica caro vir para o Xingu.

Após 57 anos de contato, agora lutamos pelo direito de retornar ao nosso território original. Estamos na Justiça para demarcar de novo a nossa terra, mas o nosso território hoje é pasto, um lugar cheio de soja, de milho, de madeireiras, com pouco mato. Cerca de 90% da mata já foi destruída, e teremos que fazer um projeto de florestamento para recuperar e deixar o território do jeito que ele já foi. Foi feito o estudo antropológico, o mapa com os limites do território, o relatório necessário para o reconhecimento legal como terra indígena. Quando os fazendeiros ficaram sabendo que queríamos a terra de volta, começaram a nos intimidar e ameaçar. Ficaram sabendo porque o Tribunal Federal da 1ª Região de Brasília votou a nosso favor na demarcação, e os fazendeiros não querem mais que a gente passe por lá. A briga agora é no Judiciário em Brasília.

Na cultura Ikpeng, nunca se pensou que seria necessário, um dia, plantar a floresta de volta. Olhávamos o infinito-floresta e

AQUELES QUE ANDAM JUNTOS

falávamos: "Isto não vai acabar, nós somos a floresta, e a floresta somos nós. Se a floresta acabar, a gente acaba". Coletar é, portanto, uma missão; reflorestar é uma missão.

Em 2018 houve uma expedição às áreas que estavam sendo reflorestadas. Participou uma representante do Movimento das Mulheres Yarang. Ela ficou muito feliz por ver que suas sementes realmente estavam sendo plantadas e que estavam virando floresta! Visitamos várias áreas diferentes: áreas que estavam bem no início do processo e outras já com vinte anos, onde víamos a diferença e encontrávamos pássaros, marimbondos, buracos de tatu, onde realmente se percebia que o lugar estava voltando ao normal.

Colher sementes para trazer para mais perto, para a nossa aldeia, é uma coisa que já acontecia, desde quando não tínhamos terra demarcada e podíamos migrar para qualquer lugar com mais recursos. Já reflorestar uma mata do zero é uma coisa nova, que veio com a ajuda das ciências de fora. Estudei agroecologia para ter mais conhecimento nessa área. Coletar sementes e plantar sempre foi uma coisa natural. Sem saber, as mulheres Ikpeng faziam isso. Já o reflorestamento em si é uma coisa nova no mundo, porque antes havia muita mata. Agora que vivemos em terra demarcada, temos que preservar e sobreviver naquele pedaço de terra. Se acabar, acabou. Precisamos manejar essa terra. Ficar trinta ou quarenta anos numa mesma área nunca foi e não é cultura indígena. Ficávamos no máximo cinco ou seis anos numa região e nos mudávamos para depois retornar, porque quando retornávamos o mato já tinha se recuperado. Agora é diferente. Vivemos num lugar obrigatoriamente fixo, então precisamos remanejar o nosso território.

O Brasil do governo Dilma, em 2012, se comprometeu em reflorestar 12 milhões de hectares de floresta até 2030. Fizemos um estudo e precisaríamos de cerca de duzentas Redes de Sementes do Xingu para alcançar esse objetivo. Não nos limitamos apenas a nós, não queremos só a Rede de Sementes, não olhamos as outras redes como concorrentes, e, sim, como parceiras. Apoiamos o surgimento de novas redes de sementes.

Antes tínhamos preconceito diante de tudo que viesse de brancos, que fosse ligado a fazendas e a pequenos produtores rurais – todos eram considerados inimigos. Com nossos intercâmbios, percebemos que muitos brancos também estão sendo excluídos da sociedade. Os pequenos produtores rurais, por exemplo, não têm apoio do governo, que só apoia o produtor de grandes fazendas. Os assentados são pessoas que lutaram para terem um pedaço de terra. Isso nos aproximou, os conhecemos e eles nos conheceram, e a gente se conectou. Agora entendemos que nossa luta é conjunta, que o sistema político é nosso inimigo. Temos esse intercâmbio cultural de diferentes atores que antes pensavam diferente, mas que hoje formam uma comunidade, com diversidade. Não é todo branco que tem a intenção de desmatar, desflorestar, expulsar.

O Xingu é uma ilha de floresta num mar de monocultura de soja, com chuva de agrotóxicos. O Mato Grosso é o maior produtor de grãos do Brasil e, ao mesmo tempo, o maior consumidor de agrotóxicos do Brasil. Precisamos valorizar o trabalho orgânico dos pequenos produtores rurais, porque é possível viver com a floresta de pé. Os insetos fazem parte da natureza como nós, e não são pragas que precisamos combater. Temos que sair dessa mentalidade de Brasil colônia que nunca abandonamos. Continuamos com o pensamento europeu de que precisamos produzir para enriquecer. Novas economias são possíveis. Não sou contra a agricultura, mas, sim, contra como ela é feita, contra a desigualdade que ela causa. No Brasil não deveria haver fome. Precisar explorar os recursos para se desenvolver é um pensamento atrasado e destruidor. Temos que ter nossa autonomia, entender que isso é o nosso patrimônio. Temos que mudar nossos hábitos, nosso consumismo, pensar que a água não é inesgotável, que um dia ela vai faltar. Nossa maior riqueza é a floresta em pé. ∎

AQUELES QUE ANDAM JUNTOS

CARLINHOS DA RESEX DE CANAVIEIRAS

Não aprendi a fazer jangada na escola, não aprendi a fazer jangada na faculdade, aprendi na minha comunidade. A nossa transmissão de conhecimento se dá nas rodas de conversa, na proximidade que a gente tem com nossos anciões, no diálogo. Nós, que somos pescadores e jangadeiros, dependemos intrinsecamente da natureza: não existe jangadeiro sem a jangada e não existe jangada sem pau de jangada.

MARETÓ-
RIOS

Uma pessoa que não conhece o mar, quando o avista, vê aquela gigantesca massa de água. Mas um pescador, uma pescadora, quando olha para o mar o entende de acordo com as movimentações da água, a temperatura, a direção do vento, a lua (se é lua cheia, nova, se é quarto crescente ou quarto minguante); tudo isso interfere na pesca e na dinâmica das espécies.

Os extrativistas costeiros e marinhos, assim como todos os povos de comunidades tradicionais, são grupos culturalmente diferenciados. Temos as nossas próprias formas de organização e ocupamos e usamos os territórios, ou *maretórios* – é este o termo que gostamos de utilizar –, e os recursos naturais como condição para nossa reprodução, seja cultural, social ou econômica. Utilizamos práticas e inovações que são transmitidas por gerações.

Eu sou um pescador artesanal jangadeiro. Sou um extrativista costeiro e marinho, pescador artesanal da Resex de Canavieiras, uma comunidade tradicional de jangadeiros que fica no município de Canavieiras, no Sul da Bahia. Eu não aprendi a fazer jangada na escola, não aprendi a fazer jangada na faculdade, aprendi na minha comunidade. A nossa transmissão de conhecimento se dá nas rodas de conversa, na proximidade que a gente tem com nossos anciões, no diálogo. É o pai, o avô, o bisavô, o tio, que passa o conhecimento para os filhos, para os sobrinhos, e assim ele vai se perpetuando; há toda uma cultura de transmissão desse conhecimento. Nós, que somos pescadores e jangadeiros, dependemos intrinsecamente da natureza: não existe jangadeiro sem a jangada e não existe jangada sem pau de jangada; por isso, dependemos da Mata Atlântica. A jangada é uma embarcação feita sem a utilização de nenhum tipo de metal, ela é toda presa com outros tipos de madeira.

Na Constituição Federal de 1988 reconhecem-se duas formas de garantia de território de povos de comunidades tradicionais: as terras indígenas e os territórios quilombolas. Só depois, em 2000, veio a lei do Sistema Nacional de Unidades de Conservação da Natureza (SNUC) e, a partir de uma demanda das comunidades tradicionais

MARETÓRIOS

extrativistas, surgiram as reservas extrativistas (Resex). Essas reservas são espaços territoriais protegidos cujo objetivo é a preservação dos meios de vida e da cultura de populações tradicionais, bem como assegurar o uso sustentável dos recursos naturais da área.

A reserva extrativista é uma categoria de Unidade de Conservação genuinamente brasileira. Em outros países até existem modelos parecidos de proteção territorial ou de áreas protegidas, mas não com as características que temos no Brasil. Ela surge do movimento social, da luta dos seringueiros em defesa do território na Amazônia, e depois se espalha pelo Brasil como um todo. Surge da luta de Chico Mendes – dos famosos empates, em que os seringueiros e suas comunidades se colocavam na frente da floresta, impedindo o avanço dos madeireiros e da destruição. Chamavam essa tática de empate porque a ideia não era ir para o combate, mas empatar. Os madeireiros não entravam e os seringueiros não recuavam, e havia ali uma paralisação do processo de desmatamento. Isso teve início na cidade de Xapuri, no Acre.

Nós, pescadores artesanais, somos comunidades tradicionais e ocupamos a faixa da zona costeira e marinha do Brasil. Um dos grandes debates que surgiram quando iniciamos a nossa articulação foi justamente sobre o fato de, até então, as reservas extrativistas serem defendidas e demandadas principalmente pelas populações das comunidades extrativistas da Amazônia, do Cerrado e de biomas como o Pantanal e a Mata Atlântica. Nas zonas costeiras e marinhas já havia algumas reservas extrativistas que não tinham ainda a sua voz garantida, por isso buscamos esse espaço de construção. Criamos a Comissão Nacional de Fortalecimento das Reservas Extrativistas e Povos Tradicionais Extrativistas Costeiros e Marinhos (Confrem), uma organização cuja missão é desenvolver, articular e implementar estratégias visando o reconhecimento e a garantia dos maretórios na sua dimensão social, cultural, ambiental e econômica, garantindo os nossos meios de vida e de produção sustentável.

Segundo o Cadastro Nacional de Unidades de Conservação, existem hoje 98 reservas extrativistas no país, 67 delas federais e 31 estaduais. Temos notícias de alguns processos para a criação de reservas extrativistas municipais. As Resex se distribuem pelo litoral do Brasil, e algumas estão no Cerrado. O estado que tem a maior quantidade é o Pará, uma vez que o Salgado Paraense, maior faixa contínua de manguezais do mundo, concentra grande parte das reservas extrativistas criadas até hoje.

Em 2020, existiam 87 territórios em processo de criação de novas Resex, tanto estaduais como federais, mas esses processos estão todos parados e hoje há aproximadamente 1,2 milhão de famílias que dependem direta ou indiretamente dessas áreas territoriais. A comunidade que demanda a criação de uma reserva extrativista, além de desejar proteger seu meio de vida e sua cultura, já está extremamente pressionada, ou seja, já enfrenta conflitos que ameaçam a sua existência. Das 67 reservas extrativistas federais que existem, 32 são reservas extrativistas costeiras e marinhas. Nessas reservas está o maior contingente de famílias que dependem do extrativismo no Brasil.

Dividimos o mar da seguinte forma: nós estamos na zona costeira e marinha, mas existe também a área estuarina, onde estão os manguezais, na área que está próxima da costa, da foz dos rios; e existe a restinga, que é uma vegetação que fica logo atrás do manguezal, entre o mangue e a floresta da Mata Atlântica – onde ainda resta Mata Atlântica. Voltando à praia, quando se vê a linha do horizonte, temos uma faixa de no máximo cinco ou seis milhas de distância; depois disso, chamamos de mar aberto. Cada uma dessas áreas tem uma dinâmica própria, inclusive de ocorrência das espécies. Encontramos, por exemplo, a lagosta em uma área que a maioria das pessoas não consegue ver, pelo menos na região onde eu moro, em Canavieiras. Não se consegue ver um barco pescando lagostas, porque a pesca é mais afastada. O camarão está na área visível, bem próxima, onde ele é arrastado. O caranguejo, a ostra, o sururu, o siri, esses mariscos nós pesca-

MARETÓRIOS

mos na área dos manguezais, na área do estuário e na restinga, a área de transição que chamamos de "fundo de mangue".

A maioria do pescado que pegamos no Brasil, pelo menos na pesca artesanal, vai para um atravessador. De forma geral, um percentual de no máximo 30% é vendido diretamente para o consumidor. Um peixe que sai da minha comunidade, por exemplo, até chegar em Minas Gerais já passou por pelo menos quatro atravessadores. A cada um desses atravessadores, o preço vai aumentando, chegando a crescer quatro ou cinco vezes. O Brasil quase não tem estatísticas pesqueiras, ou seja, não temos um histórico de levantamento de dados sobre a pesca. Na nossa comunidade, o preço é sempre mais acessível. Uma parte do nosso pescado abastece a própria cidade, mas como a nossa produção é normalmente muito grande para uma cidade pequena como Canavieiras, 80% do pescado vai para outras cidades. Estamos a aproximadamente seiscentos quilômetros de distância da capital Salvador, então grande parte do pescado vai para o Espírito Santo e uma parte vai para Minas e outros locais. Produzimos uma diversidade gigantesca, que vai de diferentes tipos de peixe de água salgada aos crustáceos, como camarões, lagostas, caranguejos e siris, e alguns moluscos, como ostras, sururu e lambreta.

Um dos grandes problemas que vivemos na pesca artesanal é a desvalorização do produto da pesca. Por isso, em algumas comunidades como a nossa, existe a iniciativa de diminuir a quantidade de atravessadores, fazendo com que a própria comunidade, por meio de associações, adquira o pescado e crie sistemas de troca para garantir um preço mais justo, tanto pelo pescado quanto pelos itens básicos de que precisamos. Além de ser comunidade tradicional, somos também uma categoria profissional, regulamentada em lei, mas sofremos com a falta de atendimento às nossas demandas. Como pescadores artesanais, somos responsáveis por colocar na mesa do brasileiro os produtos mais nobres. Quando se fala em algo caro para comer, fala-se do quê? Da lagosta, do camarão etc. Sai governo, entra governo, o que ansiamos é que o pescador passe a ter a valorização que o pescado tem.

Na Resex de Canavieiras temos uma moeda social chamada Moeda Extrativista (moex), uma estratégia alternativa para termos a própria moeda para troca, compra e pequenos empréstimos, o chamado microcrédito. A moex é impressa com alguns itens de garantia, como número de série e marca d'água, e circula dentro das comunidades. Um pescador que queira um crédito de 600 reais vai pegar 600 moex no banco comunitário, porque 1 moex equivale a 1 real. Com os 600 moex, ele compra em uma loja como se comprasse em reais. Para cada 1 moex circulando, há 1 real depositado em uma conta na Caixa Econômica Federal, como lastro da moeda social. Os bancos comunitários funcionam como os bancos tradicionais, mas com uma lógica totalmente comunitária, quase sem juros, quase sem nenhum tipo de taxa. Essa ideia surgiu no Ceará, no Conjunto Palmeiras, quando foi criado o primeiro banco comunitário, o Banco Palmas. Na Resex de Canavieiras, criamos o banco a partir de uma parceria com a incubadora de economia solidária da Universidade Federal da Bahia e o Ministério do Trabalho, que tinha uma Secretaria de Economia Solidária. Tínhamos quase duzentos bancos comunitários no Brasil quando a Secretaria foi extinta.

No período da pandemia, aprimoramos o modelo, criando quitandas comunitárias, pequenos armazéns, ou pequenos mercados, em cada uma das associações comunitárias. A principal moeda de troca passou a ser a moex. Foi uma estratégia para garantir que o pescado da comunidade tivesse uma forma de escoamento. O pescador chegava com seu pescado, vendia por moex e na mesma associação podia comprar os itens necessários para sua alimentação básica, sem precisar se deslocar para a cidade, e sem se expor à Covid-19. Com esse sistema, o pescador recebe um preço justo pelo pescado e adquire os itens da cesta básica também por um preço justo. Conseguimos, a partir do pequeno capital que tínhamos, comprar certa quantidade de alimentos de uma grande empresa atacadista para trocar com os pescadores. Parte do pescado que recebemos nas quitandas e na aquisição com moex passou a ser trocada com os companheiros do Movimento dos Trabalhadores Rurais Sem Terra (MST).

Outra frente em que muita coisa interessante pode ser conquistada é a do turismo. A Resex de Canavieiras está estruturando uma operadora de Turismo de Base Comunitária. Esse tipo de turismo já acontece aqui: temos pequeno roteiros, embarcações que fazem os passeios, pousadas de pescadores, pousadas comunitárias e também casas de pescadores, para quem quer uma vivência desse tipo. A pessoa fica hospedada em nossas casas, e vai ter momentos de pescar, de se alimentar com a gente, de conhecer a comunidade, de conhecer a cultura. Hoje grande parte das casas de pescadores já tem um pequeno cômodo para receber o turista. Também temos restaurantes comunitários. No Ceará existe a Rede Cearense de Turismo Comunitário, a Tucum, que é uma referência para o Turismo de Base Comunitária. Lá, eles conseguiram integrar diferentes roteiros turísticos para elaborar um grande roteiro para todo o estado.

Começamos a trabalhar com turismo comunitário porque o turismo é algo avassalador: se não o dominamos, ele nos domina. Não permitir que o turismo de massa aconteça em áreas como a nossa é mostrar que o sujeito a operar o turismo tem que ser o comunitário, porque a organização comunitária não gera ganhos exclusivos. Se tenho um pequeno restaurante, ganho por ter o restaurante, mas ganha também quem pesca, porque vai vender por um valor justo; ganha a pessoa que faz os passeios, a pessoa que tem a pousada, ou seja, há um ganho que acontece de forma mais democrática. Não há tanta concentração da renda, além de se garantir o respeito à comunidade. Aqui não há construções que se chocam com a realidade da comunidade, não há prostituição e drogas, que normalmente acompanham o turismo. O turismo comunitário enfrenta o turismo de massa, que é colocado como a única alternativa. As reservas extrativistas são vistas como algo que atrapalha o turismo. Muito pelo contrário: quem quer fazer um turismo de qualidade hoje deveria fazer turismo comunitário.

Um desafio para nós das Resex é melhorar a conectividade com políticas públicas de saúde e educação. Quando se pensa na criação de uma unidade de conservação no modelo americanizado ou europeu, pensa-se única e exclusivamente na conservação dos recursos naturais. Para nós, não é assim. Para nós deve haver também a implementação de políticas públicas diferenciadas que reconheçam nosso modo de ser, que reconheçam outros modos de nos relacionarmos com a natureza, em que o desenvolvimento não é necessariamente a prioridade absoluta. Para nós, a prioridade é o convívio harmônico com a natureza e o envolvimento das pessoas nesse convívio. A criação de políticas públicas básicas é essencial nesse sentido, porque não é possível discutir a conservação dos recursos naturais se as pessoas estiverem passando dificuldade. Não tem como dizer para as pessoas que está proibido por lei pegar caranguejo no período da andada – no qual caranguejos machos e fêmeas saem de suas galerias e andam pelo manguezal para acasalar e liberar ovos –, ou que está proibido caçar jabuti, se a pessoa estiver passando dificuldade. Ela vai pegar o caranguejo, mesmo que esteja na andada. Por isso, para nós é fundamental que políticas públicas básicas de inclusão cheguem junto com a criação das unidades de conservação, não somente normativas ambientais que na maioria das vezes não são nem discutidas com as comunidades.

O modelo do currículo pedagógico nas escolas, tanto de Ensino Fundamental como de Ensino Médio, não valoriza o conhecimento tradicional. Por isso, estamos nos articulando para criar a Escola das Águas, em diálogo com a Teia dos Povos, para fazer com que o filho do pescador estude na sua própria comunidade e tenha na carga horária um momento de aprendizado dos conhecimentos tradicionais. São grandes desafios, porque vamos ter que enfrentar os secretários municipais de Saúde, de Educação, que não querem fazer isso. Os processos de autonomia territorial são vistos como algo que ameaça os interesses políticos partidários. Mas estamos acostumados a comprar brigas.

Agora a reserva extrativista de Canavieiras está produzindo material didático, está criando um Projeto Político Pedagógico da Educação Ambiental (PPPEA), e interagindo diretamente com a Secretaria de Educação do município. Enfrentamos problemas não só com o currículo, mas também com a infraestrutura escolar. Às vezes as escolas nas comunidades estão em situação degradante, às vezes uma criança precisa viajar de embarcação por três horas até chegar à escola, e falta material.

Outro desafio para nós nas Resex é a melhora dos mecanismos de governança e participação social, seja em nível nacional, regional ou local. Em nível nacional, o Instituto Chico Mendes de Conservação da Biodiversidade (ICMBio) é o encarregado de administrar as reservas. Já na escala local, o processo de gestão é feito pelos conselhos deliberativos das reservas. Nesses conselhos, a maior parte dos membros é da comunidade tradicional beneficiária. No caso dos extrativistas costeiros e marinhos, pescadores artesanais e marisqueiros, nós temos 50% mais 1 dos conselheiros. Conseguimos, por isso, garantir uma maior efetividade nas tomadas de decisão locais, mas nas escalas seguintes, que são fundamentais nesse processo, temos grande dificuldade.

Historicamente, a instituição criada pelo Estado desde o Brasil Colônia para representar os pescadores não foi o sindicato de pescadores, mas a colônia de pescadores. A colônia é uma instituição com caráter sindical, criada ainda na época colonial e resgatada durante a Segunda Guerra Mundial por Getúlio Vargas. Sua principal característica é a presença de um braço da Marinha do Brasil. Ou seja, nós, pescadores, somos a única categoria profissional do Brasil organizada, de dentro, pelas Forças Armadas.

Muitos pescadores viam a ligação com as Forças Armadas como um símbolo de status. Meu avô, por exemplo, era um jangadeiro orgulhoso de que o presidente da colônia na época fosse um militar da Marinha da reserva, um subcomandante. Sempre convivemos com esse braço do Estado sobre nós. Só com o surgimento dos movimentos pós-constituinte de 1988 é que começamos a rejeitar essa tutela do Estado, a alterar o estatuto das colônias, a pautar as reais demandas dos pescadores. Tivemos grandes desafios, inclusive durante os governos Lula e Dilma. Tirando as atrocidades do governo Bolsonaro, o governo Dilma trouxe as mudanças na legislação que mais prejudicaram os pescadores.

Estamos em um processo de luta permanente em defesa do nosso maretório, da nossa cultura, de políticas públicas voltadas para pescadores e pescadoras artesanais. Quando olham para uma foto de cartão-postal de Porto de Galinhas, em Pernambuco, de Arraial do Cabo, no Rio de Janeiro, de Canoa Quebrada, no Ceará, ou de Trancoso, na Bahia, a maioria das pessoas se esquece de que originalmente essas eram comunidade tradicionais de pescadores, e de que foi justamente uma narrativa histórica folclorizada que invisibilizou o processo de expropriação e degradação do território dessas comunidades, entregando-o ao turismo de massa, à especulação imobiliária. Muitas vezes, esses territórios foram tomados a bala.

A questão da imagem é um grande desafio para nós na Resex de Canavieiras e para a Confrem. Temos feito um esforço para trabalhar estratégias de comunicação para que as informações sobre nós sejam produzidas por nós. Uma das coisas que constatamos ao longo do tempo é que é muito bonito aparecer na foto do cartão-postal ou na foto do pacote de turismo – a foto bucólica de uma jangada na linha do horizonte, de uma embarcação no meio de um rio. Mas essa fotografia com certeza não reflete a realidade das relações que estão em jogo.

Isso perpassa também a nossa relação com a universidade. Eu não frequentei uma universidade, mas nós já fomos objeto de estudo diversas vezes. Aqui na Resex não temos uma universidade, mas já formamos diversos mestres, diversos doutores. Diversos artigos e pós-graduações foram feitos aqui, não necessariamente dialogando e construindo junto com a comunidade, mas nos utilizando como objeto de estudo. Uma condição essencial na reserva extrativista para que alguém faça um estudo ou produza um documentário é que a pessoa tenha um aprendiz da comunidade. Definimos que quando pessoas das universidades vêm para cá para executar seus projetos, para nós só faz sentido se isso for feito em parceria, com um bolsista da comunidade, pois a ideia é trocar conhecimento. Nosso conhecimento a respeito da dinâmica das marés, da ocorrência das espécies nos oceanos, é extremamente profundo. O conhecimento que vem de fora é importante, mas o nosso, para a manutenção do nosso modo de vida, é fundamental.

Há um grande debate levantado por nós, das comunidades tradicionais, sobre o objetivo da reserva extrativista. Na lei, esse objetivo está claro, mas como os órgãos que cuidam das unidades de conservação são normalmente os órgãos ambientais, há uma forte tendência a priorizarem a questão ambiental e não necessariamente garantir sua equiparação com a proteção da cultura e do modo de vida. Há uma disputa conceitual entre conservação e preservação: o modelo pensado historicamente para a criação de unidades de conservação exclui as pessoas. A luta pela criação das Resex quer romper com esse modelo a partir das demandas das comunidades tradicionais.

No âmbito da Confrem temos orientado que os planos de manejo das reservas extrativistas tragam a caracterização dos conhecimentos tradicionais, porque muitas vezes eles tratam somente de regras e restrições ao uso da biodiversidade. Essa é uma estratégia de proteção do conhecimento material e imaterial das comunidades. Queremos que os planos sejam publicados, tenham reconhecimento e validade, embora eu particularmente não goste de entrar na lógica de transformar tudo em documento. Temos lançado as bases para estabelecer parâmetros de proteção, principalmente do nosso saber tradicional, da nossa forma de lidar com a natureza.

Nos últimos anos, outra iniciativa importante tem sido a elaboração de protocolos que estabelecem formas de consulta que devem ser feitas às comunidades diante de qualquer forma de violação. É o próprio Estado brasileiro o maior violador das comunidades, e ele também legitima a violação por parte da iniciativa privada. Esses protocolos são ferramentas para proteger as comunidades, e temos um avanço muito interessante nessa frente.

Também priorizamos compartilhar estratégias com outros segmentos de comunidades tradicionais. Dialogamos com o Movimento de Pescadores e Pescadoras Artesanais, com a Articulação Nacional das Pescadoras, com os pantaneiros, com os caiçaras, com as catadoras de mangaba de Sergipe, com as coletoras de sempre-vivas e com os geraizeiros de Minas Gerais, que têm uma reserva extrativista no Alto Rio Pardo. Traçamos uma estratégia de integração para defender o nosso modelo de unidade de conservação, que é único, e para garantir os nossos territórios. Temos priorizado também a criação de novas Resex, como as das catadoras de mangaba e das comunidades caiçaras. Nessas áreas, os processos de criação de reservas não avançam em função da pressão da especulação imobiliária. Até hoje, só conseguimos criar Resex onde esse setor econômico ainda não havia acordado.

No momento inicial de criação das reservas extrativistas marinhas, a grande preocupação dos órgãos públicos era proteger o recurso pesqueiro. A comunidade demandava a criação de uma reserva e o governo fazia os estudos para criá-la, mas incluía apenas a área de mar da reserva, como se o pescador morasse no mar. O pescador depende do mar, mas o pescador mora na terra. Começamos a mudar essa lógica quando surgiu a Confrem e dissemos que o território, o maretório das comunidades tradicionais

MARETÓRIOS

extrativistas inclui também a parte de terra onde as pessoas moram, onde elas plantam, onde há outra relação com o ambiente.

Quando criamos as primeiras reservas extrativistas incluindo uma parte de terra, caso da Resex de Canavieiras, da Resex de Cassurubá, também na Bahia, da Resex do Delta do Parnaíba, no Piauí e Maranhão, da Resex do Batoque e da Prainha do Canto Verde, no Ceará, começaram a acontecer grandes conflitos com setores políticos que defendem a especulação imobiliária e o *lobby* da carcinicultura, que é a criação de camarão em cativeiro. Em uma Resex como a de Canavieiras, temos 6 mil hectares de terra dentro da reserva, o que ainda não é muito. Na Amazônia, a Resex Verde Para Sempre tem quase 1,6 milhão de hectares de terra, mas 6 mil hectares de terra no litoral do Nordeste, para nós, é bastante terra. O conflito se estabelece justamente por isso.

Outras comunidades que têm forte relação com a parte terrestre do território enfrentam grandes desafios para protegê-lo. É o caso das catadoras de mangaba, fruta que nasce na área da restinga. A restinga, no litoral de Sergipe, é uma área de interesse de grandes empresários do setor hoteleiro e da criação de camarão. A mesma coisa acontece com as comunidades caiçaras no Litoral Sul do Rio de Janeiro e de São Paulo e no litoral do Paraná, que não conseguem avançar suas demandas de criação de reservas extrativistas por causa da pressão política. Nesse contexto está a disputa entre o nosso modo de vida ancestral e a noção de "desenvolvimento", que degrada e destrói os territórios e as comunidades. Seguimos buscando estratégias para resistir, para continuar existindo e mostrando que é possível imaginar outras formas de viver. Defendemos uma vida em coexistência com a natureza, sem levá-la ao colapso.

Ampliar o aspecto sociocultural das Resex e ressaltar o papel das comunidades na conservação do ambiente é uma luta árdua. Há uma grande disputa entre o setor que só vê o meio ambiente e não vê o ser humano que historicamente cuidou desse ambiente, que garantiu que existam áreas hoje conservadas, sejam elas em comunidades tradicionais, sejam elas em quilombos ou aldeias. Alguns setores da sociedade nos veem como algo que não faz parte do ambiente, mas a nossa relação com a natureza é de indissociabilidade. É um desafio fazer com que a sociedade compreenda o nosso papel como gestores dessas áreas. Se tivemos capacidade até hoje de manter tanto os recursos pesqueiros como a floresta de pé, isso significa que temos capacidade de mantê-los para o futuro. Significa que o nosso modo de vida não ameaça a existência da natureza, muito pelo contrário, que somos seus principais benfeitores, sujeitos de direito que cuidam desse ambiente. ■

MARETÓRIOS

ISAEL MAXAKALI
SUELI MAXAKALI

Nosso sonho é recuperar esta terra. A terra é viva, ela fala, nos olha e grita, porque ela precisa ser curada, precisa de tratamento. Mas os fazendeiros não escutam a terra gritando, seus pedidos de socorro. Por isso nós queremos reflorestar esta terra e fazer dela a Aldeia--Escola-Floresta. Onde há aldeia, tudo é sala de aula.

Os Tikmũ'ũn sempre andaram por aqui, nestas terras que vocês brancos chamam de Vale do Mucuri e que nós chamamos *kõnãg mõg yok*, onde o rio corre reto. Éramos muitos antigamente e vivíamos acompanhando o rio. Fazíamos uma aldeia, caçávamos, pescávamos e dançávamos com os *yãmĩyxop*, os povos-espíritos, e depois de um tempo os mais velhos se reuniam e decidiam se mudar de novo.

Somos um povo tradicional, originário destes vales. Antigamente, vivíamos em várias aldeias, mais ou menos distantes umas das outras e sempre acompanhando o curso dos rios: quando algum de nós morria, mudávamos de aldeia; quando surgia algum conflito, mudávamos de aldeia; quando ficava difícil encontrar caça e pesca, mudávamos de aldeia. Fazíamos roças grandes e plantávamos bananeiras, batatas, mandioca, inhames, que comíamos junto com a carne que caçávamos ou com os peixes que pescávamos.

Antigamente não havia brancos aqui. Quando os primeiros brancos chegaram, eram muito bravos. Mataram muitos Tikmũ'ũn e trouxeram doenças também. Os *ãmãnex xax ãta*, padres de roupa vermelha, traziam panos para os Tikmũ'ũn, panos que espalhavam sarampo e varíola. Quando um adoecia, todos se separavam, com medo, e fugiam para o mato. Foi assim que aconteceu aqui perto, em Itambacuri. Os Tikmũ'ũn partiram, subindo até o Vale do Jequitinhonha, onde hoje fica Araçuaí. Outros fugiram para Minas Gerais vindos do sul da Bahia, e assim fizeram também os Botocudo, que foram subindo do Espírito Santo até chegarem em Teófilo Otoni. Quando se encontravam, os Tikmũ'ũn e os Botocudos brigavam.

O *yãmĩy nãg*, espírito de uma criança, sempre nos avisava quando alguma ameaça – como os brancos ou os Botocudos – se aproximava. À noite, ele vinha e batia nas madeiras da casa do seu pai – toc toc toc toc – e o avisava: "Pai! Pai! Vocês devem partir! Leve os Tikmũ'ũn para longe daqui! Escondam-se! Os brancos estão vindo para te matar!". E então os Tikmũ'ũn fugiam outra

ALDEIA-ESCOLA-FLORESTA

vez. Por fim, chegamos ao lugar hoje ficam as aldeias de Água Boa e Pradinho, no município de Santa Helena de Minas, e nos escondemos debaixo de uma pedra bem alta, no local que chamamos *mikax kaka*, debaixo da pedra.

Os brancos já estavam por toda parte e nos perseguiam, querendo nos matar. Quando os Tikmũ'ũn percebiam que eles se aproximavam ou quando ouviam passar um avião, corriam para dentro de uma gruta em Água Boa, onde viviam vários morcegos, e esperavam. Os brancos iam embora, pensando que tinham acabado com todos, mas os Tikmũ'ũn estavam lá, escondidos. Com o tempo, não houve mais jeito e os Tikmũ'ũn tiveram que se envolver com os brancos. Eles traziam cachaça, tecidos, facas, foices e distribuíam entre os Tikmũ'ũn, que não sabiam das coisas. Os brancos traziam uma faca e eles trocavam por terra, traziam um boi e eles trocavam por terra, traziam cachaça e eles trocavam... Os brancos tiravam fotos dos homens e das mulheres e mostravam dizendo: "Aqui está a alma (*koxuk*) de vocês! Se vocês não forem embora daqui, vamos destruir vocês todos!". E os Tikmũ'ũn, com medo de perderem seus *yãmĩyxop*, fugiam.

Assim os fazendeiros foram tomando as nossas terras e derrubando toda a mata. Nós mesmos, quando crescemos em Água Boa, vimos com nossos próprios olhos a mata grande. Mas com o tempo os fazendeiros derrubaram tudo e a floresta virou capim. Nós, Tikmũ'ũn, tivemos que escolher: ou perdíamos a nossa terra ou perdíamos a nossa língua. Preferimos perder a terra em vez de perder a língua. Se tivéssemos escolhido perder a língua, já não existiríamos mais. Teríamos todos desaparecido, como muitos outros povos que viviam aqui.

Naquela época, as pessoas da aldeia do Pradinho vinham para perto da aldeia Água Boa para fazer feira. Vinham comprar cana, milho e feijão, mas eles não podiam passar por onde sempre passaram, porque no meio, entre Pradinho e Água Boa, havia os fazendeiros Laurino, Arlindo e Abana-Fogo. Eram fazendeiros que moravam ali, e juntos eles não deixavam os *tihik*, os indígenas, atravessarem. Andavam armados e montados em cavalos, com a arma amarrada nas costas.

Quando íamos para o rio do Pradinho, não podíamos tomar banho. Tomávamos banho na cachoeira escondidos, e logo voltávamos. No meio do caminho entre Água Boa e Pradinho, encontrávamos só fazendeiros, que na época eram donos da nossa terra. Era difícil para nós, crianças tikmũ'ũn, porque a cachoeira e o rio eram bonitos, mas nós não podíamos tomar banho porque os pistoleiros eram muito violentos. Os meninos das aldeias do Pradinho vinham todos tomar banho em Água Boa. Quando eles vinham, os filhos dos não indígenas jogavam pedras neles com estilingue. Então os meninos tikmũ'ũn começavam a pelotar também, e eles corriam, iam embora.

Lutamos para retomar a faixa de terra que foi invadida pelos fazendeiros. Foi muito difícil naquela época, havia muita violência contra nós, povos Tikmũ'ũn, e muita morte também. Houve uma audiência em Bertópolis sobre a terra, e vieram os *yãyã*, os mais velhos, parentes da Bahia que ajudaram a defender os Tikmũ'ũn, junto com os caciques de Água Boa e do Pradinho. Durante a audiência, um parente da Bahia correu para rumar um pau na cabeça do Capitão Pinheiro, mas os policiais não deixaram. Quase houve uma briga feia. No final, conseguiram demarcar a terra com a ajuda de uma deputada de Teófilo Otoni que estava apoiando nossa luta. Fizemos uma grande festa, e vieram todos os indígenas de Pradinho e de Água Boa.

Quando a terra foi demarcada, em 1996, ela já estava toda desmatada: tiraram madeira, serraram e colocaram gado, e já haviam morrido muitos *tihik* lá também. Os velhos contavam essa história todas as vezes que passávamos por lá. Depois da demarcação, fizemos uma aldeia perto de Pradinho, onde plantamos mandioca, feijão e milho – tinha muito mamão também. Fizemos a aldeia lá, ficamos um tempo, e depois voltamos para Água Boa.

ALDEIA-ESCOLA-FLORESTA

m 2005, depois de graves conflitos (que continuaram por muito tempo, mesmo depois da demarcação) envolvendo fazendeiros e alguns dos nossos parentes na aldeia de Água Boa, tivemos de sair às pressas das terras onde a maioria de nós nasceu e cresceu. Durante quase dois anos ficamos provisoriamente acampados no município de Campanário, enquanto a Fundação Nacional dos Povos Indígenas (Funai) procurava uma solução para o nosso grupo. Àquela altura, já não queríamos voltar para as terras de Água Boa, pois temíamos novos conflitos. Foi quando a Funai nos propôs a aquisição de uma nova terra.

Durante meses seguidos nossas lideranças viajaram em busca de uma terra que atendesse as demandas do nosso povo por mata, rio, e terra fértil e plana para construirmos nossas aldeias e plantarmos nossas roças, como antigamente. A busca não foi fácil: encontramos terras grandes, mas sem mata e muito distantes das aldeias dos nossos parentes e do nosso ambiente tradicional, o Vale do Mucuri. Outras terras eram mais próximas, mas os terrenos eram muito montanhosos. Com o tempo, a pressão para decidirmos o nosso destino aumentou, pois havia risco de o recurso voltar para o Estado.

Ao mesmo tempo, quatro de nossas crianças foram internadas em Governador Valadares com hepatite, o que assustou a todos e aumentou a urgência para mudarmos. Foi nesse contexto que, em mais uma de nossas visitas, chegamos ao município de Ladainha. A terra, nós já sabíamos, não era como sonhávamos: não havia rio e o terreno era muito montanhoso. Mas havia uma mata, havia madeira e palmeiras para os nossos homens construírem as casas e embaúbas para as nossas mulheres tecerem suas bolsas. Também tinha um rio nas proximidades do território e a possibilidade de aumentar a terra, no futuro, para chegarmos até ele. Foi assim que decidimos ficar e criamos, em 2007, a nossa Aldeia Verde.

Passaram-se muitos anos desde que chegamos ali e muita coisa mudou. Nossa população, que no início era de cem pessoas, cresceu e chegou a mais de quatrocentas pessoas. Mas a nossa terra não cresceu. A terra era pequena e tinha muito morro grande, e já não podíamos nos espalhar como gostaríamos nem plantar, caçar ou pescar para manter a nossa alimentação tradicional, fundamental para nossa saúde. Lá também havia mato preservado, que nós não poderíamos destruir, então não sobravam terras baixas para fazer roça, para plantar.

A Aldeia Verde estava grande e as casas já não podiam respeitar o formato de lua das nossas aldeias tradicionais. O *kuxex*, casa onde os pajés cantam com os *yãmĩyxop*, estava muito perto das casas e as mulheres, que não podem ver o seu interior, acabavam vendo, porque precisavam atravessar a aldeia para buscar água ou visitar os parentes.

Poucas coisas são piores e nos deixam mais tristes do que a falta de um rio no nosso território. Sem um rio, não temos onde pescar, onde nos banharmos, onde lavar nossas roupas ou deixar a mandioca cozida descansar. Sem o rio, as nossas crianças não têm onde brincar e crescerem fortes, e por isso adoecem tanto. Sem o rio, os nossos rituais também ficam prejudicados: os nossos espíritos não têm onde se banhar quando vêm dançar conosco, nem nós, homens e mulheres, quando nos pintamos para dançar com eles. Os espíritos não vêm para dar banho nas crianças como antigamente; o macaco-espírito não se banha com as mulheres como fazia; as *yãmiyhex*, as mulheres-espíritos, não têm onde pescar e os *yãmĩyxop* não vêm com o seu elefante-espírito. Os meninos também não têm onde se banhar quando os *tatakox*, os espíritos-lagarta, os levam para ficar um mês no *kuxex* sem poderem ver suas mães e irmãs. No final do resguardo, o casal não tem um rio onde soprar e encerrar o período como antigamente.

Sem o rio, tínhamos que consumir água dos poços artesianos que chegavam até umas poucas torneiras no pátio de alguns grupos da Aldeia Verde, mas a bomba sempre queimava e ficávamos sem água durante dias seguidos. Além disso, a água muitas vezes saía vermelha e a qualidade não era garantida. Não é da nossa

ALDEIA-ESCOLA-FLORESTA

cultura tomar banho de torneira ou chuveiro apenas uma ou duas vezes ao dia, como fazem os brancos. As represas que existem na aldeia não são boas para banho e para beber e, apesar disso, nossas crianças, sem outra alternativa, acabavam pescando e se banhando nessas lagoas, pegando muitas doenças e se machucando nos arames que se acumulavam nas águas, carregados pelas chuvas. Nós não podíamos continuar vivendo daquela maneira! Não podíamos dizer às nossas crianças para não se banharem ou para não pescar. O que o governo espera de nós? Que as nossas crianças fiquem em casa vendo televisão e jogando *video game*? Nós, Tikmũ'ũn, mantemos a nossa língua viva, os nossos rituais vivos, nossas histórias e nossos cantos vivos! Somos um povo caçador, agricultor e pescador, e assim queremos seguir sendo.

Os Tikmũ'ũn sabem curar a terra. Nós podemos trazer de volta a mata, as frutas e os bichos. Quando chegamos em Aldeia Verde, a mata era pequena. Os fazendeiros que lá viviam tinham queimado tudo para fazer carvão e por toda parte só víamos capim. Depois que chegamos, a mata voltou a crescer, mas mesmo assim a terra era pequena. Os brancos têm poucos filhos hoje em dia, mas nós não. Nós temos muitos filhos e um dia na nossa terra não caberá mais tanta gente. Ou vamos todos virar brancos e morar em casas compridas de cimento, como nas cidades? Nós morando embaixo, nossos filhos no andar de cima, nossos netos e os filhos dos nossos netos em cima deles? E como os *yãmĩyxop* vão fazer para buscar comida nessas casas? Vamos ter que descer de elevador para levar comida para eles, ou amarrar um cipó bem comprido para eles subirem, como macacos, buscando comida?

Depois de muita discussão, o grupo Tikmũ'ũn resolveu em maioria: "Isael, Sueli, nós temos que procurar outra terra, porque nesta terra pequena não tem mais cabimento". Nós tomamos a decisão de mudar, e procuramos as autoridades para nos ajudarem a conseguir a terra. Procuramos várias terras da União e do governo, mas não conseguimos nenhuma. Mesmo assim, tomamos a decisão de sair da Aldeia Verde para fortalecer a nossa cultura.

Nós saímos de Aldeia Verde quando chegou a Covid-19, e estávamos preocupados com nossos pajés, que estavam sendo ameaçados por essa doença. Saímos e fizemos outra aldeia perto dali, a Aldeia Nova, onde ficamos por um mês. Conversamos com o prefeito de Ladainha na época e decidimos fazer um contrato de aluguel. Enchemos caminhões e carros e fizemos a mudança. Nos instalamos perto de Ladainha, em um território onde havia uma lagoa grande mas, assim que o prefeito seguinte foi eleito, um jornal local noticiou que a lagoa poderia estourar por causa de uma central hidrelétrica próxima, que tinha problemas estruturais, e que a Aldeia Nova estava em risco. Nós tínhamos que tomar providências rápidas: ou voltávamos para a Aldeia Verde, ou procurávamos por outra terra. Não conseguíamos nem dormir direito, procurando e visitando várias terras.

Nosso sonho era uma terra boa para plantio: queremos plantar mandioca, banana, milho, feijão... Nós não queremos viver de cesta básica, nós temos que trabalhar. A maioria de nós conta com o Bolsa Família, contou com o auxílio emergencial, mas vimos que tudo isso pode ser cortado, que nós não podemos contar com os governos. Os governos não reconhecem que somos indígenas vivendo em Minas Gerais e que ainda temos nossa cultura viva. Não reconhecem que as nossas madeiras são vivas, que elas são gente, e que precisamos criar os seus filhos para que continuem existindo os remédios da mata e a água que faz as nossas crianças crescerem fortes como as árvores.

Hoje, os pajés tikmũ'ũn estão muito cansados e tristes. Eles estão se enforcando, estão se matando para não terem de continuar assistindo a tudo de ruim que acontece por aqui. Os *yãmĩyxop* já não têm mais onde caçar, se banhar ou o que comer, porque as matas e os rios estão acabando. A preocupação não sai da cabeça deles. Por isso, muitas vezes, os pajés preferem se matar. Eles pensam: "Eu vou viver com os *yãmĩyxop* e de lá vou cuidar dos Tikmũ'ũn!". E assim eles fazem. Morrem, mas continuam aqui, entre nós, caminhando pela mata, com os *yãmĩyxop*.

ALDEIA-ESCOLA-FLORESTA

esde 2005 estamos sonhando com a terra. É esse o sonho da comunidade da Aldeia-Escola-Floresta. Visitamos várias terras, até perdemos a conta, e não encontrávamos nada. Os fazendeiros não querem vender terra para os Tikmũ'ũn, não querem ajudar os povos indígenas. Toda esta terra, o Vale do Mucuri, era nosso território maior, e é por isso que dizemos *Nũhũ yãg mũ yõg hãm*, "Esta terra é nossa". Esse é o título de um dos filmes que fizemos. Hoje a nossa terra tem limites, e não podemos passar desses limites. Não podemos ir à cidade, porque sofremos muito preconceito. Percebemos que precisamos ter uma terra grande para poder dizer: "Esta terra é do nosso povo, que é antigo; é por aqui que ele passou".

Então fizemos uma visita a Itamunheque. Fomos em quatro pessoas e, depois, oito lideranças. Fizemos uma reunião grande com as lideranças que são responsáveis por suas famílias. Todos gostaram da terra e então decidimos: na madrugada do dia 28 de setembro de 2021, quase quatrocentas pessoas do povo Tikmũ'ũn ocuparam a Fazenda de Itamunheque, em Teófilo Otoni.

osso sonho é recuperar esta terra. A terra é viva, ela fala, nos olha e grita, porque ela precisa ser curada, precisa de tratamento. Mas os fazendeiros não escutam a terra gritando, seus pedidos de socorro. Por isso nós queremos reflorestar esta terra e fazer dela a Aldeia-Escola-Floresta.

Onde há aldeia, tudo é sala de aula. Onde há árvores e sombra, temos uma sala de aula. As crianças vão cantando os nossos rituais, elas imitam; na beira do rio elas vão brincar, cantar e escrever na areia. Tudo é sala de aula dentro da aldeia. Todos os homens vão cantando para o mato, vão tirando madeira e vão cantando. Por isso demos o nome de Aldeia-Escola-Floresta: porque toda a aldeia é escola. Onde há sombra, as mulheres vão se juntar e fazer artesanatos. As crianças vão chegando, escutando ao lado delas e aprendendo também. Onde há uma barraca de ritual, temos uma escola verdadeira, muito importante. Nela vai haver canto, história, cultura, comida tradicional.

Nós, a comunidade da Aldeia-Escola-Floresta, vamos curar a terra para os *yãmĩyxop*, para as crianças, para o futuro. Nós nascemos todos junto com a floresta, nascemos todos junto com a caça. Esta terra é nossa mãe, porque ela alimenta todos nós, mas quando chegamos aqui a terra estava muito seca, os galhos não tinham folhas. Pensamos que as árvores estavam todas secando. Agora estamos organizando a terra para plantar mudas de árvores, de frutas, para ter uma escola, um posto de saúde para atender a comunidade, uma sede para a Funai.

Temos que curar a terra para a floresta e para as nascentes voltarem, porque a mata faz a água para nós bebermos. E também para termos nossa comida tradicional de volta. Temos que produzir para abastecer a escola, porque hoje os nossos estudantes comem alimentos de não indígenas e ficam fracos. Nossos jovens precisam ter merenda com comidas tradicionais. Por isso vamos organizar a Escola da Aldeia-Escola-Floresta; vamos plantar muita roça aqui, plantar mandioca, feijão, arroz, banana, batata-doce e bananeiras para abastecer essa escola diferenciada.

Sempre dissemos "escola diferenciada" para falar da escola que queríamos para os nossos jovens, mas ela nunca se diferenciou. Chegou agora o momento de ela se diferenciar de verdade, para as crianças comerem nossa comida tradicional e não perderem a nossa cultura. Estamos preocupados com a nossa escrita, as nossas letras, os nossos rituais, a nossa pintura, a nossa língua, mas não podemos nos esquecer das nossas casas. Nos preocupa que os jovens não saibam fazer suas casas, que tomem empréstimos para construir em alvenaria, com cimento. O cimento esquenta muito, mas as nossas casas tradicionais são frescas, o vento entra à noite. Na cidade faz muito calor porque há muito ferro, cimento, asfalto, vidro.

No futuro vamos crescer a terra também. Todos os anos nascem crianças e aumentam as famílias, mas a terra não cresce. Nós não podemos construir uma casa em cima da outra. Temos que fazer as casas no chão. Não é nossa cultura construir prédios de apartamentos, e aqui estamos preservando a nossa cultura. Quando estivermos velhos, queremos ver a Aldeia-Escola-Floresta com nascentes, com muitos bichos, muitas roças, muita mata, com os *yãmĩyxop* cantando e se pintando, com as nossas casas verdadeiras, com as nossas crianças se banhando, brincando e imitando os *yãmĩyxop*.

Na Aldeia-Escola-Floresta vamos ter escola de história, de artesanato, de pintura, de cerâmica. Nosso sonho é fazer encontros de Pajés, fortalecer nossa cultura, fazer projetos para que nossos parentes e os não indígenas nos conheçam muito bem. Vamos ter uma casa de cinema com um telão para mostrar a nossa cultura, os nossos filmes e os filme de outras aldeias – do Xingu, dos Guarani. Vamos dar aulas, ensinar aos estudantes indígenas e também aos não indígenas. As crianças não indígenas vão vir nos conhecer, nos visitar, e nossos parentes de longe também.

Esse é o nosso sonho, a nossa Aldeia-Escola-Floresta, um projeto para vestir a pele da terra para protegê-la, revivendo o território para todos os animais, plantas, rios e para os *yãmĩy*; para amansar os brancos, filhos de *ĩnmõxa* – seres peludos e ferozes, que não esperam, não conversam, pegam logo o revólver –, para curá-los de sua voracidade exterminadora. Esse é nosso sonho! ■

CÉLIA XAKRIABÁ

Ao construir histórias como contranarrativas, com autonomia para contar a própria versão, a presença indígena não faz parte apenas de uma história passada, mas sim de uma história que está sendo tecida no presente, rumo ao futuro. Amansar o giz é ressignificar a escola indígena, refletindo sobre os desafios e a importância da educação territorializada.

O barro, o jenipapo e o giz são as três temporalidades que marcam a história Xakriabá. Três símbolos que contam sobre a nossa trajetória, inspirados em nossas raízes profundas. O contato, desde pequenos, com o barro, com a terra, é uma experiência significativa que aproxima a criança com os dois corpos que constituem a nossa pertença, o corpo como território e o território como corpo.

A cerâmica e o artesanato de barro carregam significados que vão muito além do objeto que é produzido, trazendo consigo habilidades e gestos peculiares que moldam um pote ou uma panela. Muito mais do que produtos em si, esses objetos possuem uma imaterialidade, uma subjetividade que carrega valores simbólicos. Cada peça de barro produzida carrega parte do território, não apenas como lugar de morada do corpo, mas também no que se reapresenta como lugar sagrado de morada da alma.

A intelectualidade indígena não está apenas na elaboração do pensamento que acontece na cabeça. Está na elaboração do conhecimento produzido a partir das mãos, das práticas e de todo o corpo. Todo corpo é território e está em movimento, desde o passado até o futuro. É aí que a intelectualidade indígena acontece.

O forte do nosso povo sempre foi a oralidade, mas, com as tecnologias, a ampliação dos registros se torna possível, nos trazendo algumas vantagens. Através de fotografias, da escrita digital e da grafia audiovisual, trabalhamos para que as próximas gerações tenham também oportunidade de reativar nossas memórias, compreendendo os diversos atravessamentos históricos vividos pelos Xakriabá.

Na construção de alianças, entre nós, indígenas, mas também com nossos aliados não indígenas, nossa escola xakriabá se constrói. Trata-se de um fazer epistemológico que visa a nos construir como corpo-território em permanente processo de (re) territorialização – abertos, portanto, a uma historicidade que deve ser reativada pelas memórias que nos ensinam não só sobre o passado, mas também sobre o presente e o futuro em que continuaremos a ser corpo (re)territorializado.

A memória nativa é aquela que guardamos dos nossos pais, avós, bisavós: são as memórias mais antigas e que trazemos ancestralmente. Já a memória ativa consiste também naquelas memórias que reativamos em matrizes do passado, mas que estão presentes e ativas ainda hoje, sendo dinâmicas e marcadas por processos de ressignificação que definirão a nossa relação com as memórias do corpo-território no futuro daqueles que ainda virão.

O povo Xakriabá, os antigos habitantes do Vale do São Francisco, é a maior população indígena no estado de Minas Gerais e uma das maiores do Brasil. Nosso processo de contato com a sociedade envolvente não foi diferente dos demais povos indígenas no Brasil. Ele foi marcado por lutas e derramamento de sangue.

O bandeirante Matias Cardoso foi um grande colonizador da região, escravizador dos povos indígenas do Vale do São Francisco. Após o ano de 1728, recebemos o título de posse das terras por nossos antepassados terem apoiado o Estado na guerra com os Kayapó que, segundo a história, também percorreram a região. É o que demonstram as pinturas rupestres nos paredões do Parque Nacional Cavernas do Peruaçu. Desde de que nosso povo apoiou o Estado nessa guerra, vivíamos sem conflitos externos e convivíamos com povos que vinham da Bahia e de outras regiões de Minas Gerais.

Entretanto, nosso território sempre foi alvo de ameaças e, a partir das décadas de 1960 e 1970, o chamado "desenvolvimento" intensificou a invasão das nossas terras e os projetos agrícolas na região atraíram grandes fazendeiros das cidades vizinhas. O povo Xakriabá é conhecido por uma forma singular de organização social interna e também pela política externa à comunidade. Hoje, estamos no quarto mandato indígena consecutivo na cidade de São João das Missões.

Sou a primeira Xakriabá a fazer mestrado e isto me coloca diante de outro desafio, o de lidar com a pressão dos tempos regidos pelas normas do ambiente acadêmico que, por sua vez, não dá conta de compreender a nossa temporalidade que, assim como o nosso conhecimento, opera em outra ordem. Essa outra ordem não consiste em uma insuficiência de conhecimentos, mas, sim, em ritmos diferentes.

Indagada sobre como me sentia sendo a primeira Xakriabá a fazer mestrado, eu respondia que estar neste lugar não me dá uma posição privilegiada e, sim, me traz o compromisso de questionar por que, depois de anos, somente agora sou a primeira. Ser a primeira não me torna mais importante, mas me traz o compromisso de lutar para não ser a última.

Adentrar o território acadêmico me faz assumir o compromisso de contribuir na construção de outras epistemologias nativas, dando relevância à produção do conhecimento indígena no território acadêmico e em outras agências, na ciência do território. Temos uma tarefa desafiadora, pois não basta apenas reconhecer os conhecimentos tradicionais, é necessário também reconhecer os conhecedores.

Quanto mais conheço o novo, mais sinto a necessidade de retomar as minhas origens, e a experiência acadêmica reforçou mais uma vez a compreensão de como eu mesma me constituo a partir destas origens. Embora o desafio vivenciado décadas atrás para garantir o acesso à terra e nos firmar no território ainda continue, hoje o desafio é também demarcar espaço em outro território, o território acadêmico, com o propósito de indigenizá-lo, transformando suas práticas educativas.

Mostramos que somos indígenas e que a história que contavam sobre nós consistia em uma história única, hegemonicamente construída. Agora reivindicamos também a oportunidade de construir histórias como contranarrativas, por meio da autonomia de contar a nossa versão. E estamos nesse espaço também para demonstrar que a presença indígena não faz parte apenas de uma história passada (pretérita, como dizem os historiadores), pois somos protagonistas de uma história que está sendo tecida no presente.

AMANSAR O GIZ

Assim como ocorre majoritariamente na produção acadêmica, a produção dos materiais didáticos que chegam a nossas escolas está sempre privilegiando a teoria produzida no centro. É como se a cultura do outro fosse mais forte. Há um desbotamento e uma desvalorização grande dos estudantes indígenas no meio acadêmico. Alguns estudantes vão para a universidade e não são considerados produtores, autores e interlocutores do conhecimento neste meio. Mas é preciso haver um processo reverso. É isso que eu chamo de indigenização. Por que não indigenizar o outro? Por que não quilombolizar, campesinar o outro?

Reconhecer a participação indígena no fazer epistemológico é contribuir para o processo de descolonização de mentes e corpos, desconstruindo o pensamento equivocado de que nós, indígenas, não podemos acompanhar as tendências tecnológicas, ou qualquer outra coisa que exista fora do contexto da aldeia e da ideia de que não seríamos capazes de ocupar tais lugares.

A aldeia onde moro se chama Barreiro Preto. Segundo meu avô, a origem do nome vem da relação que mantemos há muito tempo com o barro. Bem perto da minha casa havia um riacho que era perene e, por haver recursos hídricos em abundância durante muito tempo, todo o gado que se criava na região vinha não apenas para beber daquela água, mas também para comer o barro salino que existe em nossa aldeia. Por ser um barro de cor roxa escura, os mais velhos deram o nome de Barreiro Preto.

Nesse mesmo local, em determinados pontos, existia barro bastante argiloso que era usado para fazer cerâmica na forma de potes, adobe e telhas. Com ele também se faziam as paredes de enchimento com barro e pau a pique para a construção das casas. Até hoje é possível encontrar lugares com vestígios de olarias de 35 a 150 anos atrás.

Meus bisavós e avós sempre trabalharam com barro para construir as próprias casas. A geração do meu pai também trabalhou na produção de adobe. Ele conta que para conseguir comprar o primeiro relógio da sua vida, teve que fabricar dois mil adobes.

Lembro que, para construirmos nossa casa, meu pai nos levou para aprender a fazer adobe. Tenho orgulho de ter participado da construção da nossa primeira casa, porque essa prática já é quase inexistente entre os Xakriabá. Em um período de vinte anos houve um processo de transformação acelerado e hoje a maioria das pessoas compra materiais de construção de fora. É possível observar os impactos culturais e econômicos causados pela falta dessas práticas e, preocupadas com esses impactos, algumas pessoas estão se mobilizando para seu fortalecimento e sua valorização.

Certa vez, numa oficina de construção de uma casa Xakriabá na UFMG, um aluno, impressionado com a habilidade e o conhecimento que duas mestras Xakriabá tinham sobre o processo do adobe, perguntou a elas se não gostariam que alunos de Arquitetura ajudassem a desenvolver uma técnica para que a casa tivesse mais durabilidade, ou que durasse uma vida toda. Ele lamentava que uma casa como aquela, tão bonita, pudesse se desfazer em quatro ou seis anos. Libertina Seixas Ferro, uma das mestras, respondeu: "Não, meu filho, essa proposta sua é muito perigosa, porque a casa, ela precisa se desfazer entre quatro e seis anos para que eu possa continuar ensinando os meus filhos e os meus netos! Se a casa durar a vida toda, coloca em risco o ensinamento, a transmissão deste conhecimento".

Nossos sábios indígenas falam que a escola tem que ser interessante, que a escola do contexto não indígena tem muito o que aprender com as nossas, porque nós sabemos fazer com que esse espaço seja interessante para os alunos. A essa matriz formadora principiada no território atribuo o mote para uma educação territorializada, que apresenta como ponto de partida e de chegada a potência da epistemologia nativa, presente na memória e na transmissão oral e ressonante em melodia na escrita Xakriabá.

AMANSAR O GIR

No povo Xakriabá existem diferentes perfis de conhecedores da tradição, com diferentes habilidades. Há aqueles que nascem, por exemplo, com a herança de conhecedores com profundidade, como os conhecedores dos benzimentos que curam. Eles têm o poder de curar não apenas por meio do princípio ativo de uma planta, mas pelo poder do simples gesto de colocar a mão sobre um corpo e pela força das palavras da oralidade.

Há outros conhecimentos enunciados pela oralidade; e a memória – que é das profecias do tempo – é aquela que, pela observação da natureza, em determinados meses, consegue prever se o ano será bom de chuva e qual mês será chuvoso. Há uma multiplicidade de habilidades entre o povo Xakriabá que vai passando de geração em geração, havendo a preocupação de que nosso conhecimento seja mantido.

Se enxergamos na sabedoria dos mais velhos uma fonte de conhecimentos, temos a opção de deixar que esses conhecimentos passem por nós como chuva passageira ou podemos converter a nós mesmos em cacimbas que armazenam e guardam água para o tempo da necessidade. Assim, por meio de metáforas, é que se constituem os conhecimentos dos mais velhos, que nos dizem mais ou menos assim: "A inteligência pode ser adquirida com o tempo da escola, já a sabedoria tem outra temporalidade, exige um movimento maior da mente, mas também do corpo. Um conhecimento não é apenas elaborado pela mente, é elaborado também pelo exercício da prática com as mãos".

As mulheres Xakriabá, além de guardar práticas bem peculiares, guardam sementes, e são responsáveis por uma rede de troca e compartilhamento de sementes. São elas as responsáveis por guardar a biodiversidade das sementes cucurbitáceas como melancia, melão, abóboras, cabaças etc. Além de manter essas variedades, promovem a circulação de sementes no território Xakriabá. Elas mantêm a rede de troca entre comadres e parentes, apoiando aquelas que porventura não possuam ou não tenham conseguido guardar alguma variedade naquele ano. As sementes de abóbora, melão e melancia são depositadas nas paredes embarreadas, e com essa prática as mulheres reafirmam mais um ato de resistência.

Lembranças de formas educativas tradicionais como essa inspiram enormemente as minhas propostas como professora Xakriabá. É um desafio traduzir essas metodologias tradicionais em aprendizagens escolarizadas, exercitando a indigenização das práticas escolares.

Ser um professor indígena está muito além do simples perfil de formador de cada campo específico de conhecimento. Compreendemos o nosso papel no fortalecimento da cultura indígena pela participação voluntária e solidária com o outro. Sabemos que é imprescindível para a nossa formação continuada ouvir os mais velhos, que são livros vivos da história do passado, do presente e do futuro.

Para falar sobre o "aprender", recorro ao sentido nativo xakriabá, que diz respeito ao que se aprende por imitação, mas isto se faz associando criatividade e tradição, à medida que vão se ritmando os olhares atentos sobre os pais e os avós, que inspiram a criatividade do desenvolver a partir do reenvolver.

Ao longo de minha trajetória, o que tem me impulsionado é a certeza de que é possível construir, a partir do protagonismo da coletividade e da tradição, um futuro de valorização das culturas dos povos indígenas. É necessário e urgente dar voz e vez às narrativas dos povos indígenas, para que de fato tenhamos uma sociedade verdadeiramente democrática, na qual um diálogo simétrico seja possível.

*N*a história de nosso povo, o período de aprendizado do barro representa um período em que não existia a presença da instituição escola, mas em que já existia a educação indígena, transmitida pelo entoar da palavra, na oralidade. Portanto, não havia escrita, mas havia memória. Foram conhecimentos adquiridos e experiências vividas por muitas gerações, passados dos mais velhos para os mais novos, importantes desde o tempo dos antigos até os dias de hoje na preservação das tradições e na construção da identidade de cada Xakriabá que chega.

O jenipapo, por sua vez, se refere aos momentos rituais em que as nossas tradições se materializam em nossos corpos. O povo Xakriabá e o jenipapo estabeleceram historicamente uma forte relação pelas pinturas corporais. Elas representam o fortalecimento de nossa identidade como um dos processos que configuram nossa forma de fazer educação indígena (não na escola, mas em nosso cotidiano).

Quando nós nos pintamos, em momentos específicos, acreditamos que não é somente a pele que está sendo pintada, mas o próprio espírito. A pintura corporal marca e demarca a identidade no contato entre o corpo e o espírito. O jenipapo é uma árvore de bom conhecimento, pois é dela que tiramos a tinta e com ela registramos a nossa cultura, o que nos dá fortalecimento.

O que é o tempo do jenipapo? Trata-se ainda de um tempo em que também não existia a presença de prédios escolares, mas em que, assim como no tempo do barro, se aprendia em outros lugares. É interessante observar que o tempo do barro atravessa o tempo do jenipapo, porque ao longo da história do povo Xakriabá houve um período de muita perseguição por parte dos fazendeiros e grileiros da região. Durante esse tempo, os Xakriabá, para não serem perseguidos ou mortos, eram obrigados a deixar de se pintar e de usar elementos que demonstrassem a identidade de nosso povo. Tivemos que pensar em uma estratégia para guardar as pinturas corporais.

Por muito tempo, ao menos durante duas ou três décadas, as pinturas corporais foram então guardadas nas cerâmicas, e muitas dessas cerâmicas eram guardadas na terra. A cerâmica foi, portanto, um elemento muito importante, porque serviu mais tarde como um mostruário das pinturas corporais. É necessário refletir sobre como a pintura carrega elementos de outra escrita, corporal, com narrativas simbólicas portadoras de subjetividades, uma vez que o ato de colocar e receber a pintura no corpo é um ritual, um preparo do espírito. Não é apenas o desenho que se escreve na pele, mas o que marca no penetrar, fortalecendo as memórias dos antepassados, para as crianças e as futuras gerações.

A terceira temporalidade Xakriabá é a do giz. Utilizo o giz para simbolizar a ressignificação da escola a partir da nossa concepção de educação, fazendo frente à escola que chega como instituição externa, em um primeiro momento desagregadora de nossa cultura.

Depois de muita luta, podemos construir narrativas em que contamos a nossa versão da história, respeitando os processos próprios de uma escola diferenciada, que não suprime o conhecimento e o modo de ser Xakriabá, e subvertendo aquilo que por décadas o giz instrumentalizou.

O amansamento do giz, como uma das ferramentas de ensino utilizada pelos professores indígenas, tem-se feito presente como forma de ressignificar a escola a partir da nossa concepção de educação. Essa conquista foi o resultado de uma longa luta das lideranças Xakriabá. Afinal, não há no cotidiano Xakriabá dissociação entre política, cultura e educação.

Nós, populações tradicionais, temos condições de apresentar outro projeto de sociedade, não exatamente pela falácia do desenvolvimento e, sim, por meio do reenvolvimento, que representa a retomada de outros valores. Em nossa relação com o mundo, que é com o ambiente inteiro e não apenas com partes dele, não podemos criar laços impessoais ou sem espiritualidade. É impossível para os Xakriabá enxergar a natureza apenas como um bem a ser explorado, ou mesmo como um lugar que produz alimento.

A sociedade carece de recuperar valores da relação com o espaço corpo-território. É preciso considerar o território como um importante elemento que nos alimenta, nos ensina, e constitui o nosso ser pessoas no mundo. Não podemos nos ver apartados do território, pois somos também parte indissociável dele, nosso corpo.

Nossa comunidade, a partir de 1996, deixou de se adequar à escola e um movimento inverso foi iniciado: a escola passou a interagir com as experiências vivenciadas pela comunidade. Não foi a escola que chegou primeiro, a comunidade já existia antes da escola. A escola passou a respeitar a cultura local, estabelecendo interlocuções com os modos de viver e fazer do povo Xakriabá.

Embora ainda existam grandes desafios nas relações com o sistema e com o Estado, entendemos que assumir uma posição de educação subversiva faz da escola xakriabá um lugar potente de articulação entre saberes. Além de estudarmos as matérias convencionais, temos como parte do currículo também aulas de cultura, de língua ou de direitos indígenas.

A prática de organizar a escola de acordo com os tempos da aldeia – como o tempo da seca e das águas – também consiste em uma importante estratégia de diálogo entre os conhecimentos tradicionais e as demais formas de conhecimento. É parte fundamental de se fazer uma educação escolar diferenciada.

Se alguém me perguntar onde fica a escola xakriabá, eu posso muito bem responder que é até onde sua vista enxergar, com a convicção de que mesmo onde meus olhos não alcançam estará a nossa escola. Quando formos para o mundo e nos depararmos com outra ciência, poderemos manter a nossa ciência.

Consideramos que o processo educativo precisa ser fortalecido a partir daquilo em que o nosso povo acredita, para que assim se tenha, de fato, uma educação escolar indígena não pensada para os povos indígenas, mas construída pelos povos indígenas. Para fortalecer os processos educativos, é necessário alimentar as práticas tecidas na cultura, e que estão presentes na oralidade, nos rituais, na organização social, no segredo e no sagrado, naquilo que é oculto.

Em vez de usar o conceito de reapropriação, que é muito utilizado na antropologia, recorremos ao amansamento, porque é um conceito elaborado a partir da resistência de amansar aquilo que foi bravo, que era valente e, portanto, atacava e violentava a nossa cultura. Fizemos essa escolha porque o conceito de reapropriação, embora possa trazer um sentido próximo, não expressa o impacto e a violência do que foram a chegada e o propósito de implantação das escolas nos territórios indígenas.

Outro conceito com que dialogamos é o de indigenização. Esse é um conceito já conhecido entre antropólogos e historiadores, cunhado pelo estadunidense Marshall Sahlins. Utilizamos o conceito para falar das estratégias com as quais o povo Xakriabá lida com a escola que chega até nós e como a ressignificamos. Sahlins apresenta a categoria de indigenização buscando diferenciá-la do conceito de aculturação – e isto nos interessa, sobretudo, como forma de contrapor a imagem preconcebida de que nós, povos indígenas, seríamos "aculturados".

Subverter requer colocar corpo e mente em ação, e isto provoca deslocamento. Portanto, não há alternativa senão a de começar e fazer. Mas como começar? É preciso começar fazendo por algum lugar, e a única pista que eu daria nesse sentido é: aprenda a se descalçar dos sapatos usados para percorrer caminhos e acessar conhecimentos teóricos produzidos no centro. Deixe os pés tocarem o chão no território. Seus sapatos se tornarão pequenos e não caberão nos pés coletivos, eles apertarão tanto nossas mentes que limitarão o acesso ao conhecimento no território do corpo.

Se não existe caminho aberto, comece fazendo uma picada; se já existe a picada, abra um carreiro; se já existe carreiro, alargue--o, torne-o uma estrada. Somente com esse exercício podemos ampliar os horizontes e construir uma educação territorializada e inspirada nas experiências dos povos indígenas e, assim, efetivar as práticas decoloniais para além do discurso. ■

DAVI KOPENAWA

Vocês, *napëpë*, me chamaram. Então nos sentamos para explicar e abrir o pensamento de vocês, da mesma forma como fazemos nos discursos noturnos voltados para toda a nossa comunidade. Deixem seu pensamento se envolver! Vocês, *napëpë*, se apaixonem por suas florestas cheias de saúde!

Os *napëpë* [não indígenas] que são autoridades, aqueles homens influentes que moram junto a vocês, eles não nos conhecem. Não conhecem nossas casas, não conhecem nossa terra-floresta, ficam atentos apenas a outros lugares. Por isso eu, que pertenço à floresta, quero ensinar nossa sabedoria a vocês, *napëpë*, porém vocês pensam diferente. Vocês nos escutam, mas não acreditam em nossas palavras. Os *napëpë* não pensam assim: "As palavras dos Yanomami são verdadeiras. Eles irão explicar o conhecimento deles para nós, irão explicar sobre o modo como viviam seus antepassados, já que eles têm sabedoria". E por que os *napëpë* não pensam dessa forma? Eles não sabem que o lugar de surgimento de *në ropë*, da riqueza das florestas, foi em nossas terras; eles não conhecem, só conhecem suas próprias terras. Portanto, o que essas pessoas sabem é somente sobre si mesmas. Elas pensam diferente, pensam em si em primeiro lugar, e é por isso que vamos explicar a elas nossa sabedoria. O que deixa os *napëpë* verdadeiramente preocupados? Por que vamos ensiná-los? Por eu pensar sobre isso, estou indicando com minhas palavras o que é correto.

Há muito tempo atrás, nos tempos em que surgiram nossos antepassados, Omama, nosso criador, deu este nome: *në ropë*. Colocou o nome *në ropë* e disse: "Cuidem bem de *në ropë*! Se vocês morarem na terra-floresta com *në ropë*, vocês ficam alimentados, vocês vivem bem e com saúde. Vocês ficarão saudáveis para fazer suas festas e farão seus filhos crescerem saudáveis também. Por isso, por vocês acordarem bem e com saúde, despertem para este nome: *në ropë*. Vocês peguem este nome. Quando os alimentos crescem, quando vocês querem fazer festa, vocês se convidam entre si, conversam uns com os outros, vocês se alimentam uns aos outros". Assim disse Omama.

Eu, sendo Yanomami, quando explico isso, fico pensando se talvez os *napëpë* estão me entendendo, já que eles pensam diferente. Os *napëpë* não estabeleceram relações de amizade com o povo Yanomami a partir de nossas raízes. E por não terem feito os pri-

Në ROpë

meiros contatos de forma que desejassem ser nossos amigos, até hoje não nos levam a sério. Os *napëpë* deveriam falar dessa forma: "Essas palavras são verdadeiras! Os Yanomami falam a verdade, nós brancos também falamos a verdade e assim nós podemos ensinar uns aos outros". Quando aprendermos uns com os outros, sentiremos que *në ropë* e a floresta nos pertencem de fato. O pensamento de vocês acorda para isso e seguirão pelo caminho certo. É isso que eu queria dizer para vocês *napëpë*: vocês rapazes, vocês moças e vocês mais velhos, quero passar nossa sabedoria a vocês.

Nos primeiros tempos, quando nossos antepassados surgiram, eles já estavam trabalhando. Primeiro apareceu o trabalho do espírito da saúva, Koyori. Por ter surgido primeiro, ele plantou *në ropë*: banana, macaxeira, cana, cará, pupunha, batata-doce... Koyori plantou os alimentos da roça. Mas *në ropë* também está em outros alimentos, naqueles que crescem na floresta, que são árvores frutíferas: bacaba, patauá, buriti, açaí, abiu, ingá, cacau, cupuaçu. Todos esses seres-árvores da floresta são *në ropë*. Os seres-plantas da roça, que as pessoas plantaram primeiro no solo, são *në ropë*.

Nós, que somos povo da *hutukara*, do céu xamânico, pensamos diferente: os *napëpë* pensam de uma forma e nós Yanomami de outra e assim é. *Në ropë* nos deixa felizes! E por quê? Porque plantamos comidas nas roças e os alimentos crescem nas roças. Por cultivarmos essas plantas, nos alimentamos e isso nos deixa felizes! O que deixa os *napëpë* felizes são outras coisas: eles ficam felizes pela comida, só que o dinheiro também os deixa muito felizes, assim como o petróleo os deixa felizes. Voar de avião os deixa felizes, eles ficam felizes com os carros. Ter uma casa bonita e brilhante os deixa felizes, assim como tomar água gelada também deixa os *napëpë* felizes. Fazer os outros trabalharem para eles ou fazer com que os homens influentes lhes deem empregos os deixa felizes. São muitos os *napëpë* que vivem felizes assim, mas *në ropë* não os deixa felizes.

O que nos faz felizes é *në ropë*, a floresta, o solo. *Në ropë* faz as comidas crescerem, nos alimenta, nos faz viver bem e com saúde. *Në ropë* mata nossa sede, nos faz ter água limpa, faz os rios onde tomamos banho serem limpos. Pelo fato de continuarmos assim, dançando uns com os outros, cantando juntos e fazendo nossos festivais funerários é que *në ropë* nos traz alegria. Ficamos contentes com os xamãs, pois eles são responsáveis pela saúde. São os xamãs que fazem *në ropë* chegar, *në ropë* dança através dos xamãs. Então é tudo isso que nos faz felizes. Os alimentos nos deixam verdadeiramente felizes, assim como os xamãs, mas os *napëpë* não se interessam por essas coisas. Alguns até se interessam, se conectam a isso, mas outros não chegam lá e, por isso, essas pessoas só pensam assim: "Não! Eles são de outras terras, não vamos escutá-los. Será que essas pessoas trabalham como a gente?".

É através da escrita que os *napëpë* aprendem. Se não tiver nada escrito e eu ficar só fazendo discursos à toa, os *napëpë* não me levam a sério e logo pensam: "Não! Isso é mentira. Ele está pensando isso sem razão!". Eles escutam, só que, depois, quando vão embora, param de pensar sobre o que eu falei. Aí eles ficam só prestando atenção nas coisas pelas quais são apaixonados, no que prende mesmo a atenção deles.

Nós, Yanomami, colocamos nosso pensamento nas roças, ficamos com o pensamento atento a *në ropë* e pensamos: "Vamos trabalhar, vamos limpar a roça, vamos trabalhar com nossos braços e nossas mãos!". É tudo isso o que diferencia nosso pensamento, que se fixa em *në ropë*, é nisso que pensamos em primeiro lugar. E assim nosso pensamento fica em paz, se acalma. É isso o que eu falo para vocês traduzirem e depois escreverem na língua dos *napëpë* para que os jovens e as moças que estão se formando possam me ouvir. Quando vocês escutarem estas palavras, transportarem o seu pensamento e entrarem no nosso – quando se aprofundarem em nosso pensamento – vocês irão perceber nossas

NË ROPË

raízes. Mas já que vocês não enxergam nossas raízes, nosso pensamento não aparece e vocês não se surpreendem, exclamando: "Olha! A gente não tinha pensado nisso!".

Quando nós olhamos para as raízes, aquelas que fazem os alimentos crescerem, por onde *në ropë* se move, nós xamãs yanomami conseguimos ver seus rastros. Outros Yanomami não xamãs não enxergam estes rastros. Os agricultores *napëpë* não conhecem os caminhos de *në ropë*, eles conhecem caminhos de outras coisas diferentes e, por já conhecerem um caminho, fortalecem o que estão pensando: "Ah! Vou pegar meu motor, vou pegar meu trator para trabalhar. Se eu não tiver meu trator, se estiver passando dificuldades, sem funcionários para trabalhar para mim, fica difícil!". É isso que os *napëpë* falam. Nós não sofremos por isso. Nossos antepassados abriam roças com machados de pedra, por isso nós sabemos lidar com as dificuldades. Estamos explicando isso para as pessoas de vários lugares, pois se as pessoas tiverem mais conhecimento sobre o lugar onde *në ropë* mora, tendo clareza sobre *në ropë*, saberão cuidar e proteger. É isso que eu quero lhes dizer.

Onde tem *në ropë*, por onde *në ropë* se espalha, os *napëpë* só sabem estragar. Eles derrubam as árvores e depois as queimam e retiram o que resta com o trator. Os *napëpë* só trabalham desmatando a terra. Trabalhar é bom, mas vocês precisam mesmo aprender a proteger a floresta. *Në ropë* vive de fato no solo e na superfície, sustenta nossa vida boa e saudável. Vejam a importância de protegermos a floresta hoje em dia e não deem continuidade ao que está em curso hoje. Não digam: "Eu vou estragar essa floresta, já que ela existe sem razão. A floresta só está em pé, sem razão!". Não pensem assim, sejam sábios, despertem seus pensamentos, prestem atenção ao que vocês estão comendo. Se não tiver *në ropë*, como iremos ficar? É também *në ropë* quem nos faz respirar o ar bom, nos faz ficar atentos, trabalhar bem, é o que nos faz ficar felizes. Nós iremos nos alimentar de *në ropë* e, assim, ficaremos satisfeitos. Só assim ficamos fortes!

uando os *napëpë* estragam a floresta, *në ropë* foge e vai para outra terra. Quando foge, os *napëpë* plantam as comidas na terra, mas elas não crescem e só resta Ohinari, o ser da fome, em seu lugar. Se não comermos, ficamos fracos, e assim a pessoa não consegue se curvar, só fica deitada, não se levanta nem consegue ir longe, é isso que Ohinari faz. Ohinari é muito feroz! Ele não faz amizade conosco. Ohinari nos faz sofrer, não quer nos ver felizes e saudáveis! Enquanto *në ropë* quer nos fazer viver bem e com saúde, Ohinari quer nos fazer morrer, quer nos matar de sede e de fome. Os *napëpë* não carregaram estas palavras, eles não carregam isso.

Nós, Yanomami, cheiramos *yãkoana*, fazemos xamanismo e enxergamos o caminho de *në ropë*. Aqueles grandes homens, xamãs que conseguem ver o caminho de *në ropë*, o chamam e assim as comidas crescem por toda a extensão da floresta e em todas as roças. As frutas aparecem na floresta, os animais comem e os peixes também: as queixadas, os macacos, as antas e outros. Portanto, vocês *napëpë* abram o pensamento de vocês, pensem: "É verdade!". Não se perguntem: "Onde está *në ropë*?". Aí na terra de vocês também tem *në ropë*, e é porque tem *në ropë* que vocês se alimentam, criam bois e assim comem carne. Vocês também comem peixes e comem frutas. Depois que vocês cultivam suas frutas, vocês fazem suco delas para matar a sede.

Portanto, hoje em dia, é pelo caminho de *në ropë* que o pensamento de vocês precisa ir. Tanto o nosso pensamento yanomami, quanto o de vocês, *napëpë*. Quando levantamos nossos olhos e enxergamos isso, nosso pensamento se abre: "Então esse é o caminho para vivermos com saúde, é nessa terra que vivemos bem. Todos nós: *napëpë*, Yanomami, as crianças e os jovens!". Então cuidem da floresta de verdade. Vocês que estão nas escolas, que estão aí para aprender, escutem isso, vejam estas minhas palavras no papel. Se vocês não tinham aprendido isso, se não haviam ainda escutado sobre isso, agora as pessoas da floresta estão lhes ensinando, portanto a partir de agora vocês passem a

NË ROPË

pensar assim: "Vamos escutá-los, vamos levá-los a sério!". Estas minhas palavras são verdadeiras, não é mentira. Outros *napëpë* não te ensinaram isso.

Nós, Yanomami, temos nossos filhos e, portanto, nossos velhos irão soprar pó da *yãkoana* nas narinas deles, os ensinando a serem xamãs. Já que esta é uma maneira deles estudarem, ao verem os espíritos *xapiripë*, eles explicam e assim aprendem. Já que vocês aprendem pela escrita, coloquem estas palavras escritas para que os jovens *napëpë* possam lê-las, para que seus olhos caiam sobre o caminho de *në ropë*, para que seus olhos pousem no meio do caminho de *në ropë* e, quando pousarem ali, quando enxergarem de verdade, digam: "Olha só! Entre eles é diferente! Nós *napëpë* pensamos diferente!". Hoje em dia, nós que somos dessa geração, estamos entendendo. Nós sabemos e ensinamos nossos conhecimentos uns aos outros.

Vocês, *napëpë*, me chamaram. Então nos sentamos para explicar e abrir o pensamento de outros *napëpë*. Era isso que eu gostaria de dizer, da mesma forma como fazemos nos discursos noturnos voltados para toda a nossa comunidade. Quando eu faço esses discursos em minha casa, aqueles que estão crescendo concordam comigo, escutam e pensam: "É verdade! Se eu não sair para caçar eu não como, não vou voltar com caça. Se eu não trabalhar, o alimento não cresce, pois o alimento não cresce sem razão. Quando eu trabalho, eu cavo a terra, eu coloco a muda na cova e planto, depois de seis meses a comida cresce e nós a comemos". É isso que eu ensino para os nossos jovens, para que eles façam dessa maneira. Outros que não trabalham, passam fome. Eles ficam pedindo: "Eu quero comida! Eu não tenho minha própria comida! Eu não cultivei nada!". Aqueles preguiçosos dizem isso. Já aqueles que são rápidos, que sabem trabalhar na roça, eles comem, eles se alimentam. Nós comemos *në ropë*, é *në ropë* que nos faz viver bem e com saúde, que faz nossos olhos se manterem atentos à saúde da floresta.

Omama, quem nos criou, falava em língua yanomami. A forma como ele fez, para mim está certa e as palavras em nossa língua são claras, os discursos *hereamu* são claros, assim como os diálogos cerimoniais das festas, que eu também entendo. Existem também os cantos xamânicos. De todos estes, só os cantos xamânicos são muito difíceis. Vocês *napëpë* não compreendem aquelas palavras. Os xamãs falam yanomami, mas eles usam uma linguagem muito complexa! São nessas palavras difíceis que os xamãs pegam de verdade o rastro de *në ropë*, outros Yanomami não pegam o rastro dele. Mas já que os xamãs possuem o rastro de *në ropë*, eles podem indicar aos outros Yanomami onde está o rastro, dizendo: "Olhem! Esse é o caminho de *në ropë*, trabalhem neste lugar aqui! Quando vocês estiverem com fome, chamem *në ropë*. Quando vocês o chamarem, joguem fora a terra que estiver infértil e assim *në ropë* irá surgir novamente. Ele vai voltar, ficar bom de novo e, assim, vocês vão poder comer e ficarão felizes".

Por causa disso Omama disse: "*Në ropë* não morre! *Në ropë* é muito longo!". Nós iremos morrer, vocês *napëpë*, vocês se alimentam, mas vocês também irão morrer. Nós Yanomami, mesmo sendo alimentados por *në ropë*, iremos morrer. Já *në ropë* dificilmente morre! Quando o solo rachar, quando o céu acabar, só assim *në ropë* irá acabar. É isso que pensamos e dizemos. Quando *në ropë* foge, a terra se despedaça, as folhas das árvores envelhecem e caem, os troncos secam e, assim, *në ropë* foge. Quando *në ropë* for se deitar em outras terras, quando se for e subir para o mundo dos espectros, então a terra onde estivermos morando será tomada por Ohinari, o ser da fome. Quando Ohinari chegar, nós não iremos nos alimentar novamente.

Në ropë não morre, apenas foge. Se vocês, *napëpë*, ficarem sempre estragando a terra e o solo, as consequências serão muito ruins. Hoje em dia tudo parece bem, hoje em dia vocês se alimentam. É pelo fato de os jovens terem se alimentado bem que depois eles conseguem estudar, é pelo fato de vocês terem se alimentado hoje que vocês trabalham, correm cheios de saúde

NË ROPË

e andam com pressa com suas barrigas satisfeitas! Por isso queremos levar o pensamento dos jovens para longe. Deixem seu pensamento se envolver! Vocês, *napëpë*, se apaixonem por suas florestas cheias de saúde!

O pensamento dessa nova geração ainda está crescendo, achamos que nosso pensamento é amplo, mas não é! Nosso pensamento não se apaixona assim. Se não chegarmos e caminharmos corretamente no caminho saudável, aqueles *napëpë* donos das mercadorias que destroem a terra, aqueles que ficam estragando a floresta sem razão, vão nos fazer sofrer!

Vocês precisam ensinar a seus filhos, para que pensem direito. Os ensinem: "Filhos, vocês fiquem espertos! Quando crescerem nessa terra, nesse solo, façam *në ropë* crescer! Façam *në ropë* ser uma autoridade. Se não tivermos *në ropë*, não iremos viver bem e com saúde!". Conversem sobre isso com seus filhos. Hoje em dia, se aqueles que ensinam nas universidades não indicarem o caminho correto, as pessoas farão coisas diferentes. Irão se transformar, virar senadores, deputados ou outros políticos que não nos respeitam e isso é muito ruim! Para mim isso não é nada bom. Para os *napëpë* isso pode até parecer bom, na terra deles, porém no fundo isso é inconsistente. Suas raízes se tornam como fezes, como lixo sujo, então por isso jovens, velhos, moças, vocês estão tristes! Vocês já estão tristes porque surgiu uma doença diferente, uma nova *xawara*! Isso aí já começou, e vocês ficam se perguntando: "Como é que isso nasceu sem razão?".

Em sua terra, as águas já estão poluídas, aconteceu o rompimento da barragem em Brumadinho e muitos *napëpë* morreram. Em Minas Gerais existiam muitas montanhas bonitas, mas alguns empresários *napëpë* estragaram a terra com o trator, estragaram *në ropë* da terra. Fizeram se transformar em doença, e por ter se transformado em doença, a floresta ficou cheia de doenças, os alimentos pararam de crescer bem e ficou assim, está ficando assim.

Se os *napëpë* trabalhassem apenas nas roças, nós não teríamos epidemias. Não padeceríamos por doenças, mas já que lidam com minério, já que arrancam as epidemias do fundo da terra, já que queimam os minérios, então todo os *napëpë*, sejam as mulheres, as crianças, os jovens ou os velhos, ficam com o peito ruim, com câncer e essas outras doenças que Yoasi, irmão de Omama que sempre o atrapalha, escondeu no fundo da terra. Mas como a mineração a fez aparecer das profundezas da terra, as cidades estão adoecidas. Os *napëpë* pensam: "Nós brancos nos multiplicamos!". Apesar de as pessoas pensarem assim, a doença vai acabando com elas, as fazendo morrer. Por isso ensinem bem a seus filhos, para que vivam com sabedoria. Só assim, quando crescerem, irão comer bem e ter saúde no futuro!

Portanto, minhas palavras sobre *në ropë* é para todos nós continuarmos vivendo bem e com saúde, é sobre isso. É sobre ter alimento para todas as pessoas de todas as terras, para que todos, do mundo inteiro, possam se alimentar! Em outras terras, o que as pessoas comem? Comida mesmo! É realmente *në ropë*! Comem folhas de *në ropë*, comem cogumelos de *në ropë*, *në ropë* é também a água, é água muito boa. Se não tiver água, como ficaremos? Será que você irá beber urina? Se não tiver comida, você vai comer fezes? Se não tiver comida, você come pedra? Não come! *Në ropë* é "prioridade fundamental", como vocês, *napëpë*, dizem em sua língua. Por tudo isso queremos ensinar essa sabedoria aos jovens.

Se vocês, *napëpë*, quiserem ficar sábios, precisam se apaixonar pelo caminho de *në ropë*, precisam mesmo se conectar com *në ropë*! Precisam me levar a sério e dizer: "Sim, é verdade. *Në ropë* é muito bom! *Në ropë* é saúde! É o que acaba com nossa sede, é o que nos faz viver bem e com saúde, é o que faz nascer novas crianças!". Então vocês, *napëpë*, precisam pensar assim também. É isso que eu queria dizer. ∎

NË ROPË

FELIPE CARNEVALLI
FERNANDA REGALDO
PAULA LOBATO
RENATA MARQUEZ
WELLINGTON CANSADO
[PISEAGRAMA]

ESCUTAS -ESCRITAS [E VICE -VERSA

omo encontrar os pensamentos e as mensagens ao mesmo tempo urgentes e generosos dirigidos aos *juruá*, aos *napë*, aos *cupen*, aos *tihi*, aos brancos, aos colonialistas, aos citadinos, pelos povos que vivem junto à terra e pensam a vida de outros modos, a partir de seus territórios? Como transformar o nosso olhar, a nossa escuta, a nossa escrita, a nossa leitura e as nossas ações diante das práticas e dos pensamentos das comunidades que sobrevivem diariamente – há 523 anos – às mais variadas formas de violência colonial? Como traçar uma reaproximação à terra na companhia daqueles que dela nunca se separaram?

Terra: Antologia afro-indígena reúne ensaios publicados na revista PISEAGRAMA ao longo de seus treze anos e também alguns ensaios inéditos, todos de autoria afro e/ou indígena. Cada um deles guarda uma história singular de encontro, de escuta e de escrita compartilhada; cada escrita nasce de longas conversas e abriga alianças que não são feitas sem conflitos ou equivocações. Em algum lugar entre a oralidade e a escrita, construímos o nosso método editorial por meio da publicação de *oralidades impressas*.

As conversas que originaram este livro tiveram lugar em encontros públicos como festivais, aulas, palestras, mesas de debate e bancas acadêmicas; em encontros concentrados de trabalho em torno da escrita; na catação de falas dispersas e *lives* escondidas; na leitura e edição cuidadosa de teses e dissertações; em reuniões remotas por videoconferência; em intermináveis trocas de áudio por WhatsApp e em longas leituras telefônicas. São encontros que iniciaram diálogos, amizades e convivências, que abriram o caminho para o compartilhamento de saberes e que fertilizam alianças para além dos limites editoriais dos textos produzidos.

Se cada ensaio guarda uma história de encontro, cada história de encontro nos conecta ao seu território de origem. Esta antologia afro-indígena é também uma escrita cartográfica da terra afro-pindorâmica, uma pulsão de saberes, memórias, corpos e lutas que habitam muitas partes do país: o Quilombo Saco Curtume, no Piauí; a Terra Indígena Tenondé Porã e o bairro Jardim

ESCUTAS-ESCRITAS [E VICE-VERSA]

Colombo, em São Paulo; a Retomada Tupinambá da Serra do Padeiro, a Resex de Canavieiras e o Assentamento Terra Vista, na Bahia; a Aldeia Nova, no Tocantins; o Kilombo Manzo Ngunzo, o Reinado Treze de Maio, o Ciberterreiro e a Ocupação Eliana Silva, em Belo Horizonte; a Terra Indígena Xakriabá e o Vale do Jequitinhonha, ainda em Minas Gerais; o Complexo da Maré, no Rio de Janeiro; o Morro da Providência, em Vitória; a Terra Indígena Yanomami, no Amazonas; a aldeia Panambizinho, a aldeia Jaguapiré e a aldeia de Porto Lindo, no Mato Grosso do Sul; a Comunidade Lagoa do Brejinho, na Paraíba; e as comunidades Ikpeng na Terra Indígena do Xingu.

Nesse outro mapa do Brasil de muitas terras e territórios, línguas e linguagens, corpos e corporeidades, nossa escrita, na condição de editoras e editores, é um modo de escuta-escrita (e vice-versa). Escritas escutadas que deslocam a forma da escrita canônica, reagem ao insaciável produtivismo acadêmico autoral, desafiam o percepticídio histórico e permitem que palavras necessárias à manutenção dos espaços da vida possam ser transportadas, distribuídas e compartilhadas. Com tais *oralidades impressas*, colocamos em funcionamento também uma tática de *ocupação bibliográfica*: a publicação sistemática de textos gerados por meio da escrita-escuta como intrusão nas bibliografias dos cursos universitários, das dissertações de mestrado e das teses de doutorado; nos pluriversos do Metaverso; e nas edições de autores e autoras ocidentais que com a oralidade dos saberes tradicionais podem assim dialogar.

Nossa escrita, na condição de editoras e editores, é também um modo de cuidado. Escrever e editar se confundem em uma forma possível de cuidar daquilo que deve ser urgentemente transmitido e de guardar e resguardar mundos. Este livro é, portanto, um parceiro das lutas – pela retomada dos territórios, pela educação diferenciada, pela soberania alimentar, pelas naturezas--culturas cotidianas, pela medicina tradicional, pela floresta de pé, pela descolonização da arquitetura, pela desnormatização dos corpos, pelo reflorestamento das cidades, pela indigenização da política e por tantas outras lutas.

"Parece que a única maneira de se comunicar com o mundo do homem branco é por meio das mortas, secas páginas de um livro", declarou o indígena oglala sioux Waŋblí Ohítika, ou Russell Means, em 1980. "Eles já demonstraram através de sua história que são incapazes de ouvir e de enxergar; só conseguem ler." Segundo ele, a escrita "resume o conceito europeu de pensamento 'legítimo'; o que está escrito tem uma importância que é negada ao falado". O livro seria, então, "um dos modos de o homem branco destruir as culturas de povos não europeus: impor uma abstração sobre as relações que são estabelecidas na fala".

O processo político de "demarcar espaço na escrita", de que nos fala a antropóloga e educadora Braulina Baniwa, coloca uma série de questões e desestabiliza o lugar de conforto e privilégio legitimado por uma pretensa universalidade da escrita. "O que nós fazemos ao escrever os nossos textos não é uma negação da oralidade, mas uma atualização da própria oralidade. Porque a gente entende que, ao dominar a escrita, os nossos filhos e netos vão poder reconstruir as histórias, reconstruir a oralidade", disse o escritor Daniel Munduruku no Círculo de Saberes Mekukradjá, em 2016. Para além da oposição pouco resolutiva entre oralidade e escrita, o que realmente importa é ser "o portador de uma narrativa, de uma visão de mundo que possa potencializar e fortalecer o lugar de existência da sua comunidade, do seu coletivo e, no nosso caso, de seus povos", completa Ailton Krenak.

"Talvez o primeiro sinal gráfico, que me foi apresentado como escrita, tenha vindo de um gesto antigo de minha mãe", conta Conceição Evaristo sobre a lembrança da mãe agachada no chão de terra batida, desenhando o sol com um graveto na tentativa de chamá-lo em dias de chuva. "Era um ritual de uma escrita composta de múltiplos gestos, em que todo o corpo dela se movimentava e não só os dedos. E os nossos corpos também, que se deslocavam no espaço acompanhando os passos de mãe em

ESCUTAS-ESCRITAS (E VICE-VERSA)

direção à página-chão em que o sol seria escrito." Em seu esforço de aterrar a escrita em um gesto múltiplo ancestral que excede o papel, Conceição Evaristo nos ensina que o chão também pode ser página, algo que os povos afro-pindorâmicos sabem muito bem por meio de suas amplas gramáticas cosmológicas, que indissociam o conhecimento do território.

Sandra Benites conta que sua avó, no Mato Grosso do Sul, ensinava que ela não deveria acreditar no papel: "O papel é cego, a escrita não tem sentimentos, não anda, não respira, é história morta. É preciso ter cuidado com o papel, embora hoje ele também faça parte da nossa vida". Davi Kopenawa, da perspectiva da floresta amazônica, chamou a atenção, por sua vez, para a obsessão dos não indígenas com a escrita e os livros: "Não param de fixar seu olhar sobre os desenhos de suas falas colados em peles de papel e de fazê-los circular entre eles". Restritos a esse modo de comunicação, os brancos "estudam apenas seu próprio pensamento e, assim, só conhecem o que já está dentro deles mesmos. Mas suas peles de papel não falam nem pensam. Só ficam ali, inertes, com seus desenhos negros e suas mentiras". Em seu livro em parceria com Bruce Albert, *A queda do céu*, o xamã yanomami conclui: "Prefiro de longe as nossas palavras!". Os dizeres ancestrais nunca haviam sido desenhados em livros: "São muito antigos, mas continuam sempre presentes em nosso pensamento, até hoje. Continuamos a revelá-los a nossos filhos, que, depois da nossa morte, farão o mesmo com os seus".

Kopenawa tem consciência de que os livros são o meio privilegiado para a produção e circulação de conhecimento em nossa sociedade. Da mesma forma, são também agentes de deslegitimação de outras linguagens que não a escrita. Contudo, elege como estratégia colar as suas palavras em "peles de papel", desafiando o regime de visibilidade e invisibilidade imposto por nós, *napë*. Cabe aos *napë*, editoras e editores, autoras e autores, leitoras e leitores, transpor a escrita como oposição e destruição epistêmica e inventar modos de escrita-escuta-leitura compartilhada. Enquanto os espaços de poder ainda não são majoritariamente ocupados por aqueles e aquelas que estiveram às margens, será necessário que transformemos as nossas vantagens e privilégios em técnicas compartilháveis.

Reconhecidos como autoridades na veiculação de conhecimentos confiáveis, os livros e as relações de poder desenvolvidas em torno deles normalizaram, por muito tempo, que a produção intelectual elaborada por um grupo restrito de pessoas representasse o suposto todo, assim como que o conhecimento apartado da terra fosse o único válido. Alargar essa crítica para o modo como tais elaborações em formato escrito promoveram o sancionamento de violências contra os sujeitos-territórios nas mais diversas escalas e compreender os livros como operadores dentro de estruturas de violência é de muitas formas um passo inicial, mas fundamental, para superarmos esse impasse.

Desmistificando o livro como elemento neutro e expondo-o como objeto ocidental carregado de colonialidade, a importância dos saberes situados e conhecimentos tradicionais para as alianças editoriais torna-se evidente e urgente. A demarcação das páginas nesta ocupação bibliográfica torna-se essencial para ampliar as possibilidades e variações do ler, escrever, escutar, aprender, semear, cultivar, reflorestar. Nas vozes afro e indígenas aqui escritas, múltiplos mundos, inacessíveis a grande parte das pessoas porque manifestos através das cosmolinguagens e das línguas plurais dos povos, transformam de modo irreversível nossas práticas com perspectivas que excedem a lógica moderna. Afinal, como defende Gersem Baniwa, "o protagonismo indígena na produção e divulgação de conhecimentos científicos plurais abre novas perspectivas e possibilidades concretas ao diálogo, ao compartilhamento, à cooperação, à colaboração interétnica, à coautoria e à complementariedade intercultural, interepistêmica e intercientífica entre diferentes concepções, cosmovisões, lógicas, racionalidades e seus sujeitos".

ESCUTAS-ESCRITAS [E VICE-VERSA]

Antônio Bispo dos Santos reflete sobre a sua trajetória da oralidade à escrita e nos convida, nós que só sabemos escrever, a aprender-desaprender com as oralidades impressas: "Quem ler este livro vai aprender a falar, e eu que escrevi vou aprender a ler", afirmou o autor quilombola a respeito do livro *A terra dá, a terra quer*, publicado em parceria entre a PISEAGRAMA e a Ubu. Aprender a falar como celebração do retorno à terra e como retomada da transmissão de histórias que nos juntam e nos permitem sonhar.

Bispo aponta como sua escrita está profundamente entrelaçada à oralidade que fundamenta as relações de sua comunidade. "Eu ia para a escola de segunda a sexta; sábado e domingo eu ficava com meu povo mais velho, escrevendo cartas, lendo bula de remédio, lendo tudo quanto fosse papel escrito que meu povo achasse." Aprendeu com seus mais velhos não só a importância de se lavrar o campo e cuidar do chão onde pisa, mas também a de trafegar pelo universo do colonizador, como costuma dizer, se apropriando de sua linguagem para traduzi-la para seu povo e, por outro lado, também ensinando o povo da cidade, povo da escrita, a escutar e a falar.

"O período de aprendizado do barro representa um período em que não existia a presença da instituição escola, mas em que já existia a educação indígena, transmitida pelo entoar da palavra, na oralidade. Portanto, não havia escrita, mas havia memória", conta também Célia Xakriabá. Quando um aluno não indígena sugeriu à mestra da construção de barro e da pintura de toá Libertina Seixas Ferro uma solução para a incômoda e trabalhosa necessidade de reconstrução das casas que se desfaziam com as chuvas, ela respondeu: "Não, meu filho, essa proposta sua é muito perigosa, porque a casa, ela precisa se desfazer entre quatro e seis anos para que eu possa continuar ensinando os meus filhos e os meus netos!". Uma casa de barro não é somente um abrigo no semiárido, mas uma forma material, oral e memorial de transmissão do conhecimento.

Ler para aprender a falar, escrever para aprender a ler, escutar para aprender a desaprender, construir para continuar a ensinar, desfazer para reviver. Parafraseando Sueli Carneiro, o contrato redigido e firmado somente por um lado da história fez com que toda pessoa branca fosse beneficiária do racismo, do especismo, do etnocentrismo, da heteronormatividade, o que não quer dizer que todas essas pessoas sejam signatárias desse contrato. E é por isso mesmo que alianças podem ser feitas.

Alianças são "lados diferentes da mesma moeda", como nos ensina a antropóloga peruana Marisol de la Cadena, pontos de vista correspondentes a mundos que não são os mesmos. Ao mesmo tempo, o que as alianças permitem é a expansão, assim como a consequente desestabilização, das gramáticas lineares e das naturalizações violentas, tornando plausível a possibilidade de que, em diferentes mundos, uma mesma palavra contenha significados próprios. Alianças editoriais podem ser um meio para, em vez de separar pelas diferenças, criar pontes entre mundos diversos e diversais, ainda que muitas vezes elas pareçam frágeis pinguelas.

Se o imperativo das políticas editoriais é abstrair a terra, neutralizar os afetos, adestrar as experiências corporais através da escrita e restringir a poucos indivíduos a comunidade apta a publicar, pensá-las de forma cosmopolítica é justamente uma tentativa de superar suas principais formas de colonialidade. Trata-se de conceder importância aos encontros, às negociações, aos diálogos e às disputas que reverberam da vida compartilhada, do ensaio constante, urgente e necessário das alianças entre os mundos que compõem o mundo. Os ensaios aqui reunidos abordam as múltiplas relações da terra com a cidade, com a política, com o clima e com o corpo, das perspectivas dos quilombos, dos territórios indígenas, das periferias urbanas, dos assentamentos, das reservas extrativistas, das ocupações, das retomadas, das florestas, do semiárido, das favelas, dos terreiros e dos reinados.

ESCUTAS-ESCRITAS [E VICE-VERSA]

Pensar as políticas editoriais como uma proposição cosmopolítica envolve não apenas os humanos ou certos humanos, mas todo o coletivo terrestre, pois um livro significa muito mais do que estamos acostumados a crer. Não só porque de fato os livros são verdadeiras "peles de floresta" ou *urihi siki*, fabricadas através da trituração de grande quantidade de árvores, e as árvores proveem alimento para os espíritos das abelhas e de outros animais com asas, como se indigna Davi Kopenawa; mas porque um livro, *este livro*, não pode ser tomado somente como mais um produto editorial e industrial como os demais (ainda que o seja também). Há muitas pontes e pinguelas em construção em suas páginas. Estão aqui escutadas, escritas e impressas, não sem a ciência das contradições inerentes, lutas concretas contra o racismo, o genocídio, o epistemicídio, a normatividade de gênero, o ecocídio e outras formas de violação que seguem assolando as aldeias, os quilombos, os terreiros, as favelas e os corpos, produzidas às custas de muitas vidas humanas e não humanas. Mas estão aqui também fixadas e semeadas especulações, com os pés no chão, sobre os impasses do nosso tempo – o Antropoceno –, cruciais para o inadiável reenvolvimento com a terra e cuidado da Terra; e para a ampliação dos nossos tacanhos imaginários de coexistência. ■

SOMOS DA TERRA, de Antônio Bispo dos Santos, foi publicado originalmente na PISEAGRAMA 12, edição Posse, em 2018. O texto nasceu de palestras e conversas com o autor e foi transcrito e editado por PISEAGRAMA.

TORNAR-SE SELVAGEM, de Jerá Guarani, foi publicado originalmente na PISEAGRAMA 14, edição Futuro, em 2020. O texto nasceu do seminário com convidados proposto para a 12ª Bienal Internacional de Arquitetura de São Paulo, em setembro de 2019, e foi transcrito e editado por PISEAGRAMA.

RETOMADA, de Cacique Babau, foi publicado originalmente na PISEAGRAMA 13, edição Desobediência, em 2019. O texto nasceu do curso Artes e Ofícios dos Saberes Tradicionais: Políticas da Terra, ministrado em 2018 na Formação Transversal em Saberes Tradicionais da UFMG. O curso teve também a participação de Maria da Glória de Jesus e Glicéria de Jesus da Silva. A transcrição foi feita por Iakima Delamare e a edição do texto foi feita por PISEAGRAMA, com a colaboração de André Brasil e Daniela Alarcon.

ROJEROKY MINA MA ROIKE JEVY TEKOMAPE, de Tonico Benites, foi publicado originalmente na PISEAGRAMA 12, edição Posse, em 2018. O texto nasceu da tese de doutorado defendida pelo autor no Museu Nacional (UFRJ) em 2014 e foi editado por PISEAGRAMA.

LUTAR PELA NOSSA TERRA, de Joelson Ferreira de Oliveira, foi produzido a partir do ensaio

Terra Vista, Terra-mãe: Existência grandiosa no campo, publicado pela editora Chão da Feira em 2020, e do ensaio *As lutas existem pela nossa terra*, publicado pelo selo NPGAU da Escola de Arquitetura da UFMG em 2022. Agradecemos à Formação Transversal em Saberes Tradicionais da UFMG e ao forumdoc.bh que registrou e disponibilizou as palestras ministradas pelo autor que deram origem aos ensaios. Agradecemos também a Guilherme Brant Drumond e Rosângela de Tugny pelas respectivas transcrições. Pela edição, agradecemos a: André Brasil; César Guimarães e Maria Carolina Fenati, da Chão da Feira; Coordenação Editorial do NPGAU. A versão aqui publicada foi editada por PISEAGRAMA.

EM UMA RUA DE TERRA, de Poliana Souza e Leonardo Péricles, texto produzido a partir de conversas com a autora e o autor, foi transcrito e editado por PISEAGRAMA.

AS PLANTAS, NOSSOS ANCESTRAIS, de Makota Kidoiale, foi editado por PISEAGRAMA e produzido a partir do ensaio *Senzala, terreiro, quilombo*, publicado originalmente na PISEAGRAMA 12, edição Posse, em 2018, e do livro *Arakitembu, mãos de Kiboala* (2023), organizado por Makota Kidoiale, Alice Bicalho e Bruni Emanuele Fernandes.

LÍNGUA VEGETAL GUARANI, de Izaque João, foi publicado originalmente na edição especial da PISEAGRAMA Vegetalidades, em 2023. O texto nasceu de conversas com o autor e foi editado por Anai Graciela Vera, Bianca Chizzolini e Karen Shiratori.

PLANTAR NO RASTRO DA CHUVA, de Heleno Bento de Oliveira, foi publicado originalmente na edição especial da PISEAGRAMA Vegetalidades, em 2023. O texto nasceu de conversas entre o autor e o antropólogo.

MULHERES-CABAÇAS, de Creuza Prumkwyj Krahô, foi publicado originalmente na PISEAGRAMA 11, edição Intolerância, em 2017. O texto, nascido da dissertação de mestrado defendida na UnB em 2017 pela autora e de conversas com ela, foi editado por PISEAGRAMA.

O REINO NAS RUAS, de Isabel Casimira Gasparino, foi publicado originalmente na PISEAGRAMA 15, edição Comunidades, em 2021. O texto, que tem por base a tese de doutorado de Júnia Torres, *Rainhas de Ngoma: Três gerações de coroas no Reino Treze de Maio*, nasceu de conversas entre a autora e a antropóloga. Foi editado por Júnia Torres com a colaboração de PISEAGRAMA.

AMAR NA MARÉ, do coletivo Entidade Maré, foi publicado originalmente na PISEAGRAMA 15, edição Comunidades, em 2021. O texto nasceu de conversas com os membros do coletivo (Jaqueline Andrade, Matheus Affonso, Paulo Victor Lino e Wallace Lino) e foi transcrito e editado por PISEAGRAMA.

ANCESTRALIDADE SODOMITA, ESPIRITUALIDADE TRAVESTI, de Castiel Vitorino Brasileiro, foi publicado originalmente na PISEAGRAMA 14, edição Futuro, em 2020.

O TERRITÓRIO SONHA, de Glicéria Tupinambá, foi produzido a partir de conversas com a autora e foi transcrito e editado por PISEAGRAMA, com a colaboração de Nathalie Pavelic.

KUNHÃ PY'A GUASU, de Sandra Benites, foi publicado originalmente na PISEAGRAMA 15, edição Comunidades, em 2021. O texto, nascido da dissertação de mestrado defendida pela autora no Museu Nacional (UFRJ) em 2018 e de conversas com ela, foi editado por PISEAGRAMA.

UMA PAUSA NO TEMPO DE OGUM, de Wenderson Carneira, foi publicado originalmente online na seção Extra! do site da PISEAGRAMA, em 2020.

PROFECIA DE VIDA, de Ventura Profana, foi publicado originalmente na PISEAGRAMA 14, edição Futuro, em 2020. O texto nasceu de conversas com a autora e foi transcrito e editado por PISEAGRAMA.

CIBERTERREIRO, de Gil Amâncio, foi produzido a partir do memorial elaborado pelo autor e por Shirley Aparecida de Miranda para a titulação por Notório Saber na UFMG e editado por PISEAGRAMA. O autor agradece a: Shirley Aparecida de Miranda, Eneida Pereira dos Santos, os dançarinos e dançarinas Leandro Belilo, Dewson Mascote, Culu, Lola Perone, Rodrigo Pinheiro, o VJ Tatu Guerra, a artista visual Gabi Guerra e também ao programador Guilherme Guerra.

FAZENDINHANDO, de Ester Carro, foi publicado originalmente na PISEAGRAMA 15, edição Comunidades, em 2021. O texto nasceu de conversas com a autora e foi transcrito e editado por PISEAGRAMA.

ENSINAR SEM ENSINAR, de Nei Leite Xakriabá, foi publicado originalmente online na edição digital da PISEAGRAMA 15, Comunidades, em 2021. O texto nasceu de conversas com o autor e foi transcrito e editado por PISEAGRAMA.

AQUELES QUE ANDAM JUNTOS, de Oreme Ikpeng, foi publicado originalmente na PISEAGRAMA 15, edição Comunidades, em 2021. O texto nasceu de conversas com o autor e foi transcrito e editado por PISEAGRAMA.

MARETÓRIOS, de Carlinhos da Resex de Canavieiras, foi produzido a partir do curso Artes e Ofícios dos Saberes Tradicionais: Escolas da Terra (módulo Escola das Águas e das Marés), ministrado em 2021 na Formação Transversal em Saberes Tradicionais da UFMG. Com mediação de Joelson Ferreira de Oliveira, o curso teve também a participação de Elionice Sacramento e dos professores André Brasil e César Guimarães. A transcrição da aula foi feita por Fábio Alves e a edição do texto foi feita por André Brasil, Ferdinando Marcos Bento da Silva e PISEAGRAMA.

ALDEIA-ESCOLA-FLORESTA, de Isael Maxakali e Sueli Maxakali, foi produzido a partir de conversas com o autor e a autora e transcrito e editado por PISEAGRAMA, com a colaboração de Roberto Romero e Rosângela de Tugny.

AMANSAR O GIR, de Célia Xakriabá, foi publicado originalmente na PISEAGRAMA 14, edição Futuro, em 2020. O texto nasceu da dissertação de mestrado defendida pela autora na UnB em 2018 e foi editado por PISEAGRAMA.

NË ROPË, de Davi Kopenawa, foi publicado originalmente no catálogo da exposição *Mundos Indígenas*, organizado por Ana Maria R. Gomes, Deborah Lima, Mariana Oliveira e Renata Marquez no Espaço do Conhecimento UFMG. O texto nasceu de conversas com o autor e foi transcrito, traduzido do yanomami para o português e editado por Ana Maria Machado.

ANTÔNIO BISPO DOS SANTOS

Escritor , lavrador e liderança quilombola da comunidade Saco Curtume, município de São João do Piauí. É professor do Encontro de Saberes da UnB e da Formação Transversal em Saberes Tradicionais da UFMG. É autor de *Colonização, quilombos: Modos e significações*, publicado pelo INCT de Inclusão (2015), e de *A terra dá, a terra quer*, coeditado por PISEAGRAMA e Ubu (2023).

CACIQUE BABAU

Rosivaldo Ferreira da Silva, conhecido como Cacique Babau, é liderança indígena do povo Tupinambá da Serra do Padeiro, na Bahia. Foi professor da Formação Transversal em Saberes Tradicionais da UFMG e é Doutor por Notório Saber em Arquitetura e Urbanismo pela UFMG; é autor de *É a terra que nos organiza* pelo NPGAU-UFMG (2022).

CARLINHOS DA RESEX DE CANAVIEIRAS

Carlos Alberto Pinto dos Santos é pescador artesanal na Reserva Extrativista (Resex) de Canavieiras, no litoral sul da Bahia. Coordena as relações institucionais da Comissão Nacional de Fortalecimento das Reservas Extrativistas e Povos Tradicionais Extrativistas Costeiros e Marinhos (Confrem).

CASTIEL VITORINO BRASILEIRO

Artista, macumbeira, escritora e psicóloga clínica, é mestre em Psicologia Clínica pela PUC-SP. É autora de *Quando encontro vocês: Macumbas de travesti, feitiços de bixa* (2019) e de *Quando o sol aqui não mais brilhar: A falência da negritude* pela n-1 (2022). Ganhou o Prêmio PIPA e a Bolsa de Fotografia ZUM/IMS em 2021.

CÉLIA XAKRIABÁ

Professora e ativista indígena do povo Xakriabá (MG), é mestre em Sustentabilidade Junto aos Povos e Terras Tradicionais (MESPT) pela UnB e doutoranda em Antropologia pela UFMG. Foi professora da Formação Transversal em Saberes Tradicionais da UFMG e a primeira indígena eleita deputada federal por Minas Gerais (2023-26).

CREUZA PRUMKWYJ KRAHÔ

Educadora indígena Krahô. Diretora da Escola Estadual da Aldeia Nova, em Tocantins. Mestre em Sustentabilidade Junto aos Povos e Terras Tradicionais (MESPT) pela UnB.

DAVI KOPENAWA

Xamã e líder indígena, porta-voz da causa yanomami, ativista na defesa dos povos indígenas e da floresta amazônica. É presidente da Hutukara Associação Yanomami e autor de *A queda do céu: Palavras de um xamã yanomami* (2015), e *O espírito da floresta* (2023), ambos pela Companhia das Letras, com o antropólogo Bruce Albert.

ENTIDADE MARÉ
Coletivo criado em 2020 por artistas pretxs LGBTQIA+ do conjunto de favelas da Maré, no Rio de Janeiro, para apresentar e discutir sua memória cultural e territorial. O coletivo é composto por Jaqueline Andrade, Matheus Affonso, Paulo Victor Lino e Wallace Lino.

ESTER CARRO
Arquiteta e ativista urbana, presidente do Fazendinhando desde 2017. Mestre pela FIAM FAAM, foi pesquisadora no Núcleo de Mulheres e Território do Laboratório de Cidades (Arq.Futuro e Insper) entre 2020 e 2022.

GABRIEL HOLLIVER
Doutorando em Antropologia Social pela UFRJ. Membro do Núcleo de Antropologia Simétrica, realiza desde 2015 pesquisa com agricultores familiares no semiárido brasileiro, com ênfase em conhecimento tradicional, sistemas agrícolas e relações multiespécies.

GIL AMÂNCIO
Ator, dançarino, músico e pesquisador. O trabalho conjugado de artista e educador volta-se para a formação das novas gerações em seu Ciberterreiro, referenciado nas práticas do território e nas epistemes do Candomblé, da Umbanda, do Maracatu e da Capoeira Angola. Foi professor da Formação Transversal em Saberes Tradicionais da UFMG. Doutor por Notório Saber em Educação pela UFMG.

GLICÉRIA TUPINAMBÁ
Artista e professora indígena na Serra do Padeiro, na Bahia, e mestranda em Antropologia Social pelo Museu Nacional-UFRJ. Foi a primeira pessoa, em quatrocentos anos, a recriar o Manto Tupinambá. Foi premiada com a Bolsa de Fotografia ZUM/IMS em 2022. Foi professora da Formação Transversal em Saberes Tradicionais da UFMG.

HELENO BENTO DE OLIVEIRA
Agricultor, vive na comunidade de Lagoa de Brejinho, município de São José do Sabugi (PB).

ISABEL CASIMIRA GASPARINO
Rainha Conga das Guardas de Congo e Moçambique Treze de Maio de Nossa Senhora do Rosário e da Federação dos Congados de Minas Gerais. É pesquisadora, professora e correalizadora, com Júnia Torres, do filme *A Rainha Nzinga chegou* (2019). Foi professora da Formação Transversal em Saberes Tradicionais da UFMG.

ISAEL MAXAKALI
Liderança da Aldeia-Escola-Floresta, é artista e cineasta. Com Sueli Maxakali, realizou uma série de filmes, dentre eles o premiado *Yãmĩyhex: As mulheres-*

-*espírito* (2019), *Nũhũ yãg mũ yõg hãm: Essa terra é nossa* (2020) e *Yãy tu nũnãhã payexop: Encontro de pajés* (2021). Venceu o Prêmio PIPA em 2020. Foi professor da Formação Transversal em Saberes Tradicionais da UFMG e é Doutor por Notório Saber em Comunicação pela UFMG.

IZAQUE JOÃO
Professor do povo Kaiowá, é mestre em História pela Universidade Federal da Grande Dourados e doutorando em Antropologia pela USP. Lecionou na Escola Indígena Joãozinho Carapé Fernando, na aldeia Panambi (MS).

JERÁ GUARANI
Pedagoga, foi professora e diretora da Escola Estadual Indígena Gwyra Pepó. É agricultora e liderança Guarani Mbya da Terra Indígena Tenondé Porã, no extremo sul de São Paulo, onde também realiza projetos culturais e documentários.

JOELSON FERREIRA DE OLIVEIRA
Liderança popular da Teia dos Povos e do Assentamento Terra Vista (BA). Foi professor da Formação Transversal em Saberes Tradicionais da UFMG e é Doutor por Notório Saber em Arquitetura e Urbanismo pela UFMG. Autor de *Por terra e território: Caminhos da revolução dos povos no Brasil* pela Teia dos Povos (2021), com Erahsto Felício, e de *As lutas existem pela nossa terra* pelo NPGAU-UFMG (2022).

JÚNIA TORRES
Documentarista, doutora em Antropologia pela UFMG. Integrante da Associação Filmes de Quintal e organizadora do forumdoc.bh – Festival do Filme Documentário e Etnográfico. Curadora do Mekukradjá: Círculos de de Saberes Indígenas (2016-2021) e codiretora do filme *A Rainha Nzinga chegou* (2019).

LEONARDO PÉRICLES
Morador da Ocupação Eliana Silva em Belo Horizonte (MG), é um dos líderes nacionais do Movimento de Luta nos Bairros, Vilas e Favelas (MLB). É fundador e presidente nacional do Unidade Popular (UP), partido pelo qual concorreu à presidência do Brasil em 2022.

MAKOTA KIDOIALE
Filha carnal de Mãe Efigênia (Mametu Muiandê) e liderança do Kilombo Urbano e Candomblé Manzo Ngunzo Kaiango, comunidade tradicional de matriz africana de nação bantu localizada no bairro Santa Efigênia, em Belo Horizonte (MG). Foi professora da Formação Transversal em Saberes Tradicionais da UFMG.

NEI LEITE XAKRIADÁ
Indígena da Aldeia Barreiro Preto, na Terra Indígena Xakriabá. Ceramista, professor graduado em Formação Intercultural para Educadores Indígenas

e mestre em Artes pela UFMG. É filho da ceramista Dona Dalzira, sua primeira mestra, com quem aprendeu a modelar as primeiras formas em argila.

OREME IKPENG
Ativista Ambiental e Técnico em Agroecologia, é um dos coordenadores do Movimento das Mulheres Yarang, articulador do povo Ikpeng e conselheiro da Rede de Sementes do Xingu.

FOLIANA SOUZA
Moradora da Ocupação Eliana Silva em Belo Horizonte (MG) e uma das coordenadoras nacionais do Movimento de Luta nos Bairros, Vilas e Favelas (MLB).

SANDRA BENITES
Antropóloga, arte-educadora e artesã, doutoranda em Antropologia Social pelo Museu Nacional (UFRJ). Indígena da etnia Guarani Nhandewa, foi curadora adjunta do MASP e atualmente é diretora de Artes Visuais da Fundação Nacional de Artes (Funarte).

SUELI MAXAKALI
Liderança da Aldeia-Escola-Floresta, é professora, artista, cineasta e e fotógrafa. Foi curadora da exposição *Mundos Indígenas* (2019). Foi professora da Formação Transversal em Saberes Tradicionais da UFMG. Codirigiu os filmes *Quando os yãmiy vêm dançar conosco* (2011), *Yãmiyhex: As mulheres--espírito* (2019) e *Nũhũ yãgmũ yõg hãm: Essa terra é nossa!* (2020). Publicou o livro de fotografias *Koxuk Xop Imagem* (2009)

TONICO BENITES
Liderança indígena e defensor dos direitos humanos, mestre e doutor em Antropologia Social pela UFRJ. Principal porta-voz da Aty Guasu, organização que representa os líderes indígenas Guarani e Kaiowá.

VENTURA PROFANA
Cantora, escritora, compositora, performer e artista visual. Filha das entranhas misteriosas da mãe Bahia, é carcará, negra travesti nordestina. Doutrinada nos templos batistas, investiga as implicações do deuteronomismo no Brasil.

WENDERSON CARNEIRA
Nascida no vale do Jequitinhonha, foi estudante de Design na UFMG, artista visual, produtora cultural e pesquisadora. Seu trabalho utilizava modelagem 3D, instalações, mídias diversas e outros ciberprocessos como formas de organização, cura e criação de estéticas e vivências anticoloniais. Carneira nos deixou em 2022.

JAIME LAURIANO

Filho de mãe retirante do sertão de Minas Gerais e de pai descendente de africanos escravizados no Brasil, cursou Artes Visuais no Centro Universitário Belas Artes de São Paulo. Sua pesquisa artística e historiográfica fundamenta a criação de obras em suportes variados, como desenhos, objetos, esculturas e intervenções *site-specific*, que discutem a herança da diáspora africana no Brasil e evidenciam a manutenção da violência do Estado contra as populações negras. Foi vencedor do 20º Festival de Arte Contemporânea Sesc_Videobrasil e do 6º Prêmio Marcantonio Vilaça. Integra as coleções MASP, Pinacoteca-SP, MAR-RJ e Schöpflin Stiftung.

Invasão (2017), desenho feito com pemba branca (giz utilizado em rituais de Umbanda) e lápis dermatográfico sobre algodão vermelho, reconfigura o mapa do Brasil a partir das disputas pela terra que marcam o território, dos tempos coloniais aos dias de hoje.

MATHEUS RIBS

Artista visual, nascido na Rocinha, formou-se em Ciências Sociais e iniciou sua produção artística como cartunista e ilustrador. Enquanto desenvolvia sua pesquisa acadêmica em Educação Escolar Indígena, passou a experimentar outros suportes, desenvolvendo pinturas que cruzam as lutas sociopolíticas e ambientais no Brasil, com o resgate de uma ancestralidade diaspórica. Seu trabalho se assume como instrumento de reencantamento do mundo, uma espécie de contrafeitiço que busca dissipar as reverberações do colonialismo e denunciar suas violações aos diferentes modos de estar-existir no mundo, estabelecendo confluências entre as espiritualidades afro-brasileira e ameríndia. Em 2022, Ribs participou das exposições *Histórias Brasileiras*, no MASP, e *Um Defeito de Cor*, no Museu de Arte do Rio.

Refundar o país, demarcar territórios (2020) é uma releitura da bandeira brasileira em que os obsoletos emblemas do velho mundo são substituídos pelo traçado de um futuro ancestral: o Brasil como território sagrado, terra indígena em que se assentaram os Orixás.

PISEAGRAMA

Plataforma editorial dedicada a pensar outros mundos possíveis em aliança com coletivos urbanos, LGBTQIA+, afro e indígenas. Criada em 2010 por Fernanda Regaldo, Renata Marquez, Roberto Andrés e Wellington Cançado, hoje tem como seus editores Felipe Carnevalli, Fernanda Regaldo, Paula Lobato, Renata Marquez e Wellington Cançado.

Até 2023, foram impressas dezesseis edições temáticas da revista PISEAGRAMA, todas publicadas sob licença Creative Commons e disponibilizadas na íntegra no site. Para a realização das edições publicadas entre 2010 e 2014, PISEAGRAMA foi contemplada pelo Edital Cultura e Pensamento do MinC. Em seguida, a partir de uma campanha de financiamento coletivo, a revista passou a ser impressa com patrocínio de seus leitores e, posteriormente, com apoios de instituições culturais e parcerias editoriais. Ocupando espaços e dialogando com públicos amplos, PISEAGRAMA estendeu suas ações para curadorias, intervenções urbanas, exposições, oficinas, produção de cartilhas, publicação de livros e campanhas de interesse público.

Ao longo dos anos, PISEAGRAMA tem participado de exposições tais como *Archizines*, em Nova Iorque (2012); *Publishing Against the Grain*, na Cidade do Cabo, Nova Iorque, Lagos, Toronto, Hong Kong e Londres (2014); *Cidade Gráfica*, no Itaú Cultural, em São Paulo (2015); *15ª Bienal de Arquitetura de Veneza: Reporting from the Front* (2016); *Como se pronuncia design em português*, no MUDE, em Lisboa (2017); e *Print*, em Gotemburgo (2018).

Publicou os livros *Guia Morador* (2013), *Escavar o Futuro* (2014), *Urbe Urge* (2018), *Vozes Indígenas na saúde* com a Fiocruz (2022), *Saberes dos Matos Pataxó* com a Teia dos Povos (2022) e *A terra dá, a terra quer* com a Ubu (2023).

piseagrama.org

PISEAGRAMA

COORDENAÇÃO EDITORIAL, EDIÇÃO E DESIGN
Felipe Carnevalli, Fernanda Regaldo, Paula Lobato, Renata Marquez,
Wellington Cançado

PISEAGRAMA
piseagrama.org
🅞 /revistapiseagrama

ubu

DIREÇÃO EDITORIAL Florencia Ferrari
COORDENAÇÃO GERAL Isabela Sanches
DIREÇÃO DE ARTE Elaine Ramos, Júlia Paccola,
    Nikolas Suguiyama (assistentes)
EDITORIAL Bibiana Leme, Gabriela Naigeborin
COMERCIAL Luciana Mazolini, Anna Fournier
COMUNICAÇÃO / CIRCUITO UBU Maria Chiaretti, Walmir Lacerda
DESIGN DE COMUNICAÇÃO Marco Christini
GESTÃO SITE / CIRCUITO UBU Laís Matias
ATENDIMENTO Cinthya Moreira
PRODUÇÃO GRÁFICA Marina Ambrasas

UBU EDITORA
Largo do Arouche 161 sobreloja 2
01219-011 São Paulo SP
ubueditora.com.br
professor@ubueditora.com.br
🅕🅞 /ubueditora

1ª reimpressão, 2024.

TERRA
ANTOLOGIA AFRO-INDÍGENA

© Ubu Editora, 2023
© PISEAGRAMA, 2023

CAPA *Invasão*, Jaime Lauriano, 2017 / foto de Filipe Berndt
BANDEIRA *Refundar o país, demarcar territórios*, Matheus Ribs, 2020

COORDENAÇÃO EDITORIAL PISEAGRAMA
ORGANIZAÇÃO Felipe Carnevalli, Fernanda Regaldo, Paula Lobato, Renata Marquez, Wellington Cançado
PREPARAÇÃO Fernanda Regaldo, Renata Marquez
REVISÃO Débora Donadel
PROJETO GRÁFICO PISEAGRAMA

AGRADECIMENTOS André Brasil, César Guimarães, Formação Transversal em Saberes Tradicionais da UFMG, Rosângela de Tugny, Augustin de Tugny, Roberto Romero, Ana Maria Machado, Ana Maria Rabelo Gomes, Deborah Lima, Mariana Oliveira e Souza, Evilene Paixão, Associação Hutukara, Morzaniel Iramari, Solange Brito, Priscila Musa, Karen Shiratori, Anai Graciela Vera, Bianca Chizzolini, Joviano Mayer, Nina Paim e Maya Ober (Futuress), Júnia Torres, forumdoc.bh, Clara Delgado.

Agradecemos com especial carinho a todas e todos que já fizeram parte da equipe da PISEAGRAMA, participando da edição ou da transcrição de alguns dos textos presentes neste livro e, sobretudo, das muitas discussões, reformulações e invenções que marcaram o nosso percurso: Roberto Andrés, Vitor Lagoeiro, Thiago Flores, Luiz Alves, Camila Biondi, Emir Lucresia, Schelton Casimira.

A versão em inglês de todos os ensaios deste livro está disponível em **piseagrama.org**

Este livro foi realizado com recursos da Lei Municipal de Incentivo à Cultura de Belo Horizonte – Projeto 0106 / 2020.

Dados Internacionais de Catalogação na Publicação (CIP)
(Câmara Brasileira do Livro, SP, Brasil)
Bibliotecária Tábata Alves da Silva – CRB-8/9253

Terra: antologia afro-indígena / Vários autores; Organização e
  apresentação de Felipe Carnevalli, Fernanda Regaldo, Paula
  Lobato, Renata Marquez e Wellington Cançado. Ensaio visual
  / capa de Jaime Lauriano. Ensaio visual / bandeira de Matheus
  Ribs.
  São Paulo/Belo Horizonte: Ubu Editora/ PISEAGRAMA, 2023.
  368 pp.
ISBN 978 85 7126 137 2

---

1. Afro-brasileiros 2. Antropoceno 3. Ensaios Coletâneas
4. Indígenas – América do Sul 5. Quilombolas – Brasil
I. Carnevalli, Felipe. II. Regaldo, Fernanda. III. Lobato, Paula.
IV. Marquez, Renata. V. Cançado, Wellington.

23-174249   CDD 80

Índice para catálogo sistemático:
1. Ensaios: Coletâneas: Literatura 80

PAPEL Pólen bold 90 g/m²
FONTES Terra Firma e Lyon Text
IMPRESSÃO Margraf